绿色建筑系列译丛

适应气候变化的建筑

——可持续设计指南

（原著第二版）

［英］彼得·F·史密斯　著

邢晓春　等译

中国建筑工业出版社

著作权合同登记图字：01－2006－4408 号

图书在版编目（CIP）数据

适应气候变化的建筑——可持续设计指南（原著第二版）/（英）史密斯著；邢晓春等译．—北京：中国建筑工业出版社，2009
（绿色建筑系列译丛）
ISBN 978-7-112-10567-0

Ⅰ．适…　Ⅱ．①史…②邢…　Ⅲ．建筑设计－无污染技术　Ⅳ．TU-023

中国版本图书馆 CIP 数据核字（2008）第 206548 号

译丛策划：程素荣　尹珺祥
责任编辑：程素荣　尹珺祥
责任设计：郑秋菊
责任校对：李志立　陈晶晶

绿色建筑系列译丛
适应气候变化的建筑
——可持续设计指南
（原著第二版）
［英］彼得·F·史密斯　著
邢晓春　等译

*

中国建筑工业出版社出版、发行（北京西郊百万庄）
各地新华书店、建筑书店经销
北京嘉泰利德公司制版
北京建筑工业印刷厂印刷

*

开本：787×1092 毫米　1/16　印张：18¾　字数：450 千字
2009 年 5 月第一版　　2009 年 5 月第一次印刷
定价：**59.00** 元
ISBN 978－7－112－10567－0
（17492）

目 录

INTRODUCTION

Since the Intergovernmental Panel on Climate Change report of 2007, scientists have become alarmed at the accelerating pace of climate change impacts. Buildings are in the front line in the battle against climate change. In the developed countries they account for almost half of all carbon dioxide emissions. It is also the sector in which the greatest reductions in emissions can be made in the shortest time.

It is clear that renewable energy technologies will not be able to keep pace with the world's hunger for energy. Therefore it is imperative that emissions associated with buildings are drastically reduced. This book describes technologies and buildings which are paving the way towards the ultra-low carbon architecture and urbanism which will have to become the standard for the future.

Peter F Smith

October 2008

中文版序言

自从政府间气候变化专门委员会2007年的报告发表以来，科学家已经得到气候变化步伐加快的警告。建筑正是处于应对气候改变的战役的最前沿。在发达国家，与建筑相关的二氧化碳排放量几乎占总排放量的50%。建筑业也是可以在最短的时期内最大幅度地减少二氧化碳排放的领域。

显然，再生能源技术的发展和应用无法赶上全世界对能源需求速度的增长。因此，与建筑相关的二氧化碳减排势在必行。本书阐述了正在走向超低二氧化碳排放的建筑技术与设计案例，而这种建筑必将成为未来的标准。

彼得·F·史密斯

2008年10月

序 言

再版的本书是一本重要的读物，尤其是通过本书的阐释，我们对于可持续建筑不仅“知其然”，而且“知其所以然”。地球的持续变暖及随之而来的气候影响有可能成为本世纪人类将要面对的最大挑战，关于这一点已经达成广泛的共识。在人口增长的同时，大量人口聚集到城市，因此，无论新建建筑还是既有建筑都应成为减少基于矿物的能源需求的战役中的主要目标。

建设行业的学子及执业建筑师必须意识到自身在建筑创作中的重要作用，所创造的建筑不仅能够提升生活质量，而且还要确保这种生活质量是可持续的。

罗杰斯勋爵（Lord Rogers of Riverside）

致谢

我要向以下建筑师事务所表达我的谢意，感谢他们提供的图片以及对文稿的反馈意见：本内茨联合事务所（Bennetts Associates）、比尔·邓斯特建筑师事务所（Bill Dunster Architects）、福斯特与合伙人公司（Foster and Partners）、迈克尔·霍普金斯与合伙人公司（Michael Hopkins and Partners）、杰斯蒂科与怀勒斯建筑师事务所（Jestico + Whiles）、RMJM 建筑师事务所、理查德·罗杰斯合伙人事务所（Richard Rogers Partnership）、艾伦·肖特建筑师事务所（Alan Short Architects）、菲尔登·克莱格·布拉德利建筑师事务所（Fielden Clegg Bradley）、E 建筑师工作室（Studio E Architects）、戴维·哈蒙德建筑师事务所（David Hammond Architects）、格里姆肖建筑师事务所（Grimshaw Architects）和阿鲁普与合伙人工程顾问公司（Ove Arup and Partners）。

我还要感谢兰德尔·托马斯（Randall Thomas）博士对文稿提出的宝贵建议、感谢威廉·博达斯（William Bordass）博士提供关于他主持的“建筑工程设备的使用后回顾（Probe）”研究项目的信息、感谢设菲尔德大学的亚德里安·皮茨（Adrian Pitts）博士、感谢霍克顿住宅项目的尼克·怀特（Nick White）、感谢沃金自治区议会的雷·摩根（Ray Morgan），最后还要感谢皮尔金顿（Pilkington）上市公司的里克·威尔伯福斯（Rick Wilberforce）使我了解了玻璃行业的最新发展。

绪　论

本书旨在寻求建造方式的改变。为使建筑变革能够获得广泛接纳，必须用令人信服的理由来解释为何我们长期建立起来的建筑实践应该发生根本的改变。在本书第一部分，作者通过阐述气候变化的确凿证据，试图展示这些理由。愈演愈烈的气候改变主要是由于人类活动将二氧化碳（CO_2）释放到大气层中，这一过程尤其涉及建筑物。在欧盟25个国家中，来自建筑物的二氧化碳排放量占总排放量的47%。正因如此，在减缓气候改变对人类造成的影响这一战役中，建筑的设计和建造应该成为首要因素。

建筑创作的指导原则之一是整体设计，即从项目设计的初始阶段，在建筑师和设备工程师之间展开具有建设性的对话。本书旨在促进设计各专业之间的创造性合作来进行建筑创作，为使用者提供最佳环境，同时尽量减少基于矿物的能源消耗。

许多建筑师遇到的困难是，如何向业主解释建筑在二氧化碳减排的总体战略中的重要性。本书最初几章阐述了温室效应机制，接着概述了全球变暖和气候改变的现状，随后概览了国际社会为制止温室气体增长所做的努力。这些篇幅的用意是希望以有力的论据来武装设计师，以便向客户解释在避免气候改变无节制发展成为最恶劣状况的这场战役中，为何新的建筑设计方法是至关重要的元素。

与此同时，重要的是还要意识到矿物燃料的开采存在着绝对极限，并且，随着像中国和印度这样的发展中国家持续超高的经济增长率，这一问题将越来越严重。

在此值得为中国的未来做个预测。到2005年，中国人口已经达到13亿，以这样的速度，到2030年将达到16亿。还有一个至关重要的因素，就是这些人口的大多数集中在长江和黄河流域及其支流地区，其面积大约相当于美国的国土面积。中国正濒临消费能力超过其生产能力的边缘。到2025年，中国每年将进口1.75亿吨粮食，到2030年将达到2亿吨，这相当于目前全世界的粮食出口量［美国国家情报委员会（US

National Intelligence Council)]。中国对于钢材和建筑材料的大量需求已经推动了国际市场价格。

中国目前的首要关注点是供应足够的能源以适应其经济增长率。在2004年1月到4月间，中国的能源需求增长了16%。2003年，中国花费130亿英镑用于建造水力发电站、燃煤发电厂和核电站——这种电力扩张的速率等于英国每两年的全部电力输出。中国工程院发言人认为，中国目前的能源供应缺口相当于4个三峡水力发电站、26个兖州煤矿、6个新油田、8条天然气输气管道、20个核电站以及400个热电站。

碳是经过几百万年的时间缓慢沉积在地壳中的，同时产生大量的矿藏。现在的问题是，地壳中储备的碳正在以二氧化碳的形式释放到大气层中，其释放速度是地质气候纪录史上前所未有的。前工业时代大气层中 CO_2 的浓度大约为270单位/百万体积（ppmv）。今天这一浓度已接近380ppmv，并且以大约每十年20ppmv的速度上升。科学界的目标是，到2050年我们应该将大气层中 CO_2 的浓度稳定在500ppmv以下，并且意识到这一总数仍然会导致严重的气候改变。但是，如果保持目前 CO_2 排放的趋势，到21世纪后半叶，我们有可能看到这一数据将超过800ppmv。假设在美国拒绝执行《京都议定书》之后未能达成政治上的一致，这一数据更有可能再上升800ppmv，除非有一些根本性的策略可以绕过政治协议而获得广泛实施，而这正是建筑师和工程师所扮演的至关重要的角色。

地球表面每平方米平均接收的太阳辐射为240瓦［霍顿（Houghton），2004年，第20页］，总计每年178万亿瓦。① 在这些能量中有30%反射回太空，50%被吸收并且再辐射到太空中，还有20%的能量驱动水文循环。只有0.6%的能量为光合作用提供动力，这就是万物生长所需的能量，并且产生我们所说的矿物燃料的储藏。我们这个星球的安全依赖于我们有多少能力和意愿，来使用这一免费的能源而不产生令人讨厌的副作用，包括由于燃烧矿物燃料而释放的一系列污染物质。实现这一变革的最大潜力在于建筑领域。在英国，建筑领域排放的 CO_2 占所有排放量的近50%。目前的科学和技术可以在新建建筑和既有建筑中将 CO_2 排放量减少一半，示范工程已经证明了可以比现行规范所要求的排放量减少80%~90%。机会取决于建筑师和设备工程师，以设计建筑的方式实现这一跨越式的变革。在20世纪60年代到70年代，建筑是人类骄傲的象征，每前进一步都在挑战自然。新千年的到来见证了一种新的

① 作者在中文版中对这句有修正。修订后的原文为：The Earth receives, on average, 240 Watts of solar radiation per square meter on its surface (Houghton 2004 p. 20) which adds up to 178 Terawatts per year. ——译者注

姿态，即越来越关注于人类活动与自然力量之间的协同。没有任何领域能像建筑设计这样将这一变革演绎得更加完美。

在2000年英国环境污染皇家委员会（Royal Commission on Environmental Pollution-RCEP）出台了一份题为《能源——气候改变》（*Energy-The Changing Climate*）的报告，其结论是："为了限制所造成的破坏超过目前的程度，在本世纪和下个世纪必须大量减少全球的温室气体排放。必须立刻采取强有力的有效行动。"

彼得·F·史密斯

2005年1月

气候变化——自然因素还是人为因素？

第1章

气候改变作为现实，正日益获得广泛认可，而关键问题是：这究竟是在漫长的地质气候记录中的一系列气候变迁的自然过程呢？还是由人类活动所致？如果我们持前一种观点，那么我们所能做的便是尽最大努力适应气候变化的反复无常。而后一种观点，如果我们承认气候改变主要是由人类引起，那么接下来，我们应该能够为此做点什么。

全球气候科学家达成广泛共识，即目前所掌握的气候变化的确凿证据表明，其90%应归因于人类活动，并且主要是通过燃烧基于矿物的能源。这足以使我们相信，人类行为也能够最终阻止全球变暖的进程，及其对气候的影响。

一旦理解了这些问题，我们义不容辞的责任便是开发再生能源资源，并且以生物气候学的原则进行建筑设计。本书第一部分的目的正是激励这一责任感，然后本书以图文并茂的方式阐述了必将出现的一种建筑形制。这种建造模式将成为一场更为广泛的战役的一部分，来逆转《启示录》中所预言的灾难性气候变化。

碳的循环

碳是地球上组成生命的主要元素。碳的化合物构成了植物、动物和微生物的主要成分。大气层中的碳化合物，在保证地球有足够的温度以维护生物多样性方面起到重要作用。

碳循环的运行机制是：固定在植物和动物机体中的碳，在动植物死亡和分解后，逐渐释放到大气中。然后，大气中的碳被植物吸收，通过光合作用把二氧化碳（CO_2）转化成植物的茎、秆和叶等等。随着植物被动物吃掉，碳就进入了食物链。

在碳循环中还有一部分是地球化学成分的循环，这主要由深海的海水和岩石组成。据估计，前者包含360亿吨碳，而后者中包含750亿吨。火山爆发和岩石风化都是以相对缓慢的速度释放这种形式的碳。

在自然条件下，释放到大气中的碳可以被植物所吸收的CO_2平衡。这种系统是均衡的，或者说如果没有人类的干预，这种系统应该是均衡的。

破坏这种碳循环的平衡的主要人类活动是矿物燃料的燃烧，此举向大气中多排放了60亿吨碳，大大超过每年自然排放的碳。此外，当森林开垦成农田，植被中的碳通过燃烧和分解被氧化。土壤耕作和侵蚀进一步增加了大气中的二氧化碳。

如果以目前的速度继续燃烧矿物燃料和破坏植被，到2100年，大气中的CO_2浓度将增为目前的3倍。即使从目前开始在全球范围内采取断然措施减少碳的排放，到2100年，积累在大气中的碳浓度仍将翻一番。

在英国，基于目前的燃料混合比例，每耗用1千瓦时的电，将释放1千克的CO_2；而焚烧1公顷的森林，将释放出300~700吨的CO_2。

这些正是导致碳循环严重失衡的部分因素。这些因素加剧了温室效应，导致全球气温的上升。

温室效应

许多种气体混合起来在地球上方共同形成一个罩盖，使得部分太阳辐射从大气层中反射回地面，造成地球表面升温，这类似于一个温室。温室效应的形成是由于地球把长波辐射反射回大气层，然后通过温度更低的高层大气中的微量气体反射回地面，因此导致地球表面温度的升高（图1.1）。

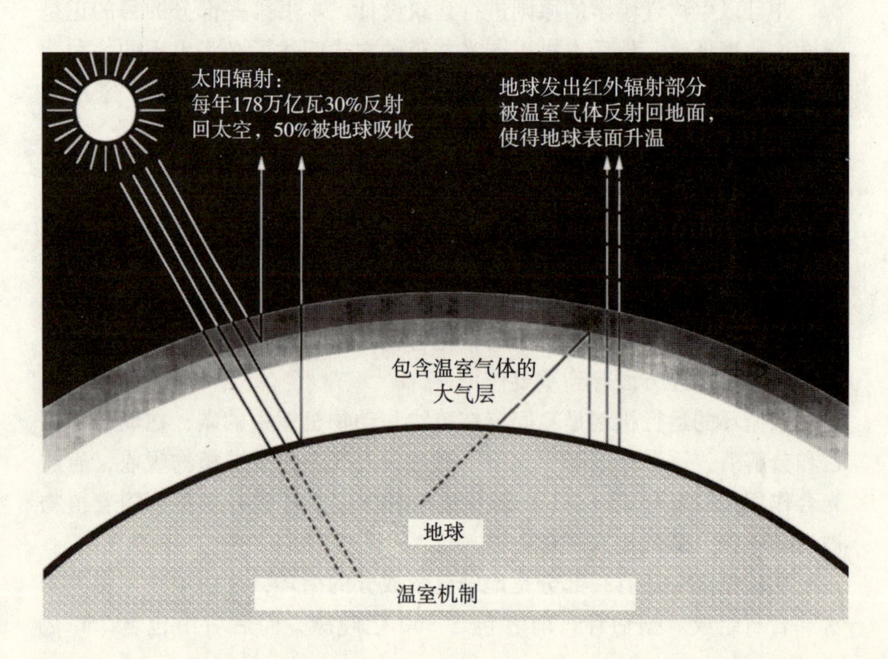

图1.1
温室“毯子”

主要的温室气体有：水蒸气、二氧化碳、甲烷、一氧化氮，以及对流层中的臭氧（对流层位于大气层中最下方的10~15千米处）。

太阳所提供的能量驱动天气和气候的变化。在到达地球的太阳辐射中，有三分之一被反射回太空，剩余的部分被陆地、生物群、海洋、冰帽和大气层吸收。在自然条件下，这些地表物所吸收的太阳能量，与从地球和大气中辐射出去的能量是平衡的。这些长波和红外线形式的地面辐射取决于地球—大气系统的温度。辐射和吸收之间的平衡会由于自然的原因而改变，如每隔11年的太阳周期。如果没有温室的庇护，地球的温度可能会下降33℃，这对地球上的生命造成的后果是显而易见的。

自从工业革命以来，矿物燃料的燃烧和森林的砍伐导致汇聚大气中的二氧化碳浓度增加了26%。此外，发展中国家不断增长的人口导致从肥沃的农田、家畜粪便和燃烧生物量的过程中排放的甲烷成倍增加。甲烷这种温室气体比二氧化碳的危害大得多。自前工业化时代到现在，一氧化氮的排放增加了8%［政府间气候变化专门委员会（Inter-Governmental Panel on Climate Change-IPCC），1992年］。

气候改变——地质气候记录

1990年6月发表在《自然》（*Nature*）杂志的一幅曲线图（图1.2）使科学家们感到震惊。这个来自冰核（ice core）抽样的证据表明了自16万年以前直到1989年间气温与大气中CO_2的浓度有着非常密切的关联，而且目前CO_2的浓度比过去任何时期都要高。从1989年至今，这种增长的速度可以说始终不变。

冰核抽样以四种方式提供了信息。第一，冰核融化层提示冰核所经历的时期。第二，通过某个夏天冰层的融化和再结冰的范围可以得出那个夏天相对温暖的概况。第三个指标是截留在冰层中的重氧同位素^{18}O。在温暖的年份，这种同位素的含量更高。最后一个指标是从雪层中所包含的气体可以得出给定年份大气中CO_2的含量。从冰核中探明的其他数据表明，在2万年以前的最后一个冰川期，海平面的最高值比今天低大约150米。

另一种所谓“替代法”（proxy）的证据源自对树木年轮的分析：年轮可以给我们提供关于6000年前气候的大致印象。树木年轮的每一圈记录了一年的生长量，每一圈的大小，提供了表明该年份气候情况的可靠证据。年轮越厚，表明那年的气候越适合树木的生长。在北纬地区，温度是决定性因素。部分最具说服力的数据来自北极圈内，那里的松树原木可以提供长达6000年之久的年轮记录。

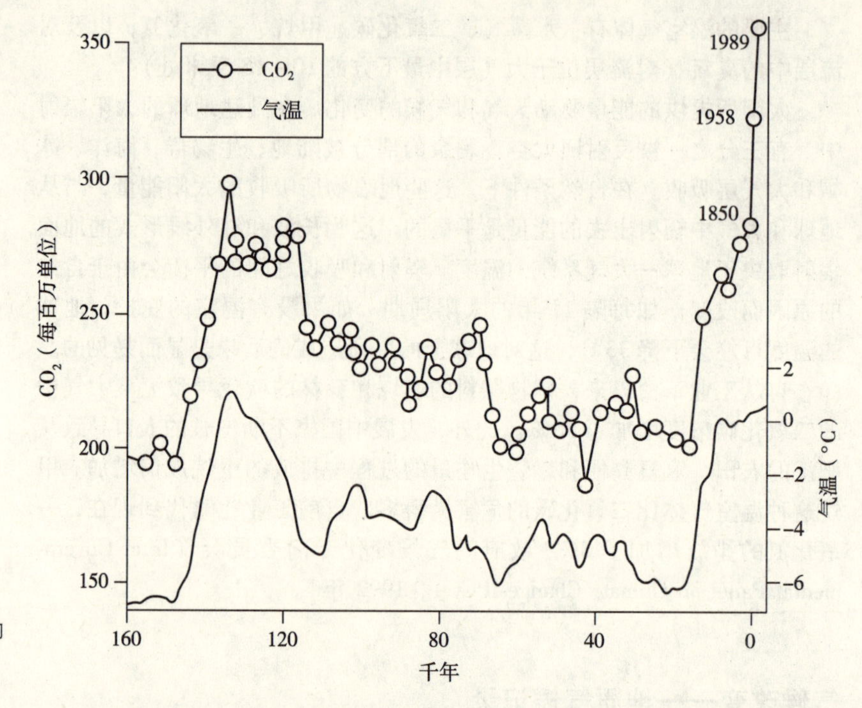

图 1.2
历史上气温与二氧化碳的相关性

东英吉利大学（University of East Anglia）气候研究所对于不同来源的气候变化证据进行了专门研究。科学家得出结论是，来自冰核的证据与从年轮中获得的证据间存在着密切的联系，而且早至16世纪的仪器记录与这些替代法的证据也是一致的。

气候波动的原因

为了能够理解目前气候变化的来龙去脉，我们有必要回顾一下造成历史上重大气候变化的原因。

气候波动的一个主要原因是地球轴向倾斜度的改变，以及绕太阳运行轨道的路线变化。地球受相邻其他星球的影响，这些星球的运行轨道对地球产生了重力引力的变化，从而影响了地轴角度。当地球发生上述变化时，大量的冰层按照“米兰柯维奇循环”（Milankovitch cycle）① 的模式循环往复地增大和减小。然而，由于月球的持续引力，地球倾角的改变限制在一定范围内，这就保持了四季循环的完整性。假使没有月球存在，地轴可以垂直移动90°，这将意味着地球的一半永远是夏季，而

① 米兰柯维奇理论认为重大气候变化与地球轴心的方向和倾斜度以及地球轨道离心率的缓慢周期性变化有关。——译者注

另一半则是永无止境的寒冬。

通过计算得出的结论是，目前地球的轨道结构与40万年前温暖的间冰期（interglacial period）的轨道结构相似。我们也许确实正处在一个间冰期的早期阶段，这是一个自然变暖的过程，并且正在被人类引起的气温上升而强化［要查找过去几百万年中气候波动的更多信息，请参阅J·霍顿（J. Houghton），2004年，《全球变暖》（*Global Warming*），第三版，剑桥大学出版社（Cambridge University Press）］。

推动气候变化的第二个因素是地壳板块运动和由此形成的火山。火山自身与地球的转动一起加剧了大气的扰动效应。这种大气扰动产生了大气压的波动。所有大气压的变化都会影响气候。

但是，只有火山活动才会引起气候的显著变化。地球的表面是不断移动的，板块碰撞是山脉形成的原因。板块地壳构造的特点是：板块碰撞时，一个板块滑动到另一个板块的下面，这被称为“潜没”。在这一过程中，岩石被加热、被推动而突破地表形成火山，火山爆发的过程中还释放出大量的碎石和CO_2。在短期内，这会导致温度下降，因为火山灰遮蔽了太阳辐射。在更长的时期里，大量CO_2注入大气层将导致气候变暖，因为CO_2在大气层中停留时间较长。

第三个因素可能是第二个因素作用的结果。地质气候数据表明，在北大西洋曾经周期性出现过冰块流的现象。随后，这种现象会影响深海洋流，特别是对墨西哥湾暖流的影响。要理解为何冰块流会影响墨西哥湾暖流，我们需要找寻这一相当特殊的洋流的驱动力。

盐分含量特别多而且温暖的表层海水从热带地区向北大西洋移动。当海水向北流动时，温度就逐渐降低，密度增大，结果在靠近格陵兰岛周围时沉入海底。接着，这就吸引了位于热带的更温暖的海水，因此这种现象也被称为“传送带”或“深海泵”。这一过程所产生的热量占欧洲西北部热量来源的25%。那么，冰山的重要性又是什么？

随着这些冰山舰队一边驶往南方一边融化，产生了大量淡水，淡水降低了表层水的密度，使之无法沉降到海底，于是“传送带”停了下来。这一现象的结果是北欧周期性处于类似北极的酷冷气候条件。而科学家所关心的是，目前已有证据表明，由于格陵兰岛南端的冰块融化，这一过程正在酝酿成形。当融化的冰山水消散后，“传送带”又会再次启动，导致气温迅速上升。这种循环在6万年里发生过20次。有证据表明，温度下降的速度相对缓慢，但是气温的上升却非常迅速——在一个生命周期中可以上升10～12℃。由于某种原因，大约在8000年以前，冰山的这些短暂来访停止了。这创造了一个相对稳定的环境，便于农业的发展，以至最终出现了城市文明。

第四个因素似乎自相矛盾：温暖的气候期会导致森林的迅速扩张，

这也有可能引发冰川期。这是由于森林的扩张需要从大气中吸收大量的CO_2。大气中CO_2含量的减少削弱了温室的庇护，致使气温急剧下降。

由太阳所发出的能量改变也被认为影响着全球的气候波动。1999年6月发行的期刊《自然》（第399卷，第437页）发表了来自牛津郡迪德科特的拉瑟福德·阿普尔顿实验室（Rutherford Appleton Laboratory）的研究证据。科学家的研究成果指出，在过去的160年间，全球变暖的一半原因是因为太阳亮度的增加。但是，自1970年以来，太阳导致气候变暖的因素越来越不重要。但是，气候变暖的速度还在加剧，这表明不断增加的温室气体才是罪魁祸首。有来自非洲的确凿证据可以有力地证明，太阳辐射的输出程度的变化部分影响了地球的气候。位于肯尼亚大峡谷奈瓦沙湖的沉淀物揭示了在过去的1000年间湖水的不同水位。在高水位时期，湖底藻类的含量更高，导致该年的沉淀物中含有更多的碳。此外，还有一段漫长的、严重干旱的时期，造成饥荒和大规模迁徙。最糟糕的年份是在1000～1270年（《自然》，第403卷，第410页）。

最后一点，我们也不能忽略更广泛的宇宙影响。恐龙的灭绝证实了流星撞击地球造成永久黑夜及其对气候的影响。地球上不断地发掘出发生灾难性撞击的新地点，但是如果我们想要了解关于流星撞击地球的历史记录的真实场景，则可以从金星的表面窥见一斑。金星的稳定性——没有任何板块运动，也没有任何植被可以隐藏这些证据——确保我们看到一幅历经数十万年的流星轰击的图景。流星撞击地球也是如此。

历史上存在着确凿的证据，证明地球上生命的发展的确步履维艰。

古生物学的记录表明，我们的星球自有记载的历史以来已经发生过五次大规模的物种灭绝。最广为人知的是最后一次物种灭绝，发生在6500万年前的白垩纪（Cretaceous period）晚期。普遍认为这是由于一个或多个巨大的陨星撞击地球，使得大量的碎片进入大气层，遮蔽了阳光。这种情况可能持续了数年。需要光合作用才能生存的植物丧失了能量来源，食物链断裂，导致75%～80%的物种灭绝，最明显的是恐龙的灭绝。

然而，在其他所有的大规模物种灭绝中，这次的物种灭绝在警世度方面排位第三，因为它与我们当代的形势相似。在二叠纪（Permian）晚期，即2.51亿年以前，一连串灾难性事件导致地球上95%的物种遭灭顶之灾。这一灾难的首要原因是大规模和持续的火山爆发。这次的火山不是从山顶喷发，而是从大量的地表裂谷中喷发。这些火山爆发的区域最终形成了如今的西伯利亚。这一连串的事件最终导致大量CO_2排入大气中，造成气温的快速升高和植物的快速生长。其结果是消耗了大气层中大量的氧气，造成大部分生物圈的破坏。动植物一个接一个窒息而亡。在其后的500万年中，幸存的5%的物种苟延残喘，经历了不稳定的生存状态。我们的地球又经过了5000万年的时间，才回复到像以前那样具有生物多样性的状态［《新科学家》(*New Scientist*)，2003年4月26日，“灭绝”（Wipeout）］。

这一证据的重要性在于这一事实，即这次大规模物种灭绝的发生，是因为地球在相对较短的时期（以地质气候的时间尺度）内温度升高了6℃。为何这一现象目前应当引起我们的关注？是因为联合国政府间气候专门委员会（IPCC，2002年）的全世界顶级气候科学家的预测表明，到21世纪的后半叶地球有可能变暖6℃左右，除非到2050年，全球CO_2的排放量比1990年的排放水平减少60%。

正是这些反常的气候事件的广泛证据，以及这些反常事件发生的频率，使得IPCC的科学家们认识到：大部分的罪责在于人类的活动。

证据

- 过去的几十年中，暴风雨越来越频繁，强度也越来越严重。在过去的50年里，高压系统平均增长了3毫巴，而低压槽也增长了同样的数量，从而加剧了气象系统的驱动力。水文循环更剧烈的极端性一方面导致沙漠化地区不断扩大，另一方面，导致更强烈的暴风雨。这增加了地表径流，侵蚀了肥沃的土壤。在这两种情况下都会导致草木中固化碳的流失和可耕地的减少。
- 在2000年头几个月，莫桑比克遭遇了灾害性洪水，在2001年灾难再度降临。2002年，破坏性的洪水灾害横扫欧洲，淹没了像布拉格和德累斯顿这样的历史名城，创造了“自中世纪以来，最为严重的洪涝灾害之一”［菲利普·比斯坎（Philippe Busquin），欧盟研究专员（European Union Research Commissioner）］。2003年，易北河和罗讷河也发生了类似的灾害，洪水冲破了堤岸。
- 2004年7月，东南亚由于反常的降雨而发生洪涝灾害，致使孟加拉国和印度的比哈尔邦（State of Bihar）3000万人无家可归。与此同时，中国的中部地区也遭受了洪涝灾害的摧毁，而印度的德里则遭遇严重干旱。埃塞俄比亚数百万民众由于连年缺乏降水，面临饥荒的威胁。
- 保险公司可谓是气候变化的晴雨表。世界规模最大的保险公司之一——慕尼黑再保险公司宣称自1960年以来，由于暴风雨而发生的理赔每十年翻一番。在20世纪60年代的十年中，共有16场灾难，理赔300亿英镑。在20世纪的最后十年里，70场灾难共理赔2500亿英镑。在21世纪的最初几年里，这一上升速度还在加快。慕尼黑再保险公司已有报道，2003年的700场自然灾害夺走了5万人的生命，花费保险公司330亿英镑的赔付额。财产损失预防委员会（Loss Prevention Council）已经声称，到21世纪中期，财产的损失将“难以想象”。然而，这些极端的气候事件仅仅是全球变暖场景的一部分。

- 至于暴风雨越来越猛烈的原因，除了气压梯度不断增加的影响，还有一个原因是雪域的收缩。在过去，这些雪域产生了由稳定的冷空气组成的高压区，这些冷空气以及附带的暴风雨受到大西洋低气压系统的牵制。这种屏障已经减弱，并继续向东部方向移动，致使暴风雨得以横扫欧洲西部。在20世纪的最后十年里，这一地区暴风雨和洪涝灾害的频繁发生，给这个结论增加了分量。
- 由于太平洋海水变暖，厄尔尼诺现象产生了前所未有的严重影响。甚至有种言论认为厄尔尼诺的逆转可能成为常态，这将给澳大利亚和东南亚造成可怕的后果。
- 极地冰层的逐渐减少，导致植物群落的迅速扩张。自1970年以来，南极地区夏季的时间增加了近50%，随着冰河的消退出现了新的植物物种。位于冰岛的最大的冰川碎裂了，可能在未来的几年里会不知不觉地沉入北大西洋，这使得由于陆地上的冰层融化对海平面的威胁进一步加剧［《观察家》（*The Observer*），2000年10月22日］。由于全球变暖，北极大冰原的厚度变薄了40%（根据国际气候科学家专门委员会的报告，2001年1月）。
- 自1860年起，海平面上升了250毫米（10英寸）。迄今为止，海平面上升的大部分原因是热膨胀。
- 南极洲地区海水温度的增长是全球变暖平均速度的5倍，目前比20世纪40年代增加了2.5℃。最主要的威胁在于未来可能出现的陆基冰层的碎裂。最近拉森B冰架破碎了12000平方公里，这具有严重的影响。这个冰架本身不会造成海平面的上升，真正的危险在于冰架是作为一种壁垒支撑着陆基冰层这一事实。据2003年5月出版的《科学美国人》（*Scientific American*）报道，随着拉森冰架的瓦解，“近年来内陆基冰川大规模滑向海岸”。卫星测量数据显示，两个主要冰川分别前移了1.25千米和1.65千米。这意味每天移动速度为1.8米和2.4米。当南极地区西部大冰原完全崩塌时——以目前的趋势，未来会完全崩塌——将导致海平面上升5米（《科学美国人》，引文同前，第22页）。1999年4月的《卫报》（*Guardian*）报道，这一冰架碎裂的速度比预计的快15倍。更令人担忧的事实是，南极洲最大的冰川——派恩岛冰川的厚度正在迅速变薄——在8年里变薄10米——并且正以每天8米的速度加速滑向海洋。这是南极洲西部大冰原不稳定性的另一个指征。
- 与此同时，高山冰川也大量融化。在20世纪，阿尔卑斯山50%的冰雪融化了。国际冰雪委员会（The International Commission on Snow and Ice）报道，喜马拉雅山脉的冰川比地球上其他任何地方冰川的消减速度都要快。

- 在阿拉斯加，海上浮冰普遍变薄和消退，导致苔原干旱，暴风雨越来越猛烈，夏季降水减少，冬天更温暖，并引起部分野生动植物物种的分布、迁徙方式和数量发生改变。所有这些对土著爱斯基摩人的生存造成了严重威胁［《新科学家》（*New Scientists*），1998 年 11 月 14 日］。
- 从阿拉斯加到西伯利亚，由于永久性冻结带的融化，产生了严重的基础设施问题。公路开裂、树木倒伏、房屋下沉，致使世界著名的滑雪旅游胜地开始无法运营。在阿拉斯加和北极圈的大部分地区，气温的上升比全球平均变暖速度快了 10 倍——在 30 年里升温 4.4℃。这其中的部分原因可能是雪域的融化，导致苔原裸露。白雪将大部分太阳辐射反射回太空，而裸露的苔原则会吸收热量，同时还释放大量的二氧化碳到大气中——典型的正反馈状态。希什马廖夫村庄位于北极圈边缘的一个小岛上，据说是“世界上全球变暖最极端的例证”，并且“正在一点一点地被海洋吞没”。有些房屋已经倒塌到海里了，其他的房屋正在坍塌，因为支撑地基的永久性冻结带融化了。海洋正以每年 3 米的速度向内陆挺进（BBC 新闻，2004 年 7 月 23 日）。
- 从 19 世纪晚期以来，全球地表空气温度的平均值增高了 0.3 ~ 0.6℃。1998 年全球地表平均温度比 1995 年上升了 0.2℃，创造了新纪录——有记录以来幅度最大的升温［世界观察研究所（Worldwatch Institute）发表于《科学美国人》，1999 年 3 月］。记载中最暖的年份是 1999 年。全球变暖的进程比联合国 IPCC 科学家在 1995 年预测的还要快。他们曾经预计气温在 21 世纪期间升高的幅度在 1 ~ 3.5℃之内。美国国家气象数据中心（US National Climate Data Center）主任认为，在不久的将来，气候变暖的速度就已经相当于每百年上升 3℃。这很可能使得 21 世纪末的气温水平将大大高于 IPCC 的最高估计值［《地球物理研究快报》（*Geophysical Research Letters*），第 27 卷，第 719 页］。
- 据美国国家航空和航天局的科学家报道，卫星采集的证据显示，格陵兰岛的陆基大冰原的厚度正在以每年 1 米的速度变薄。西南海岸和东海岸的冰原总共减少了 5 米。一方面，这威胁着墨西哥湾暖流或称为“深海泵”；另一方面，也直接导致了海平面的上升，威胁着沿海区域（《自然》，1999 年 3 月 5 日）。在过去的 20 年里，极地冰帽的厚度减少了 40%。
- 大气中 CO_2 的浓度正在急剧上升。前工业社会的 CO_2 含量为 5900 亿吨，或者是 270 单位/百万体积（ppmv）；而如今已达到 7600 亿吨，或大约387ppmv［毛纳·洛亚（Mauna Loa，2008）］①，而且每年增加1.5~2 ppmv。大部分 CO_2 浓度的增加发生在过去的50年里。根据英国首席政府科学顾问戴维·金（David King）爵士的观点，这是5500万年来的最高含量。而那时，地球上没有任何冰原。前一次的最高浓度记录为300 ppmv，出现在距今30万年前（《新科学家》，2000年1月29日，第42~43页）。以目前的二氧化碳排放速率推算，到2100年，其含量将达到800~1000ppmv。假设到2050年 CO_2 排放量能够在1990年的基础上减少60%，其含量仍将超过500ppmv。这一结论的后果目前难以预测，因为 CO_2 在大气中可以停留至少100年。

- 总之，看起来似乎全球气温上升至少6℃是完全可能的，而以目前最不利状况来测算，将上升11.5℃。我们应当谨记上述观测到的气温上升速率，眼下的目标应该是防止地球越过极限，进入全球变暖的失控状态。在那种情况下，互为强化的反馈循环②就势不可挡了。
- 北半球春天的到来比20年前提前了至少一周；有些人估计是11天。英国基尤皇家植物园的奈杰尔·赫珀（Nigel Hepper）进行了一项历时40年的调查研究，涵盖了5000个物种，其研究结果提示春天正在提早数周到来。一项有关欧洲花园的研究显示，自1960年以来，植物的生长季节至少延长了10天。慕尼黑科学家研究了从芬兰到巴尔干半岛的70个植物园（616份春季记录和178份秋季记录），得出的结论是，30年间春季平均提早6天，秋季平均推迟5天（《自然》，1999年2月）。
- 现在温带气候区也开始出现极热现象。大部分与炎热相关的死亡是由于高热对血液化学成分造成的致命冲击。出汗使人体水分流失，导致红细胞、凝血因子和胆固醇浓度更高。在阳光下暴晒不到30分钟就会出现这样的化学变化。2003年夏天席卷整个欧洲的数次热浪，其反常不仅表现在最高气温，还表现在持续的时间。根据华盛顿地球政策研究院（Earth Policy Institute）的报告，8月份整个欧洲由炎热造成的死亡人数为3.5万，仅法国就达到1.48万人。其他数据来源估计，欧洲死亡人数为2万人，法国1.1万人。根据苏黎世科学家发表在“自然在线”（Nature on-line）的报告，正常情况下这种夏季持续高温，每450年出现一次。科学家预计，到21世纪后半叶，这

---

① 本书第二版出版时，该数据为380 ppmv，随着全球二氧化碳浓度不断上升，作者根据最新资料为中文版的出版更新了该数据及文献出处。——译者注

② feedback loops，指两个或多个不断变化的相关系统，能够互为补充和加强，形成一个更大的网络系统，即良性循环或恶性循环。例如，当海洋的浮冰融化时，使得海水吸收太阳辐射而升温，加剧了全球变暖。而与此同时，积雪层的消失也减少了将太阳辐射反射回太空的数量（星体的反照效应），这又加强了全球变暖的程度。——译者注

种现象将会每两年发生一次。2004年2月4日，英格兰中部地区的气温达到了12.5℃，据英国气象部门始自1772年的记录显示，这一温度是2月初的最高气温。同一时间，在澳大利亚的布里斯班爆发严重热浪，当地一夜间有29人突然死亡。

- 全球变暖的可预计后果之一是极端气候的现象更为严重，这不仅意味着气温进一步升高，也意味着气压变化的幅度更大。里尔大学（University of Lille）的研究显示，当气压降至1006毫巴以下，或上升到1026毫巴以上时，心脏病发作的风险增加13%。这一研究也表明，气温突然下降10℃，也会增加同样百分比的心脏病发作风险［美国心脏协会（American Heart Association）在达拉斯举办的一次会议报道，1998年11月］。据联合国环境保护署（UN Environment Protection Agency）主席称，每年欧盟用于因热浪频繁而造成的未成年人死亡的花费估计达到140亿英镑，而在美国则为110亿英镑。全球范围的数额估计达到500亿英镑。
- 海洋是最大的碳储备池。当海洋变暖时，海水吸收CO_2的效率就下降了。最新的预测称，随着海水温度升高，海洋的碳吸收量将下降50%。
- 当气温升高时，从天然湿地和水田中释放的甲烷量将有所增加。再次强调，相对于CO_2，甲烷是一种威力更甚的温室气体，而其含量也在快速增加。
- 2000年发生了一系列空前的气候预警。气候变暖正在侵蚀位于冰岛的、欧洲最大的冰川，同时在加拿大最北端的西北走廊（North West Passage）形成了大量的、毫无冰块的纯净水域，现在已经能够航船。自从史前间冰期的气候变暖以来，这种情况从未发生过。

最后一点，决策者们通常持有的设想是，CO_2浓度的稳定增长将造成气温的同步稳定增长。从冰核获取的证据表明，我们的地球有时在相对较短的时期内，大幅摇摆于气候的极端状态之间，其原因在于强大的反馈循环，正是这种恶性循环机制推动了气候系统进入另一种戏剧性的、异常的恒稳态①。2003年在柏林进行专题讨论的科学家们推断，鉴于目前所掌握的气候变化的证据，可以断定我们的星球可能正濒临“严峻的、恶劣的、然而无法逆转的”巨变边缘［哈佛大学比尔·克拉克（Bill Clark），引自《新科学家》，2003年11月22日］。

---

① 在过去，气候的改变相当迅速，接着就会有几千年的稳定期，例如上一个冰川期。这一冰川期很快就结束了，从那时开始一直到不久前，气候都相当稳定，其间偶有几个“小冰川期”打断这种稳定状态，如17世纪、19世纪初期以及工业革命这一“肇事”的开端。20世纪下半叶气候改变的步伐在加速，这提醒我们警惕全球变暖的失控状态：一旦平均气温比1991年上升2℃，气候变化就会失控。最终失控状态终止于大约490℃，接着进入下一个气候稳定期，类似于目前的金星。——译者注

第2章 预测

大量的科学研究正致力于气候变化可能导致的后果，特别是在这样的情境中，即发达国家将无期限地继续“照常营业”（BaU-Business as Usual）①。这一预景也假设在技术的效率方面会有变革和改进。以下是部分预测的结果。

- 巴哈马群岛和百慕大群岛完好地保存了海平面的历史记录，因为这些岛屿不受地壳构造升降起伏的影响。远古的海岸线表明，在40万年前的间冰期，海平面的最高纪录超过目前海面20米（70英尺）。如果全球所有的大面积冰原全部碎裂分解的话，这种状况就可能发生。南极西部地区和格陵兰岛的大冰原，面临着碎裂的严重威胁，而这些大冰原的消逝意味着海平面将会升高12米［《地理学》（*Geology*），第27卷，第375页］。
- 2001年，参加南极科考的科学家指出，在25年内海平面可能升高6米（20英尺）（据路透社报道）。最终，当南极的整个冰层融化时，海平面又会再升高110米（戴维·金爵士，《卫报》，2004年7月14日）。
- 数百万人居住在海拔不到1米的地方。例如，如果海平面上升20厘米，新加坡填海造地的疆域就会面临威胁。在英国，目前已经认为泰晤士河的拦河大坝高度不够。德国的汉堡市距海边120公里，但仍有可能被淹没。自20世纪70年代以来，平均最高潮位已经上涨40~50厘米。
- 格陵兰岛冰帽的状况是另一个值得考虑的原因。根据科学家提出的预测场景，即“温度上升值少于3℃——在未来20年内北极部分地区可能会面临的情况——会引发无法控制的冰雪融化，最终导致全球范围内海平面上升7米”［《新科学家》，摘自哈德利中心（Hadley Center）乔纳森·格雷戈里（Jonathan Gregory）的“世界末日预景”（Doomsday Scenario），2003年11月22日］。据英国广播电台（BBC）

① 即发达国家不采取措施减少基于矿物的能源使用和减排二氧化碳，仍然按照目前的发展模式，仅在一般技术方面有所改进。通常这一预景是作为能源政策决策选择的基本预景，以便对照采取节能减排措施后的效果。——译者注

(2004 年 7 月 28 日) 报道，格陵兰岛的大冰原 (ice sheet) 正以比预想快 10 倍的速度融化。自 2004 年 5 月以来，冰层的厚度已减少了 2~3 米。报道还声称阿拉斯加州的温度比 30 年前升高了 8℃。

- 在英国，海平面上涨将威胁 1 万公顷的泥滩和盐沼地。但最严重的威胁是针对英格兰 50% 的一级农田 (位于 5 米等高线以下，图 2.1)。由于暴风雨造成的水位上升，以及其后的盐化作用将会使这些土地寸草不生。据东英吉利大学环境风险研究所 (Environmental Risk Unit) 预测，到 2030 年，百年一遇的暴风雨和所导致的洪涝灾害将会以如下的频率重现：

米尔福德港	3.5 年
加的夫	5 年
波特兰	5 年
纽黑文	3 年
科尔切斯特	4 年

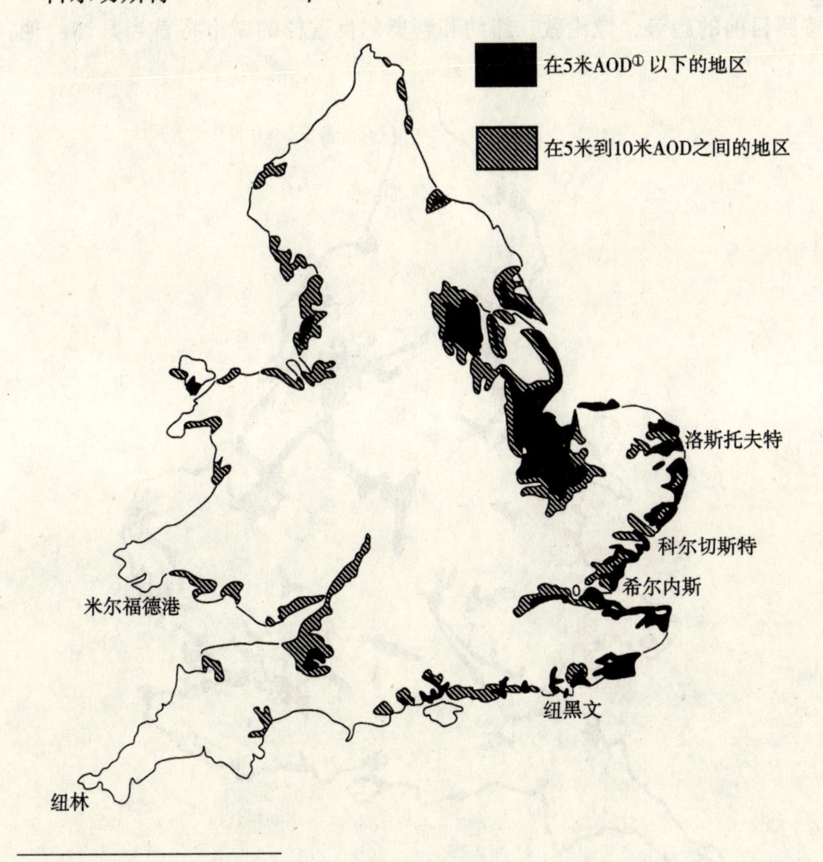

图 2.1
位于 5 米和 10 米等高线以下的英国国土

① AOD-Above Ordnance Datum，英国的地形测绘数据。——译者注

- 英国的首席政府科学顾问戴维·金爵士在其任主席的委员会的一份报告中预测，全球变暖、海岸线侵蚀和在冲积平原上建造房屋的做法，将大大提高人员死亡和大范围财产损失的风险等级。发布该报告的科学家专门委员会认为会出现四种情况。其中，最不利的两种情况或多或少符合 IPCC 的“照常营业”的假设，即对经济的发展不做限制，也几乎不对污染有任何约束。该报告推断，到21世纪80年代，受海岸线侵蚀和洪水泛滥威胁影响的人口，可能会从今天的160万增长到360万。每年为此花费的经济成本要达到270亿英镑［摘自《未来的洪水》（*Future Flooding*），这是“预测计划”（Foresight Programme）］的“防止洪水和海岸防御工程”（Flood and Coastal Defence Project）的一份报告，2004年4月）（图2.2）。

戴维·金爵士在《卫报》的一篇访谈（2004年7月14日）中声称：因为人类的活动正在使冰层快速融化，你们可能认为在海边建造我们的大城市是非常不明智的，现在很显然这些城市是无法保留下去的。按照目前的趋势，像伦敦、纽约和新奥尔良这样的城市将首当其冲。他

图2.2
在最不利情况下，到2080年，英格兰和威尔士面临洪水威胁的地区［来自科学技术办公室预测报告（Office of Science and Technology Foresight Report）《未来的洪水》（Future Flooding），2004年4月］

继续说道："我确信气候改变是未来 5000 年里人类文明不得不面对的最大的难题"，这给他在 2004 年 1 月的声明增加了额外的砝码，即气候改变是比国际恐怖主义更大的威胁。

- 前文已经论述过，超过 3 亿年的地质记录显示了每 1000～2000 年就会进入一个相当严重的气候摆动期，最后一次出现在 8000 年之前，从那时起，摇摆的幅度变得平缓多了。我们面临的危险是：大气中的碳含量不断增加，已经接近工业革命前浓度的 3 倍，这将会再次触发这种振荡模式。IPCC 的科学委员会相信：大气中碳的聚积浓度的绝对极限值应该稳定在工业革命前浓度的两倍，大约为 500 单位/百万体积（ppmv）。即便是这一数值也将产生巨大的气候影响。
- 地质气候记录显示，通常温度降下来的速度非常缓慢，但升温却像前文所述的那样迅速，比如，在人的一生这样的周期中就可以升高 12℃。
- 全球变暖对健康造成了严重的威胁。有害的生物和病菌迁移到了温带。普遍认为，由昆虫传播的疟疾和影响肝脾的黑热病之类的疾病预计会蔓延到北欧。据英国卫生部（Department of Health）预测，到 2020 年，季节性疟疾将在英国南部立足，其中包括致命的恶性疟原虫菌株（图 2.3），这种菌株在非洲每年导致 100 万儿童的死亡。致

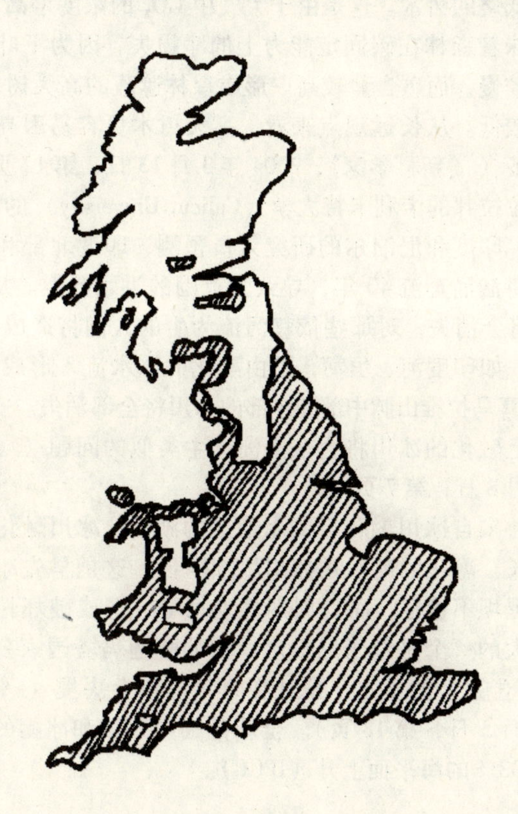

图 2.3
预计到 2020 年季节性疟疾在英国的传播范围

命顽疾——西尼罗河热在温暖的温带的发病率已经大大增加。1999年纽约也突发这种疾病。美国卫生部还预测说：每年将有大约3000人死于中暑——这是相当保守的估计，如果从2003年夏天开始情况能有所扭转的话。更高的气温也会增加1万例食物中毒的发生率（美国卫生部关于气候改变对国民健康影响的评估，2001年2月9日）。

- 大气温度更高意味着更多的水分蒸发，导致云层变厚。政府间气候专门委员会的科学家认为，实际结果是加剧全球变暖。水蒸气也是一种有效力的温室气体。
- 历史上相对突发的气候改变是由植物触发的。例如，14000年前，在10年内平均温度上升了5℃。如前文所述，地质气候记录展现了在过去植被曾经爆发性生长，吸收了大气中大量的碳，严重削弱了温室效应，从而导致冰川期。大自然有可能还是决定因素。哈德利中心预言说，在未来的50年里，全球变暖将导致森林快速生长，吸收超过1000亿吨的碳。然而，从大约2050年开始，不断上升的温度将会导致大量森林的毁灭，因此将有770亿吨的碳返回大气层。这将导致全球变暖失控的高危状况。已经有证据表明亚马孙雨林的生长模式发生了改变。生长更快的高大树木正在取代森林的下叶层中生长较慢、低矮的树木。这是由于大气中CO_2的浓度增高。在短期内，这可能意味着森林在碳固定能力上的净损失，因为下叶层的树木生长速度比较慢，而碳含量较高。形成森林遮蔽的高大树木生长更快，但含碳量较低。从长远观点来看，高大树木更容易因高温和干旱而致枝叶枯萎（《新科学家》，2004年3月13日，第12页）。
- 在印度喀拉拉邦的卡利卡特大学（Calicut University）的一份报告中，来自英国、印度和尼泊尔的研究人员预测，印度北部和巴基斯坦的一些大河将汹涌奔流40年，导致大范围的洪水泛滥。从那之后，大部分冰川将会消失，对那些依赖河流为生的人们将造成可怕的影响。这些河流，如印度河、恒河，是由融化的冰水流入形成的。据估计，到2035年喜马拉雅山脉中部和东部的冰川将全部消失。安第斯山脉和落基山脉上融化的冰川将会在美洲产生类似的问题（《新科学家》，2004年5月8日，第7页）。
- 另一种威胁来自冰川融化后的水形成的湖泊。冰川融化导致湖水容积快速增长。融化的冰水被冰川堤坝阻挡，这是早先冰川崩落的边界。这些堤坝不稳定，而且周期性地坍塌，造成破坏性后果。这些湖泊中最大的一个是位于尼泊尔境内的萨迦玛塔国家公园，目前拥有3000万立方米的蓄水，预计在5年内将会决堤（《新科学家》，1999年6月5日，第18页）。全球范围内冰川和冰帽的融化，将导致预言的33%的海平面上升（IPCC）。

- 慕尼黑再保险集团——世界上最大的再保险集团——研究所主任预计，在2040~2050年的这十年内，理赔总额将达到2万亿英镑，这是基于政府间气候专门委员会对大气中碳含量增长的估计。他声称："我们有理由担忧，在地球上几乎在所有地区发生的气候改变将导致自然大灾难，这种灾难的强度和频率目前无法预测。有些地区不久将成为不可予以保险的区域"（摘自《卫报》，2001年2月3日）。
- 我们不得不在这些自然事件中再加上一个预计，那就是世界人口将会持续增长，而且大部分人口增长发生在最无力容纳这些人口的地区。目前，人口最密集的地区是沿海地区，如果海平面升高的预言不幸成为现实的话，这些地区将遭受灭顶之灾。据联合国人口部估计，到2050年世界人口将达到89亿。在2004年3月，美国人口调查局（US Census Bureau）预计，到2050年，世界人口将会从目前的62亿上升到92亿，并且认为人口出生率将低于死亡率。即使在现在，仍有13亿人生活在每天生活费不足1美元的极度贫困之中。

最新发现的未知因素

2004年7月10日出版的《新科学家》发表了一篇题为《泥炭沼藏匿着碳的定时炸弹》（*Peat bogs harbour carbon time bomb*）的文章。威尔士大学班戈分校（University of Wales at Bangor）的研究表明，"全球范围内碳在泥炭地里的储存正在以令人担忧的速率趋于空竭"［克里斯·弗里曼（Chris Freeman）］。泥炭沼储藏着大量的碳，而我们所掌握的证据表明，这些碳正以溶解有机碳（DOC）的形式沥滤到河流里，其速度是大约每年6%。河水中的细菌快速把DOC转化为CO_2，释放到大气中。最近的研究表明，自1988年以来，威尔士河流中的DOC已经增加了90%。据弗里曼预计，到本世纪中叶，来自泥炭沼的DOC会像矿物燃料的燃烧一样，成为大气中CO_2的一个重要来源。这就好像出现了另一种恶性循环，因为大气中增加的CO_2被植物吸收，接着释放到土壤的水分中。然后被水中的细菌吞噬，接着泥炭土被分解，使储存的碳释放到河流里。全球变暖正在导致泥炭沼的溶解。

目前揭示出的最可能使全球变暖离开既定进程的未知因素，就是云量的作用，《新科学家》将其描述为"全球变暖预言中的未知因素。在气候模型中加入云量的作用，就会出现可怕的预测结果"［弗雷德·皮尔斯（Fred Pierce）]，《新科学家》，2004年7月24日）。我们的担忧是，全球变暖有可能减少总体的云量，也可能改变云的特性，以及对太阳辐射的影响。最近在由哈德利气候预测中心（Hadley Centre for Climate Prediction）气象部（Met Office）的詹姆斯·墨菲（James Murphy）

进行的气候模拟测试中，加入了一系列和云的形成相关的不定因素，例如云量、云的寿命和厚度。这一模型揭示出，气候变暖的幅度有可能会达到10℃，这是基于大气中 CO_2 含量翻番，而这已被普遍认为是不可避免的。牛津大学的戴维·斯坦福斯（David Stainforth）警告说，到21世纪末气温有可能会升高12℃。卷云在把能量反射回地球方面最为有效，而现在卷云越来越多。我们希望预计政府间气候专门委员会在2007年发布的下一轮预测中，将会考虑云量因素的反馈循环，预测出升温幅度更大的最不利境况（《新科学家》，2004年7月24日，第45~47页）。

设菲尔德大学和布里斯托尔大学的研究成果中揭示出另一个值得关注的气候变化原因。在5000万年前的始新世（Eocene）时期，地球温度呈灾难性的上升趋势，海洋的温度比今天高了2℃。这些证据来自海洋化石的外壳里存留的氧元素。这些化石留下了独特的同位素组成模式，揭示出特定时期海洋的温度。植物化石中的证据表明，CO_2 浓度与现今相似，因此 CO_2 的含量可能与这种幅度的变暖无关。研究成果表明，气候变暖的原因是甲烷、臭氧和氧化氮，这些都是比 CO_2 更有影响力的温室气体。在始新世，地球被湿地覆盖着，这些湿地产生了高浓度的甲烷，导致全球变暖的进程失控。目前，家畜、农田和白蚁成为这类气体的主要来源。设菲尔德大学的比林教授（Beerling）说："由于热带地区农业生产的发展，甲烷的生成量急剧增加，其中水稻是甲烷的重要来源。汽车排放的废气和氮肥同样增加了其他气体的含量。"[《观察家》（*Observer*），2004年7月11日]。由于我们预测在未来数十年里，交通导致的排放量将急剧上升，因此这也成为值得重视的原因。

根据联合国提供的数据，我们应当冷静地比较不同国家如何致力于减少本国的 CO_2 排放量或仍然继续排放。必须注意到，自1990年以来，俄罗斯情况的改善是由于其重工业的全面崩溃（图2.4）。

直到目前为止，人们关注的焦点仍然集中在限制 CO_2 的排放上，几乎没有关注到其他温室气体。如果我们不想再次经历始新世的大灾难，就应该更广泛地关注温室气体。

正在采取的措施

我们所关注的问题核心在于发达国家和发展中国家在二氧化碳人均排放量方面存在着差异。尽管所有的国际会议都在呼吁这个问题，发达国家的二氧化碳排放量并没有显示出减少的迹象。美国的排放量为欧洲平均排放量的2倍，并且目前仍在增长，最近达到全世界总排放量的23%。北美洲居民人均每年排出6吨的碳，而欧洲人均值大约为2.8吨。

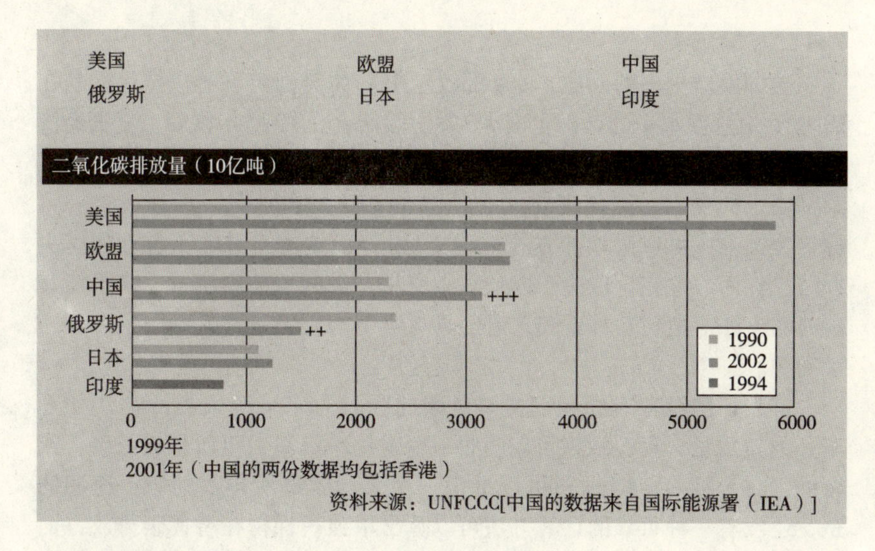

图2.4
主要国家的 CO_2 排放量
［联合国气候变化框架公约（UNFCCC）,2004年］

人均排放量增长最快的地区出现在东南亚、印度和中国，尽管这些国家排放量的起始点很低。

大规模减少 CO_2 排放的万里征程的第一步是1997年在京都由180多个国家签署的协定，即在全球范围内减少5.2%的 CO_2 排放量（基于1990年的浓度值）。必须记住，联合国政府间气候专门委员会科学家声称，世界范围内减少60%的排放量是阻止全球变暖的必要条件。不久前英国环境污染皇家委员会也认可了这一论断。美国没有批准执行《京都议定书》，但是俄罗斯已经签署了这一协定，这意味着从2005年2月起该条约生效。在英国，由于天然气发电计划的实施和重工业的解散，全国已经步入轨道，向着减排12%的目标前进。然而，这些计划带来的减排成果却由于交通量增长导致的排放抵消了。2003年 CO_2 排放量增加了1%～2%。同年，全球大气中的碳浓度大幅上涨，达到了每年3ppm——接近过去十年平均值的2倍。如果再计入飞机在高空的排放量，情况将糟糕透顶。

一个重大的反常现象是航空飞行产生的 CO_2 不计入排放量。据英国议会环境审计委员会（Parliamentary Environmental Audit Committee-EAC）预测，到2050年，空中运输导致的温室气体排放量将占整个英国排放量的2/3。交通部预期，以航空飞行的方式出入英国国境的人数，将从2004年的1.8亿人次增加到2030年的5亿人次（据《观察家》报道，2004年3月22日）。到2030年，航空运输在英国 CO_2 排放量中所占的份额将翻四番。同时应该注意，由飞机导致的 CO_2 排放只占全球变暖因素的1/3［英国环境污染皇家委员会成员汤姆·布伦德尔（Tom Blundell）和布赖恩·霍斯金斯（Brian Hoskins），《新科学家》，2004年8月

7日，第24页]。

美国面对更多的问题。《京都议定书》为美国定下的减排目标是在1990年的浓度水平的基础上减少7%。然而，在1990年以后，美国经济出现了一个繁荣期，随之而来的结果是CO_2排放量的增长。如果要满足京都协定的要求，美国现在就必须减少30%的排放量。为达成这一目标，美国唯一可以采取的方式是碳交易①，而这本身并非不合理的解决办法。然而，这完全取决于以什么做交易。美国希望利用树木来平衡其碳的收支账。植树造林看起来可能具有吸引力，但是这又提出了以下三个问题。

首先，已经有人尝试以树木对碳的吸收力来平衡人类活动（如开车）的排放量，即5棵树可以吸收一辆常规小汽车一年所排放的碳，或者说，在5年内，40棵树可以抵消一个普通家庭所排放的碳。遗憾的是，还没有一种可靠的计算方法可以算出单独一棵树在替代碳排放方面的吸收力，更不用说一片森林。最近美国出现的另一个问题是，大片森林都毁于焚烧。最后还有一点要回到哈德利研究中心的预测结果，在未来50年里，森林将加速生长，然后迅速枯顶，向大气层排放大量的碳。总而言之，森林很可能最终成为促使全球变暖的巨大的终极力量。

这个问题似乎成为2000年11月召开的海牙会议上欧洲各国代表心中的重中之重，当时他们一致拒绝签署协议允许美国继续照常发展商业活动，而以植树作为补偿其二氧化碳的排放。

最后分析的一点是，如果各国政府和社会无法担负起由气候改变赋予我们的责任，他们无法逃脱的局面将会是，基于矿物的能源价格将大幅增长，这是由于需求的增长超过了供给，储备濒于枯竭。在一些工业化国家，市场已经启动了转而利用再生能源的驱动力。当你看到石油公司投资再生能源时，那一定是黎明将至，也就是我们终于意识到，拯救地球才是真正具有成本效益的行为。

能源的前景

欧盟于2004年5月发布了题为《展望世界能源、科技和气候变化》(World Energy, Technology and Climate Change）的报告，向我们描述了如果继续以矿物能源为主导的未来世界图景。这份报告预计，在未来30年里，CO_2排放量将以每年2.1%的速率增加，同时能源消耗量将会上

① 是京都议定书为促进全球温室气体减排，以国际公法作为依据的温室气体减排交易。在六种被要求减排的温室气体中，二氧化碳为最大宗，所以这种交易以每吨二氧化碳当量(tCO_2e）为计量单位，所以统称为“碳交易”——译者注

升 1.8%。造成这种差异的原因是煤炭作为燃料的使用量增加，石油和天然气价格的大幅提升，以及储备量的减少。报告还估计，来自再生能源的份额将从今天的 13% 下降到 8%。这主要是由于再生能源增长的数量将无法赶上能源的总消耗量。

这份报告还预期，在未来 30 年，美国的能源消耗量将增长 50%，欧盟的增长量为 18%。发展中国家，尤其是中国和印度，CO_2 排放量占全球的份额将从 1990 年的 30% 上升到 2030 年的 58%。中国是世界第二大温室气体排放国*，同时也是世界上最大的煤炭生产国。为了满足其预期的能源需求，中国计划到 2020 年，燃煤发电厂将增产近 3 倍。这些新发电厂的建造并没有考虑到配备将来可吸收 CO_2 的设备，而且很可能会营运 50 年。在过去的 20 年里，中国石油的消耗量翻了一番，目前的消耗量保持在每天 8000 万桶，这是空前的最高记录。因此，在未来几十年里，随着像上海这样的大城市呈几何级数地高速发展，中国事实上无法采取措施以减少 CO_2 的排放量，当然，作为一个发展中国家，国际社会也没有要求中国采取类似发达国家的强硬措施。

由于世界经济的飞速发展必须以矿物燃料为基础，因此燃料储备日益减少的阴影加重了政府决策中心的担忧。据石油公司预计，石油的储备量将在大约 40 年内消耗殆尽，而这甚至还不是目前的主要问题。正如城市经济分析家史蒂芬·刘易斯（Stephen Lewis）所说："石油消耗国目前的增长率带来的石油供给量的需求似乎大大超过供给量的潜在增长……美国、中东、北海……所有地区似乎都已经越过了开采量的顶峰"（《卫报》，2004 年 8 月 9 日）。

当然关于这一问题，也有不一致的预测。但是政府的石油顾问声称，每四桶正在使用的石油中只有一桶是从新发现的油田中开采的石油。据他们估计，我们只需两年就会达到石油开采量的顶峰。

到 2020 年，以目前的消耗量计，英国将有 80% 的能源依赖进口。图 2.5 中的直方图显示了英国石油和天然气储量的下降率。至于天然气，其主要储备地却位于政治不稳定的国家。北海的天然气储备已经下降，其开采平均寿命期为 15 到 20 年。政府承认到 2020 年，英国 90% 的天然气将从俄罗斯、伊朗和尼日利亚进口（英国国防部，2001 年 2 月 8 日）。

据美国能源部预计，由于其石油储量下降及消耗量的增长，石油的进口量将从 2004 年的 54% 上升到 2025 年的 70%。更为严峻的事实是，全球至少有一半的剩余储备位于中东的五个奉行独裁政治的国家。20 世纪 70 年代的石油危机足以证明这些国家操纵石油价格的能力。这些国

---

* 这只代表作者本人的观点。——编者注

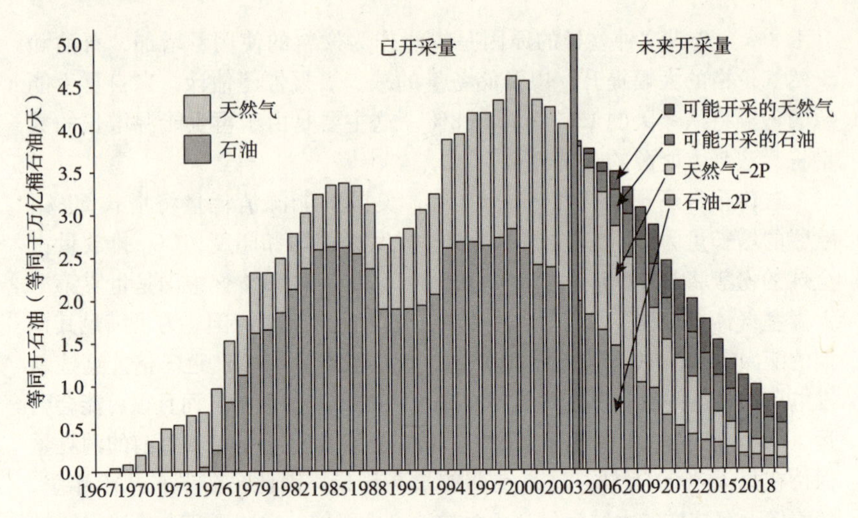

图 2.5
英国至 2020 年的石油和天然气储备［石油和天然气峰值研究会提供（Association for the Study of Peak Oil，2004 年）］

家占据市场份额的35%，这一份额导致他们在每次需求上升期都能够操控油价，尤其是发展中国家快速向发达国家看齐的过程不断地拉动石油需求量的上升。

依照环境政治分析家戴维·弗莱明（David Fleming）教授的观点，“人类的生存将伴随着石油价格的大幅增长”（《卫报》，2000 年 3 月 2 日）。政府早就受到警告，如果油价再一次发生震荡，将会触发股市崩盘，甚至引发战争。在 20 世纪 70 年代的石油危机时期，我们历经了长时间的痛苦，直到在北海和阿拉斯加发现了大量的石油储备，我们的困境才得以解脱。这次可没有这么侥幸了。先是科威特事件，再是伊拉克战争应该提醒我们这一地区时局的敏感性。

这个世界就像一台巨大的内燃机，现在每天已经需消耗 7400 万桶石油才能运转。目前，中国平均每 125 人中就有 1 人拥有小汽车，中国经济正以每年 8% ~10% 的速度增长。中国加入世界贸易组织后，向国际贸易开放了市场，给经济增长带来了额外的推动力。很快，中国就会出现每 50 人拥有一辆小汽车，接着是每 20 人。即使不考虑中国未来的图景，目前全球范围内对石油的需求正以每年 2% 的速度增长。预计到 2020 年全世界行驶的汽车将达到 10 亿辆。与此同时，石油地质学家估计石油的开采量将在 21 世纪的第一个 10 年达到峰值，随后产出量将以每年 3% 的速度下降。石油地质学家科林·坎贝尔（Colin J. Campbell）说：“我们正处于石油时代终结的初期。”他预言在 2005 年后，石油供应量将存在严重短缺，而价格则急剧飙升，到 2010 年，我们将会经历与 20 世纪 70 年代类似的严重石油危机，除非到那时还能开采出巨大的石油储备量。世界上仍有几处较大的石油储备地，但都位于里海盆地周边的国家境内，俄罗斯认为这属于它的势力范围——对西方国家（特别

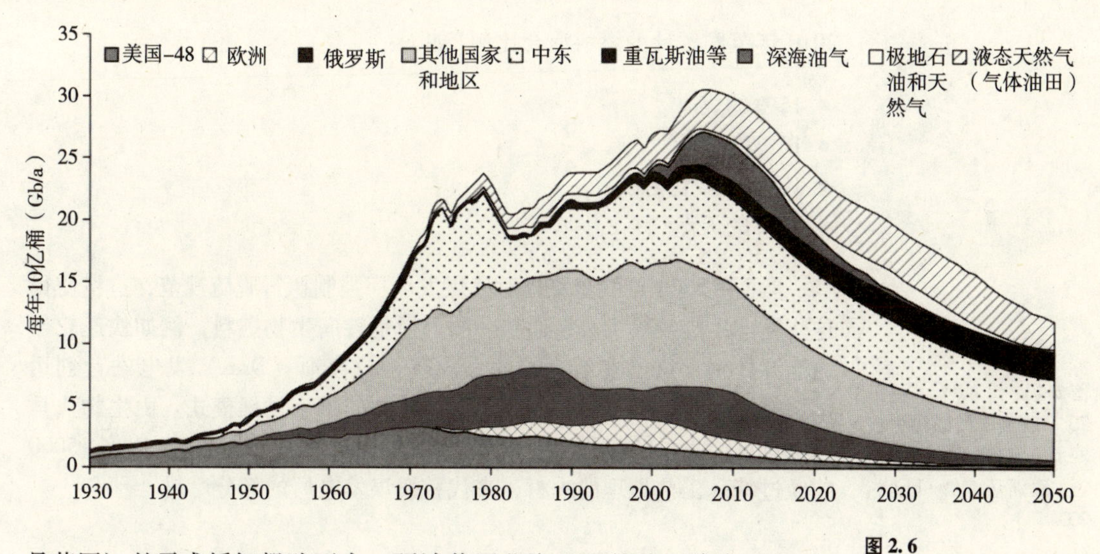

图 2.6
到 2050 年世界石油和天然气产量

是英国）的需求缓解帮助不大，预计英国北海地区的油田将在 2016 年开采殆尽。

科林·坎贝尔在 2004 年提出的关于世界石油产量峰值的最新预景，以图表的形式发布在石油峰值研究会（Association for the Study of Peak Oil-ASPO）的网站上，表明 2008 年前后世界石油和天然气产量将达到峰值（图 2.6）。

2008 年以后，石油和天然气的价格飙升看来是势不可挡了。

核能作为选择

英国在核能发电的容量方面存在问题。最近，针对政府对下一代核发电容量的预测，有关人士提出了质疑。环境数据服务部门（Environment Data Services）以“盲目乐观”的字眼来描述这些问题，这一定论也适用于政府到 2010 年将 CO_2 减排 20% 的目标，因为这一目标是假定以老化的核反应堆满负荷发电来测算的。事实上，1999 年的核产量下降了 4%，在 2000 年下降了 10%，而同年天然气发电量上升了 13%。除了两个镁诺克斯（Magnox）型核电站以外，其他核电站在 2008 年以前都确定了停产期。压水式核反应堆和气体冷却式反应堆已经被一大堆问题困扰。到 2014 年，75% 的核反应堆将会退役。英国贸工部的能源预测报告假定在未来十年里，老掉牙的核工业将满负荷运营，并且达到前所未有的效率。随后，再生能源、天然气发电，或者有可能一批新的核能发电设备将填补空缺。由于我们已经提到过天然气供应的不稳定性，

2010 年英国预计的燃料混合比例*如下：

- 16% 的煤
- 16% 的核能
- 10% 的再生能源
- 57% 的天然气

然而，2008 年欧盟将针对燃煤发电厂强制执行脱硫规范，这将使得这些发电厂收益减少。它们唯一的选择是转向生物燃料，例如快速轮作的能源作物，这已在约克郡的大规模德拉克斯（Drax）发电站首创运用。使用生物燃料可能是燃煤发电站转向的未来发展模式。由生物焦耳（Biojoule）公司经营的位于东英吉利的一家发电厂，每年可出产 15000 吨经过特殊工艺处理的木材，来代替燃煤发电厂的部分燃料。

图 2.7
25 个欧盟成员国再生能源发电情况比较［资料来源：欧洲环境署（EEA），2004 年］

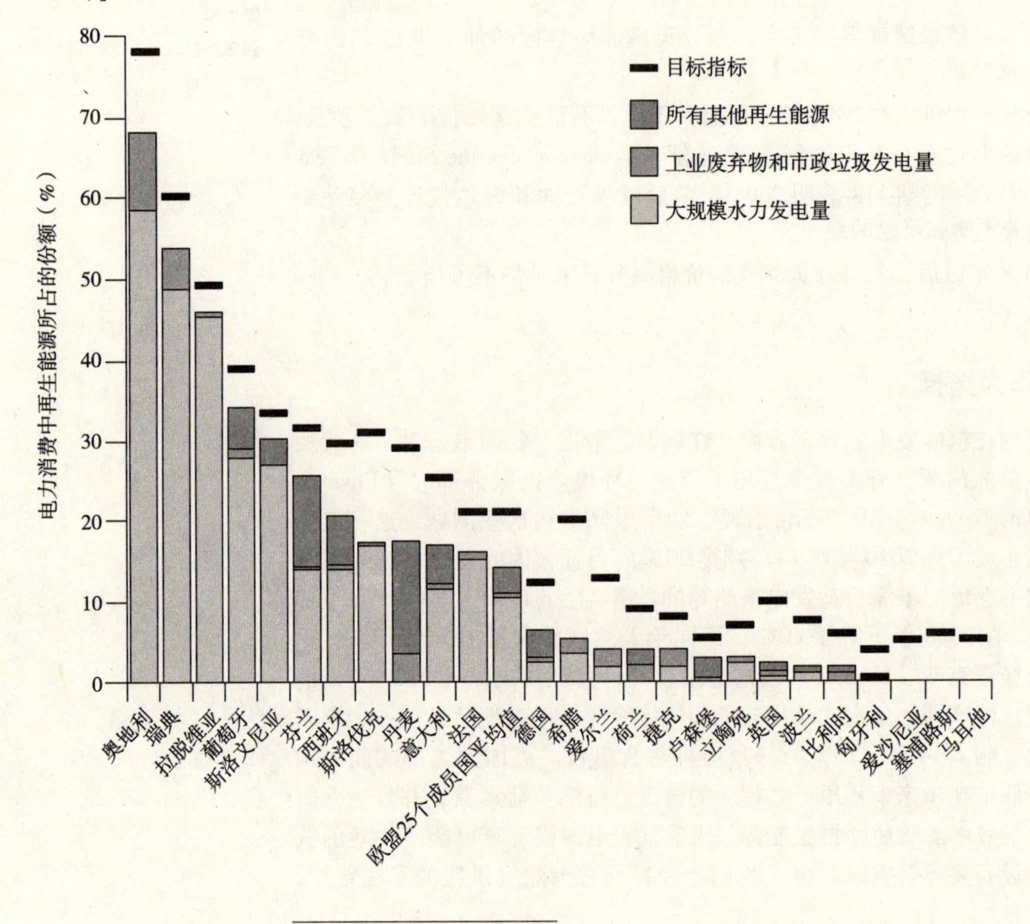

* 混合比例的合计为 99%，原书如此。——编者注

从上述能源分析中得出的结论是，当矿物燃料真正紧缺时，现在正处于设计阶段的建筑，大多数仍在营运状态。由于建筑物完全依赖矿物能源，所以很难精确预计将来的运营费用，比如说 10 年内的运营费用。能够明确的是，能源价格将迅速攀升，因为目前只有零星的证据表明，人们希望通过有效地利用再生能源技术来延缓这一危机的到来。我们目前还面对的压力是必须将外部成本，如对人类健康、建筑物以及更为重要的生物圈的危害，加入到矿物燃料的价格中。这种压力会随着全球变暖的影响日趋严峻而越来越紧迫。政府的承诺是到 2010 年，10% 的电力需求由再生能源来提供。而很可能被人们忽略的问题是，到那时，需求量的增长将大大超过这一数值，与此同时，许多核电站可能已经退役。到 2015 年，英国可能面临能源真空。这也就强调了当务之急是必须投身再生能源技术的研究和应用，这也是 2004 年欧洲环境署（European Environment Agency-EEA）最新报告中提到的、最值得关注和最困扰的议题。这份报告指出，在欧盟成员国，再生资源发电的份额从 1990 年的 12% 上升到了 2001 年的 14%。欧盟的目标是到 2010 年上升到 21%，这意味着要做的事情还很多。EEA 绘制的直方图显示出各成员国的相对进展状况。在所有对再生能源作出贡献的国家中，英国位居表中倒数第四（图 2.7）[2004 年，EEA；《2004 年资讯》（*Signals 2004*），这是一份欧洲环境署关于所选议题的最新报告，哥本哈根，2004 年 5 月]。

第3章 再生能源技术——海洋环境

以下两段引言成为本章的开篇：

在我们努力创造可持续发展的未来的行动中，可持续的能源体系可能是唯一最重要的里程碑……能源系统的脱碳，是第一位的任务。

——世界观察研究所主席厄于斯泰因·达勒（Oystein Dahle）

以及

我们只有尽一切努力立即转向使用再生能源资源以及具有环境可持续性的资源，并由此终结对矿物燃料的依赖，人类文明才能逃脱致命的矿物燃料资源的陷阱。

——赫尔曼·希尔（Hermann Scheer），《太阳能经济》（*The Solar Economy*）Earthscan出版社，2002年，第7页

英国的能源图景

2002年，英国国内的能源消耗量相当于2.296亿吨石油当量（million tones of oil equivalent-mtoe），其中核能占2130万吨石油当量，再生资源和从废物回收的资源只有2730万吨石油当量［英国贸工部英国能源摘要（UK Energy in Brief），2003年7月］。如果坚持认为再生资源的能源供给量可能等于甚至超过这一容量，而且不依赖核能，这是不是天方夜谭？自从2002年2月《能源白皮书》（*Energy White Paper*）颁布以来，这成为一个关键性问题。这份白皮书暂缓了核能的发展，等待证实再生能源能够填补大量既有的核能设施退役后留下的空缺。

英国政府宣布，2010年的目标是再生能源占能源供应总量的10.4%，并希望在2020年达到20%。这个20%的数值非常重要，因为这是以目前电网结构能够容纳的小规模和间歇型电力输入的极限。如果超过这一百分比，现有的电网将要进行重新改造，以容纳更多的分散型发电设备。这也是英国环境污染皇家委员会建议的电力输入比例。

至于主要的配电系统，20%的极限可能正好被视作一条“红线”，一旦超过，这些配电站将被强制以低于满载的容量来运行，同时补偿再生能源电力供应产生的波动。据赫尔曼·希尔分析，这将威胁到电力行业的长期战略野心，因为这些行业巨头已经看到了最终控制信息传播和能源输配的前景，“他们握有所需要的一切王牌，以期建立全方位的商品和传媒帝国”（引文同前，第60页）。

有利于电力供应大户的主要原因之一，是电力行业享受到的各种直接和间接的补助金，例如，用于发电而开采的原材料被认为是大自然给予的免费礼物这一事实。直到现在，人们才普遍意识到，目前的能源储备除了煤炭以外，都将很快耗尽，这一天并不是遥遥无期。

与此同时，目前的市场并没有关注其环境责任，特别是导致全球变暖的责任。欧洲委员会的“外部成本”（ExternE）计划已经致力于对这种产能方式的外在成本进行量化。例如：这个计划得出结论是，使用煤炭和石油发电的真实电价将使目前制造业的经济成本翻一番。对于天然气发电而言，短缺大约为30%。“评估能源外部成本的新要素”（The New Elements for the Assessment of External Costs from Energy-NewExt）研究正在从方法学的角度进行深化，以期提供更为精确的信息，并且定于2004年公布。这一研究成果将有可能更为精确地计算整个生命周期的环境成本。

英国政府宣称，目前的能源供应企业是在自由市场的框架下进行运作的，这种运作平台是基于有缺陷的经济体制。出现这一反常现象的原因是普遍采用的成本效益体系忽略了风险要素。因为某种原因，在决定商品的市场价值时，能源的价值并不受制于通常的金融风险评估。最显然不过的是，石油和天然气是高风险的商品，其价格的剧烈波动将对股票指数产生强大的负面影响。

与此相反，再生能源则是一种资本费用相对较高，但运营成本低的技术，而且几乎不受宏观经济变化，如国际油价和股票指数的影响。资本的回报和运行成本在很大程度上是固定的，因此代表着低风险。目前存在的问题是，需要高资本费用的再生能源违反了会计学的基本原则之一，即投资人希望在短期内获得资本的高额回报。

这就是再生能源必须参与竞争的市场现状。这种市场形态导致了严重偏向矿物燃料行业的倾斜的竞争平台。我们看到一个奇怪的现象，即依靠高补助金、具有高度的环境污染以及高风险的能源类型，遏制了几乎零风险的再生能源系统。再生能源系统利用的是太阳和月球的能量，因此不必依赖持续不断地输入开采出来的矿物燃料。这种现状显然是滥用了“自由市场”这一术语。如果能源竞争的市场平台是真正公平的，那么再生能源将会为投资者提供绝佳的投资机会。

既然再生能源无可避免地必须在自由市场上与自己的困境殊死搏

斗，而且必须无期限地争夺一席之地，那么，如果希望电力基础设施的脱碳成为现实，这些奇怪的现象必须得到纠正。

从河流和海洋中获取能源

从一方面来说，从海洋环境中开采的能源是最具有资本密集特性的能源，但是，在另一方面，海洋能源的开采能够保证最长期限的资源供应，并且能量密度最高。

基于以下四种原理，我们可以从水中获取能源：一，在河流上筑坝利用水力发电；二，利用由于潮汐涨落、潮流、海浪做功产生的水流运动或流体动力，即潮汐能和海浪发电；三，利用温差产生的洋流动力发电；四，通过电解水产生的氢发电。本章主要讨论前两种技术。

水力发电

通过水在流程中的落差发电的水力电气工程是最古老的水力发电方式。这是通过在河流等水道上筑坝，产生所需的压力来驱动冲击式水轮机高速转动。修筑于20世纪30年代的美国博尔德水坝（Boulder Dam）工程是第一座大规模水电站项目，当时帮助整个美国摆脱了经济危机的阴影。

二战后建成的第一批大规模水电站项目之一，是由埃及总统纳赛尔上校发起建设的阿斯旺水电站工程。工程始于1960年，所形成的纳塞尔湖作为储水的设施，以及全埃及大部分地区所需的农业灌溉来源。建设投资为10亿美元（相当于现在的100亿美元）。这个水电站从1968年开始发电，发电量为2000兆瓦。

这一工程已经显现出与大规模水力发电工程相伴而来的一些问题，例如，由于湖水的蒸发量超出了预期的估计，埃及政府正在考虑在其外围重新筹划蓄水工程。同时，大坝的建设干扰了尼罗河的泛滥，对尼罗河三角洲地区的农业造成了威胁。

更进一步的问题是，历史上，尼罗河每年从埃塞俄比亚高原带来数百万吨的泥沙，其中大部分是土壤。过去，这些泥沙中的一部分沉积在尼罗河冲积平原上，现在被大坝拦截。我们认为这一事实对尼罗河峡谷和三角洲地区的土壤丰产造成了不可挽回的破坏。为了弥补这一损失，埃及现在成为世界上最大的化肥使用国之一。

另一个最严重的缺陷是土壤的盐渍污染。盐溶解在河水中，通过现代化的灌溉系统进入农田，每公顷的土地上会残留1吨的盐类物质。大量肥沃的土地现在正受到盐渍的威胁。这种土地对植物是有害的，最终将造成该地区的沙漠化。现在正在实施的一项工程力图从这200万公顷的土壤中去除盐水，其代价超过了当初大坝的建设费用（《新科学家》，第28~32页，1994年5月7日）。

1994年12月，中国长江三峡工程开始动工，建造的大坝长2公里，高100多米，形成的湖面长600公里，移民人口达到100多万。作为回报，中国每年可获得18000兆瓦的电力，超过目前世界上最大的大坝——位于巴拉圭的伊泰普大坝发电量的50%。即便如此，从长期的观点来看，三峡大坝对中国摆脱对矿物燃料资源的依赖作用甚微。此外，1994年11月，在湄公河水道上也重新启动一系列水电站工程，发电量达到37000兆瓦，同样也会带来潜在的灾难性社会影响。

除了多瑙河上的水电站工程，欧洲主要是通过建设中小规模的水电站来获得所需的大部分电力资源。挪威绝大多数的电力供应来自水力发电；在瑞典，水力发电占电力供应的50%，而苏格兰60%的电力来自非矿物资源，大多数为水力发电。根据英国贸工部的报告，“英国有相当多的尚未开发的小规模水利资源”，例如位于北威尔士圭内斯郡加纳德（Garnedd）的小规模发电站项目。假使国家电网的收购电价比较合理，这样的风险投资有可能成为高盈利的生意。

小规模水力发电

在小规模水电站工程中，通常以围堰筑坝的方式使水保持在高水位，然后通过管道（水渠）或者水道引导至落差50米的发电机组，以产生足够的压力来驱动发电机。目前已经为发展中国家设计了一种适合于中间技术①的版本，在这种改良的小水电系统中，标准的水泵换成水轮机，电动机改为发电机组（《新科学家》，第29页，1991年6月29日）［更多相关信息参阅P·F·史密斯著《尖端可持续性》（*Sustainability at the Cutting Edge*），第10章，“小规模水力发电”，由Architectural Press出版，2002年］。

“川流式”发电系统

许多河流的流速都超过0.75米/秒，符合为所谓的川流发电提供动力。传统做法是铺设专用水道，在水道中安装交流发电机，这也是水车

① 介于传统技术和先进技术之间的技术，由英国经济学家舒马赫于1965年在联合国教科文组织召开的“拉丁美洲科学技术用于发展会议”上提出。这种技术适合于资金缺乏、劳动力过剩和资源有限的第三世界国家。——译者注

图 3.1
水力发电工业公司（WPI）的水轮机（图片蒙 CADDET①提供，2004 年 1 月发行）

或带有可变叶片的转桨式水轮机的现代版本。

一家名叫“水力发电工业”（Water Power Industries-WPI）的挪威公司已经研制出浮式水轮机——在垂直轴的转子上安装着类似机翼形状的叶片。“水上叶片”（waterfoils）是垂直方向的，水流通过叶片产生负压，带动水轮转动（图 3.1）。叶片通过计算机监控不断调整角度以获得最大的效率。该公司宣称，这种水轮机组可以把 50% 的水的动能转化为电能，而理论上的最大转化率为 59%。

假设水流的速率稳定在 3 米/秒，规律性为 96%，一个直径为 15 米的额定功率为 500 千瓦的水轮机每年可以发电 400 万千瓦时。这种系统不仅能够从众多河流中获取能源，而且也可以安装在水渠中，适用于潮汐流速快但潮流浅的地区。在这种情况下，其他类型的潮力水轮机无法发挥作用。

潮汐能

潮汐能的应用至少在 21 世纪之内还是可以预见的。风暴潮可以影响潮汐的起伏程度，正如在 1953 年英国人体验到的它那巨大的威力。不列颠群岛拥有欧洲范围最大的潮汐带，并且可以通过潮汐发电而获

① Centre for the Dissemination of Demonstrated Energy Technologies 能源示范技术传播中心。——译者注

利。总的来说，至少有四种技术可以开发潮汐的动能，从中获取数十亿千瓦的可靠电能。这些技术分别是：

- 拦潮堤坝（tidal barrage）
- 潮力发电栏或拦潮桥（tidal fence or bridge）
- 潮力水轮或潮力转子（tidal mills or rotors）
- 蓄水堤（impoundment）

拦潮堤坝

在高潮位时把水拦截住，当有足够的水头时将水释放，是一种古老的利用潮汐能的技术。在萨福克郡的伍德布里奇，有一个中世纪的潮力磨坊至今仍在正常运转。在 20 世纪的前 25 年，人们曾应用这一原理对在塞文河上修筑拦潮堤坝进行水力发电进行过可行性研究。

潮汐发电的原理是在落潮时阻挡水流，以形成足够的水头，驱动水轮机的转动。如果涨潮（flow tide）的能量也能够获得利用的话，可以在潮涨潮落间进行双向发电。

1925 年，一个皇家专门委员会成立，研究以具有竞争力的价格利用塞文河的水力资源以及发电的潜能。在 1933 年该机构的报告中指出，这一计划是可行的。从那以后，这一技术不断得到改进，包括发电机组的规模也翻了一番，这就增加了流经拦潮堤坝的水流量。1945 年完成了进一步的研究，1981 年对最新的深入研究进行了总结。在所有这些报告中，结论都是积极乐观的，尽管最后一份报告对这一计划在核能时代的成本效益模式持谨慎态度。尽管有着一个有利的例证，英国政府仍不愿开发潮汐能。最近，英国土木工程师学会（Institution of Civil Engineers）在一份讨论性文件中阐述了关于潮汐能的问题：

> 据估计，除了联合循环燃气轮机外，潮汐能和其他能源相比，在所包含的单位电力成本方面具有相当的竞争优势，而如此蕴藏丰富的能源选择却被永久性地推迟实施，实在是不合逻辑。

潮汐能发电很明显是不连续的，但是沿海岸线分布的潮涨潮落的时间交错可以使输送到电网的电能是平稳均匀的。

目前，欧洲唯一正常运转的拦潮堤坝建在法国诺曼底的拉朗斯（La Rance）。这是一项双向发电工程，在涨潮和落潮时都能发电。只有当某个地区有相当规模的潮汐带时，双向发电装置才有效率，即便在这样的地区也只适用于最高潮位。每年拉朗斯的潮力发电量约为 610 千兆瓦时（GWh）。尽管有这一成功的例证，但法国政府仍将其能源政策的核心放置在占发电量 75% 的核电上。

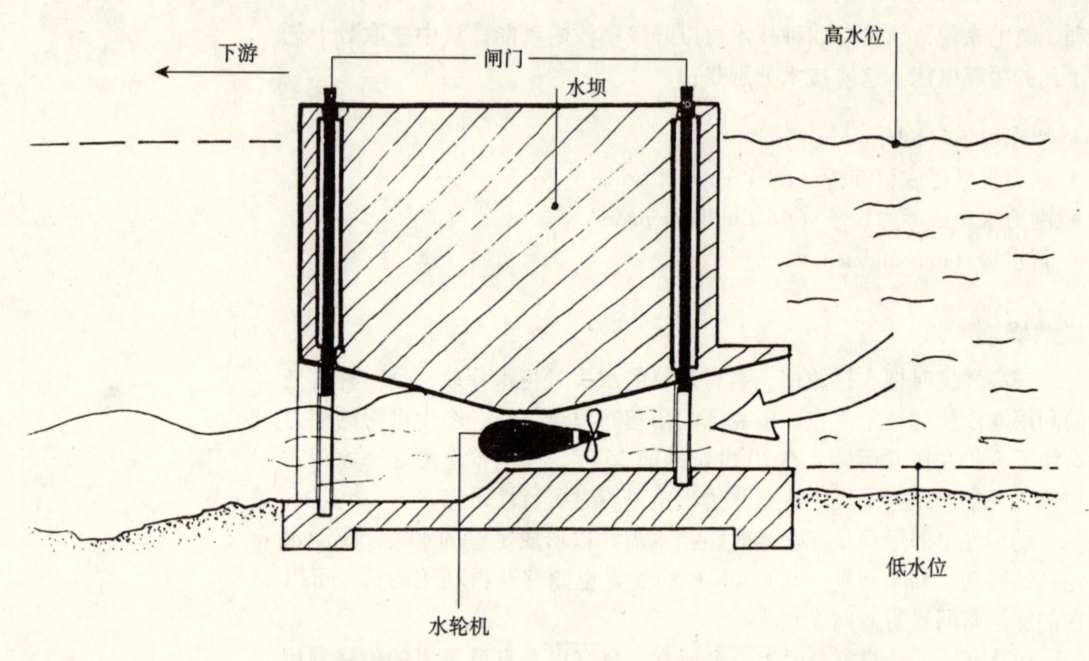

图 3.2
拦潮堤坝的基本原理

直到现在，在英国计划中的各种潮汐发电工程都是单向发电的，仅利用落潮时的水流发电。其中的原理是水流被蓄留在上游的高潮位，直到下游水位跌落至少 2 米时才放水发电。在涨潮期，则通过水泵从下游抽水来维持上游的水量。在绝大多数情况下，总体算来，这种方法比双向发电更具有成本效益（图 3.2）。

拦潮堤坝技术是对沉箱技术的改进，在二战的“D 日”① 行动中，盟军运用沉箱技术建造桑树港人工码头，于登陆后浮法安装到位。这是一种模块化技术，将装有涡轮机组的沉箱固定在船台上或临时的沙岛上。1992 年 11 月英国贸工部的第 60 号能源报告表明，“在欧洲各国中，英国可能在潮汐能发电上最具有利条件。”事实上，英国的潮汐能发电占欧洲潜在的潮汐能发电总量的大致一半，约为每年 105 太瓦时（TWh/y）（ETSU②）。报告总结如下：

> 建造拦潮堤坝不仅能够提供清洁、无污染的能源资源，还具有其他益处：能够促进该地区的基础设施建设，为区域经济发展创造机遇，在风暴潮肆虐时期可以抵御流域内的局部洪涝。

全世界有众多开发潮汐能的机遇，其中著名的有加拿大芬迪湾，其

① 第二次世界大战中盟国在西欧登陆日。——译者注
② 再生能源技术网站。——译者注

规划中的年发电量可达6400兆瓦。在中国，有大约500处可以建造拦潮堤坝的地点，总发电量可达110000兆瓦。

英国著名的潮汐能研究专家埃里克·威尔逊（Eric Wilson）教授总结了潮汐能应用的状况。他认为潮汐能发电站设备的前期建设投资很高，但运营成本很低，"假以时日，人们会发现投资潮汐能就是拥有一座金矿。"

1994年，英国政府决定放弃对拦潮堤坝的深入研究，其原因有多种，既有生态方面的原因，也有经济因素。从市场角度来说，正常的市场贴现率总是对高资本成本、低运营成本、回报周期长的技术课以重罚。如果前文所述的对于能源市场价格的修正能够实施的话，那么这一经济学范畴的论点就会正好获得相反的效果。然而，另一个原因近来越来越得到关注，即海平面不断上升，并且由于风暴潮更频发，进一步加剧了这一威胁。

在历经1953年的洪涝灾害后，英国政府决定修建拦潮堤坝工程以保护伦敦这座城市。这一计划于20世纪70年代开始设计，工程建设一直将延续至2030年。然而，在20世纪70年代，海平面上升的威胁几乎不是考虑的因素；而现在，这成为人们主要关注的问题：海平面上升、风暴潮、降雨量增加以及泰晤士河水的上涨的共同影响，会使拦潮堤坝在竣工之前就已经失去作用。在1986~1987年间，拦潮堤坝没有因为抵御潮水和河流泛滥而落闸一次，而在2001年就落闸24次。一个更为复杂的因素是，泰晤士河口开发（Thames Gateway）项目中建造了12万幢低于海平面的住宅。只要洪水冲破泰晤士河大坝一次，英国就将遭受300亿英镑的损失，约占国内生产总值（GDP）的2%（政府首席科学顾问戴维·金爵士，《卫报》，2004年1月9日）。这些因素使得在泰晤士河口建设堤防非常重要，这不仅能保护泰晤士河流域和中游地区（Medway），而且同时为首都发电数十亿瓦（图3.3）。

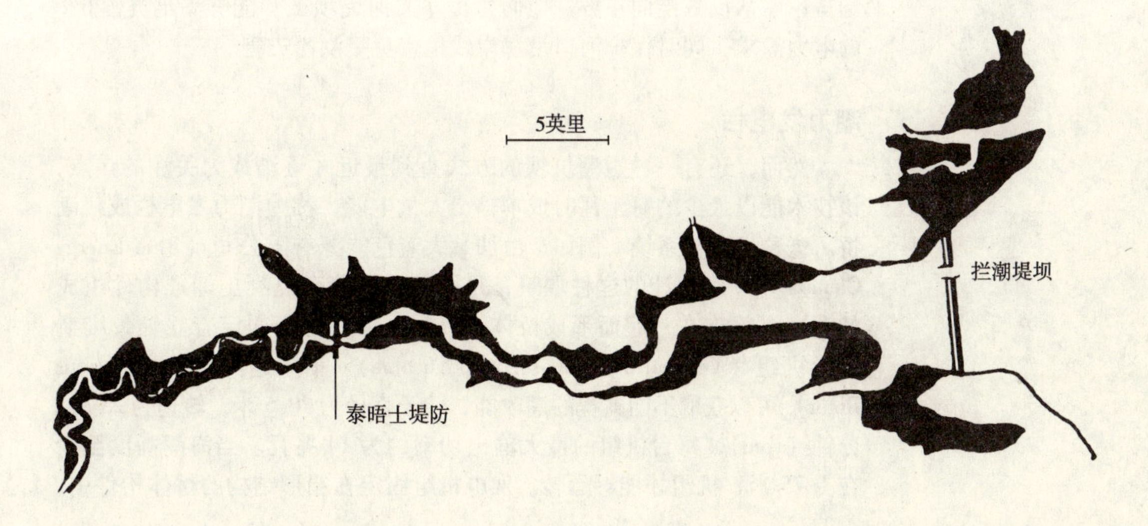

图3.3
位于等高线5米以下的泰晤士河受洪泛威胁区，以及建议的拦潮堤坝位置

图 3.4
蓝色能源公司的潮力发电栏概念

反对拦潮堤坝的观点之一是拦潮堤坝的建设会造成上游的污染物难以排放。现在泰晤士河水已经比 20 世纪 70 年代干净了一些，这主要得益于欧盟指令性文件的实施，这一论点已经不再是考虑因素了。泰晤士河据称是欧洲最洁净的河流，大马哈鱼在此繁衍，还有其他本该生活在这里的鱼类。有些工程公司以支持在塞文河上建设拦潮堤坝的态度在这场辩论中从反方走向正方。他们指出塞文河堤坝工程能够满足英国 6% 的电力需求，同时保护河口沿海岸线地带免受洪涝灾害。

潮力发电栏

然而，还有一种拦潮筑坝的方式直到最近才逐渐成为关注的焦点，该技术能以最少的每千瓦时成本输出大量电能，称为潮力发电栏或拦潮桥。这种发电栏系统，例如，由加拿大蓝色能源有限公司（Blue Energy Canada Inc.）设计的这种堰筑，是由一系列薄壳混凝土标准构件组成的海底沉箱连在一起而形成桥体。混凝土翅片之间固定着立轴戴维斯水轮机组（Vertical axis Davis Hydro Turbine）。多重达氏转子（Darrieus Rotor）可以获取不同高程的潮汐能，转子直径为 10.5 米，转速为 25 转/分钟（rpm），每台机组的最大输出功率约为 14 兆瓦。当海潮高度至少在 1.75 米，机组才能够运转。发电机组固定在箱形结构的桥体构件中，上部可以作为高速公路或架筑风力发电机的平台（图 3.4）。

从生态角度来看，该系统相比拦潮堤坝的优越性在于保存了潮间带的完整性。涉水鸟也不会受到惊吓，发电机组的低速旋转对海洋生物构成的威胁最小。此外，还有一个带自动制动系统的栅栏阻挡了大型海洋哺乳动物的靠近。这种系统由声纳传感器控制，同时允许泥沙自由通过。

就能源密度而言，潮力发电栏比其他再生能源更为优越：

风能	1000kWh/m^2
太阳能（光伏）	1051kWh/m^2
海浪能	35～70000kWh/m^2
潮力发电栏	192720kWh/m^2

（资料来源：加拿大蓝色能源有限公司）

蓝色能源公司已经在菲律宾的达卢皮里岛设计了大型潮力发电栏机组。该项目分为四个阶段实施，首期工程包括在圣伯纳迪诺海峡（San Bernadino）的达卢皮里岛和萨马岛之间建造一座长约 4 公里的潮力发电栏。据估计，在发电栅栏中安装的 274 台涡轮机的最大发电量为 2.2 千兆瓦，每日确保基本发电量为 1.1 千兆瓦。这一构筑物能够抵御时速 150 英里的台风和浪高 7 米的海啸。

英国的海洋能潜力

关于各种再生能源技术最终能够实现的产能潜力，可谓众说纷纭。本书引用的数据摘自萨塞克斯大学（University of Sussex）的丁达尔研究中心（Tyndall Center），由吉姆·沃森（Jim Watson）于 2004 年撰写的一篇论文，题为《英国——“2050 年的电力预景”》（*UK ‘Electricity Scenarios for 2050’*），作者摘录英国贸工部于 1999 年和英国环境污染皇家委员会于 2000 年发布的报告。丁达尔研究中心的这篇论文为未来的能源前景设置了四种预景，其中第一种就提出，再生能源的最大输出量为 1365 亿瓦。多数再生能源资源都具有间歇性，以及难以准确预测的特点。唯一的例外就是潮汐能，这是可预测的，因此也是潮力发电栏盛行的原因。

不列颠群岛为这一技术的应用提供了相当多的机遇。蓝色能源公司已经将塞文河口定为理想的位置。开放大学再生能源小组（Open University Renewable Energy Team）已经选择了 17 个适合建造中、大型拦潮堤坝系统的河口［G·波义耳（G. Boyle）主编的《再生能源——可持续未来的动力》（*Renewable Energy-Power for a Sustainable Future*），牛津大学出版社，1996 年］。假设这些地点也同样适合建造潮力发电栏，则加起来的直线长度可达208公里。即使在这两种系统中，每处河口都只有一半的宽度可以安装发电机组，其峰值发电量为60千兆瓦，每天平均发电量可达30千兆瓦。这是根据达卢皮里工程推断出的数据，因而只是粗略的估算。然而，这已足够促使英国政府对潮汐潜能进行重新评价，尤其是其成本极具竞争力。目前的安装成本为每千瓦约1400美元。

由于潮力发电栏的输出电量是可预测的，而峰值发电量与电网的峰值需求未必一致，因此这一系统特别适合结合抽水蓄能技术，使波动的正弦曲线更为平缓。

潮流发电

欧盟已经在英国海岸线上确定了42处拥有足够流速、可以安装潮流发电机的地点。据估计，潮流中蕴涵的能量可望满足英国电力需求的四分之一，达18千兆瓦。算上0.5的负载系数，这一技术的发电量将达到9千兆瓦。英国贸工部1993年的报告声称，仅彭特兰湾的潮流发电量就可以提供英国电力需求的10%，大约7千兆瓦。然而，最大的潮流发电的潜在资源位于格恩西群岛近海。据蓝色能源公司估计，这些岛屿附近的海域将能产生26千兆瓦的电量，或者说，超过英国电力需求的三分之一。

还有几项开发潮流资源的技术正处于研究阶段，其中斯廷格里（Stingray）项目利用潮流的能量驱动水翼（hydroplane），水翼随潮水振荡，驱动液压马达发电。水翼的形状类似飞机的机翼，以产生“升力”。这一计划还在研发阶段，最终有望实现在河流中双向运转发电。

然而，最可能成功出产千兆瓦级电量的技术是垂直轴或水平轴涡轮发电机。潮力发电栏中的垂直涡轮机据称最适用于潮汐流，因为它有多重转子，能够利用不同水深的潮流能。驱动潮力发电栏的最低潮流速度为1.75米/秒（3.5节①）。潮流的力度总是在海面附近最强，因而垂直排列的转子可以适应于不同的速度和多种水深。最理想的地点可能是彭特兰湾。

潮力水轮

水平轴涡轮发电机与风力发电机相似，但是，水的能量密度是空气的4倍，这意味着直径15米的水轮机转子所产生的能量等于直径60米的风轮机所产生的能量。水平轴涡轮发电机运转所需的最低流速为2米/秒。由于潮流是持续的，因此水下涡轮发电机比风力发电机受到的抖振更少。

---

① 船速，英里/小时。——译者注

图3.5
潮力涡轮机或潮力水轮，在水面上供电

根据洋流发电机公司（Marine Current Turbines）的董事彼得·弗伦克尔（Peter Fraenkel）的推算，在最佳位置，潮流发电机的发电量能够达到10兆瓦/平方公里。该公司在德文郡海岸建造了300千瓦的潮流发电示范项目，并计划建成发电量达兆瓦级的涡轮机发电场（图3.5）。目前该公司正在对格恩西岛和奥尔德尼岛周边的海岸进行调研，寻找可能的潮流发电地点。

近岸坝蓄水

还有一种在入海口利用潮流发电的方法是潮流池。正如先前提到的其他技术，这也不是新发明。该系统适合于有足够潮流落差和较浅的滩涂地，在英国的海岸线上有许多这样的理想位置。这种体系由环状堤坝组成，外观上与标准的海防堤坝类似，利用的材料是就地取材的疏松的岩石、沙子和砂砾。堤坝被分成3个或更多的部分，以适应供电的相位要求，满足用电负荷需要。潮流发电有限公司（Tidal Electricity Ltd）的计算机模拟表明，这一技术能够达到62%的负载系数，在81%的时间里都可能发电。潮流池系统应配备低水头潮流发电设备，这是一种可靠而成熟的技术。

在提交给英国下院科学与技术委员会特案委员会的备忘录中，该公司声称“英国的海岸线拥有宽广的潮汐带，有很多适宜的位置……，相信每年能够发电数千兆瓦”。据估计，利用近岸坝蓄水系统发电能满足英国近20%的电力需求，约15千兆瓦。算上62%的负载系数，约为9.3千兆瓦。

潮流池不仅具有巨大的发电潜能，还能保护沿岸地带免受洪水侵害，这也是决定在英国北威尔士沿岸建造第一个大规模潮流池工程的重要因素。1990年，位于里尔附近的陶因镇遭遇严重的洪水灾害。在此兴建的潮流水库有9英里宽、2英里深，距离海岸1英里，发电量应为432兆瓦。这一工程的预计服役时间为100年。

这一处海岸是受人欢迎的度假海滩，期望项目建成后能够成为重要的旅游景点。据说在这个开发项目中还会兴建附属景点，例如海洋生物博物馆和宣教中心。在诺曼底的拉朗斯拦潮堤坝每年吸引60万游客。

近岸坝蓄水系统作为具有成本效益的技术，部分归功于再生能源契约证书（Renewables Obligation Certification）带来的附加收入。因为这种系统建造在浅海区，因而工程费用比堤坝系统低很多。与拦潮堤坝相比，潮流池对环境的干扰较小，对海洋生物更友好。近岸坝蓄水系统提供的电力较为稳定，具有可预测性，其负载系数明显优于其他的再生能源技术，比如说风力发电。

总之，综合应用多种技术在英国海域开发潮汐能的潜在发电量为65千兆瓦左右。在不考虑其他再生能源技术的情况下，沿海岸线不同地点错开了高潮位时间，以及采用抽水蓄能技术，都有助于均衡发电的峰谷值。

海浪能

海浪能通常被认为是一种可靠的能源资源，其开发和应用可以满足整个英国能源需求的25%，或者说18千兆瓦，负载系数为0.5，因此，稳定的发电量为大约9千兆瓦，目前已经向电网输送500千瓦的电量。

世界能源委员会（World Energy Council）估计，海浪能将满足全世界电力需求的10%。

海浪能开发的最优系统是在密闭腔体中利用海浪运动产生振荡水柱，压缩空气以驱动水轮机。这种系统有近海岸发电和海面发电两种模式，都已有投入运营的发电站，还有一部分发电站仍在规划中。英国第一个近海岸海浪能发电站位于苏格兰的伊斯雷岛海湾（图3.6）。

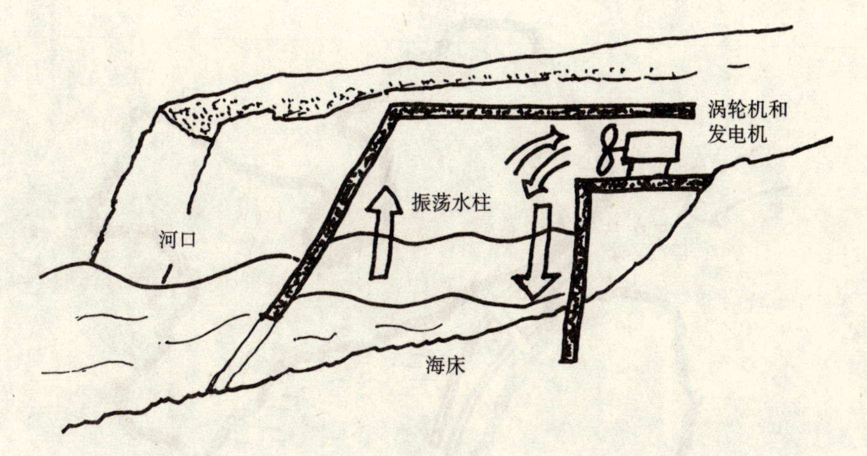

图 3.6
伊斯雷岛 OWC 海浪能发电机工作原理

这个项目是由贝尔法斯特女王大学（Queen's University）设计的，输出电量为 75 千瓦，直接输入电网。这一实验项目的成功证明了全面建设大规模海浪能发电站的可行性。目前发电站已经进入营运状态。

目前有一个海浪能发电项目位于波特纳黑文海岛，在面对北大西洋的峭壁上的岩石中开凿了 25 米长的狭长切口，设置与水面呈 45°倾角的“海浪室”（wave chamber）。海浪涌进时，压缩空气产生的正压力驱动一台涡轮机发电；海水退去时，空气被吸入海浪室，由此产生的负压驱动另一台涡轮机。具有相当智能的韦尔斯涡轮机（Wells turbines）在正负压力下都以同方向转动，其额定发电量为 500 千瓦，能满足岛上 200 户居民的用电需求。

目前在奥克尼郡进行试验的发电设备叫做佩拉米斯（Pelamis），形状像蛇一样，由 5 个直径为 3.5 米的浮筒组成，圆筒之间的连接部位是可以上下浮动的。在这个连接部位装有油泵，通过海浪的上下波动，推动水压发电机，预计能发电 750 千瓦。这种发电设备的制造商海洋电力设备公司（Ocean Power Devices-OPD）声称，占海域面积 1 平方公里的海浪能的发电量为 30 兆瓦，可以满足 2000 户居民的用电需求。20 个这样的发电场就能够满足像爱丁堡这样规模的城市用电需求。

挪威和苏格兰地区一样拥有海浪发电的巨大潜力。早在 1986 年，他们就根据“收缩坡道式”（Tapchan）波浪能发电原理建造了一个利用海浪发电的示范工程（图 3.7）。这个项目在入海口的海湾修建 60 米长的水道，逐渐变窄的狭长水道使得海浪变得更汹涌，水头更高。海水被推高了 4 米，冲入 7500 平方米的蓄水池中。这种水头足以驱动常规的水力发电机运转，其发电量为 370 千瓦。

对这一原理的大规模应用项目正在爪哇南部的海滨进行建设，这是与挪威合作的项目。这个工程的发电量为 1.1 兆瓦。作为海浪能发电系

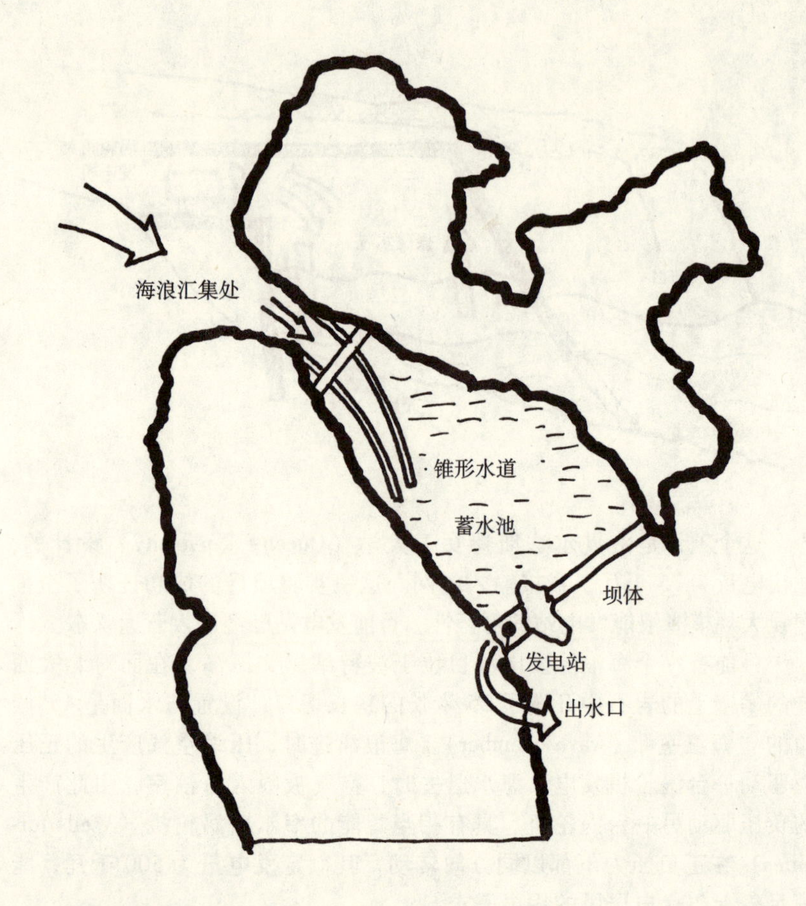

图 3.7
"收缩坡道式（Tapchan）"
海浪提升系统原理示意

统，其优点如下：

- 将海浪能转化为电能的装置是被动式设备，无运动机件，适合在远海安装运行。
- 收缩坡道式发电站能够适应恶劣的气候。
- 主要的机械构件都是标准化产品，性能稳定。
- 维护费用非常低廉。
- 发电站完全无污染。
- 对海洋环境无扰动。
- 可以为偏远的岛屿提供廉价的电力。

以上三种利用潮汐能和海浪能的技术的发电总和（算上负载系数）约为 74 千兆瓦。

如果我们用这一数据代替吉姆·沃森在论文中提到的（见前文引用）海浪能、潮流能和拦潮堤坝产生的大约 16 千兆瓦的电量，加上书中将要介绍的其他再生能源技术产生的 119 千兆瓦的合计发电量（均考虑负载系数），则再生能源的最大发电量为 193 千兆瓦。这等于目前英国发电量的2倍多。

等式的另一半是需求，沃森设想的预景中电力需求也将减少三分之一。假如在节能方面有长足的进展，即使英国只有一半的自然资源被开采用以进行非碳方式的发电，满足全国的电力需求也绰绰有余。对这一部分多余电力的合理利用就是最大限度地抽水蓄能，并且通过电解水产生氢，以燃料电池的形式为未来储备兆瓦级的能源，更可以为预计未来十年将越来越普及的氢动力汽车提供燃料。

据估计，将交通工具转换为氢动力模式需要143千兆瓦的电力从电解水中产生氢。

毫无疑问，英国的自然资源所产生的能源可以满足至2030年的电力需求，并且是来自非矿物燃料的能源资源。然而，这需要英国政府立刻做出决策，对再生资源技术进行大规模投资，尤其是把握潮汐能提供的多种机遇。潮汐能所产生的电力将大大超过填补核电站退役遗留下的等式左边的空缺。现在我们需要的是跨政党的政治支持，这样再生能源的主题将不再成为政治纷争的内容。

2003年3月，英国首相布莱尔在发表的“绿色演说”中称，他希望英国成为“绿色工业革命的领航人……我们有很多优势可以利用，包括世界上最丰富的海洋再生资源——近岸风能、海浪能和潮汐能”。本章揭示了一张海洋能源的“路线图”，寄希望按图索骥，以行动实现本篇的能源预期。

第4章 再生能源技术——更广泛的种类

前一章主要介绍了利用海洋资源的再生能源技术，特别是英国在这方面的开发利用情况，而本章则更广泛地介绍了在不同气候条件下可加以利用的再生资源。

太阳是再生能源最主要的来源，不仅直接提供能量，而且驱动地球气候变化，使人们能够从风能、海浪能、潮汐能（和月球共同作用），以及大量生物资源中获得能源。太阳能特别适合作为建筑物的能源供给，以下几节将对太阳能进行简要介绍，后续章节将更详细地阐述太阳能在建筑中的应用技术。

被动式太阳能

几十年来，人们一直在倡导被动式太阳能的应用。这种应用的热潮在1980年欧洲被动式太阳能设计竞赛期间达到顶峰。现在来看当年的获奖设计方案，显然太阳能技术从那时起并没有显著的发展。但是，目前关于全球变暖问题的争论日趋激烈，舆论压力迫使建筑设计必须最大限度地利用取之不竭的太阳能进行采暖、制冷和照明。在后续章节中将详细阐释各种太阳能综合利用技术。

被动式太阳能的利用能够替代矿物燃料的使用，因此能够有效地减少二氧化碳（CO_2）的排放，据估计仅在英国每年就能减少350万吨的排放量［英国能源部第60号能源报告（DOE Energy Paper 60）］。

主动式太阳能

主动式太阳能是指将太阳能直接转换成某种形式可资利用的热能。在温带地区，最常见的利用太阳辐射得热的方法是利用太阳热能为常规采暖系统补充热量。

在太阳辐照强度高的地区，相对于温带地区可以采用更多的技术从太阳能开发中获益。

太阳热能发电

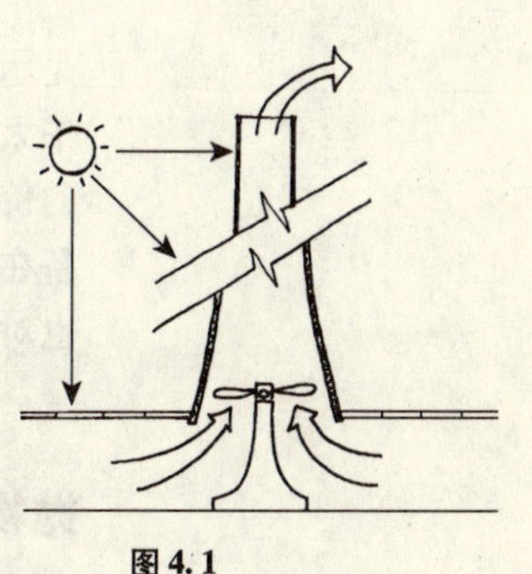

图 4.1
太阳能烟囱发电站

在日照充足的地区，可以通过多种方法利用太阳能发电，其中一种已证明成功的方法是“太阳能烟囱（solar chimney）”。

太阳能烟囱主要为沙漠地区而设计。烟囱呈高大的柱体，周边是玻璃制成的太阳能集热器。在功效上，这就是一个由巨大的太阳能集热器或庞大的温室环绕的烟囱。空气被环状的温室加热，通过烟囱向上抽拔，温度越来越高。烟囱内有一个或多个垂直轴涡轮发电机。在西班牙曼萨纳雷斯建造了太阳能烟囱的试验原型。这是一个高 195 米的塔，起温室作用的太阳能集热器直径为 240 米。集热器使塔内空气温度升高 17℃，形成 12 米/秒的上升气流，可以发电 50 千瓦（图 4.1）。

这一项目已经证实了太阳能烟囱原理的可行性。另外一个计划是在澳大利亚的米尔迪拉建造一座巨型规模的太阳能烟囱。经济核算表明，年发电量预计为 650 千兆瓦时，能够满足 7 万居民的用电需求。太阳能发电塔高 1000 米，由玻璃和塑料制成的太阳能集热器周长为 7 公里，内部上升气流的速度为 15 米/秒，或 54 千米/小时，驱动位于塔身底部的 32 台涡轮发电机。太阳能集热器的外围温度与环境温度相近，可以用来种植农作物。太阳能塔在晚间也能发电。白天在太阳能烟囱中收集的热量用来加热地下水管，这些水管与一个保温容器相连。到夜晚将这些热量输送回太阳能集热器的表面。这种设计方案维护成本低，预期使用寿命为 100 年。据估计，建造这一高塔将使用 70 万立方米的高强度混凝土。站在塔顶的观光平台远眺一定是游客不容错过的游览节目（见《新科学家》，2004 年 7 月 31 日，第 42 ~ 45 页）。

西班牙的阿尔梅里亚是欧洲太阳能资源最丰富的地区，年日照时间达到大约 3000 小时。因此该地区被选作进行另一种名为“太阳风（SolAir）”发电示范工程的地点，其实质是利用太阳能产生超高温蒸汽来驱动涡轮机。

随着陶瓷技术的发展，耐高温陶瓷的出现使“太阳风”发电从理论变为现实。在地面上的 300 个面积为 70 平方米的大型反射镜或定日镜用来跟踪太阳的方位，将阳光聚焦在碳化硅陶瓷吸热体上，表面温度可达 1000℃。空气经过陶瓷吸热体蜂窝状的结构，被加热至 680℃。热空气向下经过吸收塔，到达热交换装置，在此产生蒸汽，驱动常规涡轮发电机运转。这种系统可发电 1 兆瓦。陶瓷材料还能储热，以供在多云的天气状况下发电。

根据西班牙科技部（Spanish Ministry of Science）的观点：“在未来 5 ~ 10 年内，整个欧洲将会建造数个太阳风发电站，每个项目的规模将是示范工程的15~20倍，总发电量将达数百兆瓦"［《新科学家》，"正午太阳的能量（Power of the midday sun）"，2004年4月10日］。以目前的价格来计算，太阳风发电的电价是光伏发电的三分之一。目前已经筹备在阿尔及利亚的海岸线上建造太阳风发电站，为欧洲出口电力。埃及也对这一新的出口机遇表现出极大热情。

抛物面聚光太阳热能发电

对于沐浴在阳光里的地区，还有一种发电方式，即通过将太阳辐射热量聚焦来产生大量的热——大约可达800℃。在美国，科学家将这一原理与利用氦气的斯特林发动机（Helium-based Stirling engine）相结合，形成新的技术。聚光器上的反射镜产生大约30千瓦的反射热能，并且传递给与发动机相连的热管集热器。集热器位于碟式太阳能聚光器凹面的焦点位置，巨大的热量使集热器中的液态钠汽化。加热管中钠的冷凝使在发动机内循环的氦气升温。膨胀的氦气推动活塞运动，从而驱动交流发电机运转产生电能（图4.2）。

由澳大利亚国立大学（Australian National University）设计建造的另一种太阳能聚光器利用计算机使其精确跟踪太阳的运动轨迹。这种系统在焦点设置一个太阳炉以产生超高温蒸汽，通过管道进入四汽缸的膨胀式发动机，驱动65千伏安的发电机发电。

这一技术的延伸是与现有火力驱动汽轮机的发电设备的结合。在示范项目中将18个碟式聚光太阳能集热器连接活力驱动的汽轮机，所产

图4.2
得克萨斯州阿比林的太阳能聚焦发电设备。（图片蒙CADDET提供）

生的电量相当于 2.6 兆瓦的电网发电量，并且每年可以减少 4500 吨 CO_2 的排放。这一技术研发的潜力是利用原有发电系统中的废热进行热电联供。在干热气候区，最适合这一技术的应用是海水淡化。

美国 STM 能源公司根据这一原理进行改进，研制成碟式聚光太阳能集热塔式发电系统（SunDish Tower System）。系统中采用了一种特殊型号的斯特林发动机，在密闭的腔体进行内置发电（integral electricity generation）（见第 88 页）。

光伏发电

太阳输送到地球上的能量比维持现代文明所需要的能量高出五个数量级。将太阳辐射能量转换为可用能源的最具前景的方式之一是光伏（PV）电池。PV 材料在光线照射时可产生直流电流（DC）。PV 发电的独特之处是基于“半导体的光电量子效应”，这意味着不需要运动组件，并且维护费用低。硅是目前主流的 PV 材料。光电电池的制造方法是将硅沉积在适当的基底材料上，例如玻璃。光伏发电的缺点是价格昂贵，而且，迄今为止单位面积的发电量相对较低。当然，光电电池只能在白天工作，因此输出的电流受制于每日不同时间段、气候和季节的变化而常有波动。由于光伏电池输出的是直流电，必须通过换流器才能变成交流电（AC）。

近年来，PV 制造业增长迅猛。在欧洲，2002 年的 PV 产量比 2001 年增加 56%，而同期日本则增加了 46%。目前正在涌现产业规模的大型 PV 生产厂，每年的风致输出电量为 200 兆瓦。规模生产的结果是光伏单元的价格在 1996 年至 2002 年间下降了几乎一半。随着 PV 发电效率的稳步提高，我们可以充满自信地预期，PV 单元的价格还会进一步大幅下降。

PV 技术的一种运用方式是在将来从根本上改善发展中国家农村地区居民的生活质量。这当然是发达国家向欠发达国家进行资金投入和技术成果转让的一个领域。一些农村的医疗机构已经使用 PV 电池组供电，例如位于马里的迪雷（Dire）的乡村医院。规模更小的便携式和移动式 PV 电池组还能给冰箱供电和驱动水泵。

PV 技术将在第 7 章进行深入讨论。

风能

风能是太阳能的副产品，和潮汐能的开发一样，人类利用风力资源已经有超过 2000 年的历史。尽管风能是间歇性能源，但对某些国家，如英国和丹麦等，风能是其主要的能源资源。英国拥有欧洲最适宜发电的风力资源，但是要达到2010年风力发电占英国能源需求的8%的目标，还有很长的路要走。

风力发电机主要有两种类型：水平轴和垂直轴风力发电机。目前采用的风力发电机大多数是由2个或3个叶片组成的水平轴类型。垂直轴风力发电机，例如螺旋风轮机，主要适应于安装在建筑物上。

尽管这一技术已经发展成熟，而且风力资源取之不尽、用之不竭，但是这种发电形式产生的电力仍有缺点。最常提到的缺点如下：

- 安装风力发电设备的滨水沿岸最有利地点，往往也是最美丽的自然风景区。
- 这些地区往往离电网和市中心有一定的距离。
- 风轮机达到最大转速时会产生扰人的噪声。
- 证实对电视信号接收有干扰。
- 对鸟类构成威胁，已受到皇家鸟类保护协会（Royal Society for the Protection of Birds-RSPB）的强烈抗议。
- 据悉对雷达信号也存在干扰，已经引起英国国防部更多的关注。
- 电量输出无法预测。

另一方面，风力发电价格低廉。在英国，以20年的使用寿命和15%的回报率计，每千瓦时的电力价格约7便士［《第60号能源报告》（*Energy Paper 60*）］。正如前文所述，风能开发所必需的回报率是存在争议的问题，这是因为并没有考虑随着全球变暖的影响，对低层大气和高层大气的升温①所导致的可避免成本②。

将发电机组安置在远离海岸地区可以克服一些负面因素，常规的方法是将发电机组固定在海床上。英国政府在2003年宣布，计划到2010年将近海风力发电机组扩容6000兆瓦。在2003年，已安装的风力发电机组的

---

① 低层大气指地球大气层，即对流层，由于全球变暖而升温；其厚度在赤道附近大约为18公里，南北两极为6公里。高层大气是接近外太空的寒冷的大气层。低层大气和高层大气的升温是由于二氧化碳形成的“毯子”越来越厚，热量几乎难以从地球逃逸。——译者注

② 可避免成本是指当决策方案改变时，某些可免予发生的成本，或者在几种方案可供选择的情况下，当选定其中一种方案时，所选方案不需支出而其他方案需要支出的成本。对于联合发电的能源，采用可避免成本率是为了通过保证公平市场的价格能够补偿从可再生资源、小型能源供应和其他方式产生的能源价格，从而防止废弃物的产生，并改善能效以及能源的清洁度。由于采用风力发电，可以节约常规发电机组燃料、减少环境污染和替代部分常规发电机组容量，在满足相同负荷要求的条件下，电力公司在常规能源方面费用的减少称为可避免费用，包括节约的燃料费用和由此而减少的环境保护方面的费用等。

此处“可避免成本”指风力发电的价格的确已经考虑了所谓的“外部成本”，譬如由于二氧化碳的排放造成的环境危害成本。所以，能源公司支付给风力发电的价格应该提高，以便把由于CO_2排放量的减少，也就是说，所避免的对环境造成的损失和相应的成本计算在内。——译者注

发电量是570兆瓦。这一目标是最基本的目标，当然也是雄心勃勃的，如果风力发电总和要达到预计的、到2010年再生能源发电总量10千兆瓦中的8千兆瓦份额，那么这个目标是必须达到的。两座大规模近海风力发电站已经在北威尔士海岸线的里尔附近和诺福克海岸的斯克罗比（Scroby）海滩运行。

专家的观点认为，英国拥有欧洲最适宜的风力资源，总发电容量可以达到全国所需电能的3倍。据估计，英国的年风力发电量达到55万亿瓦时（TWh）是可行的，其中大部分风力发电机组将安装在苏格兰。然而，事实上存在着电网所能承受的这种不可预测电力输入的极限值，现实中这一极限值据称是32万亿瓦时。

除了在近海地区安装风力发电设备以外，随着海平面上升和风暴强度的增加，在入海口需要修建坚固的大坝，这种大坝不仅可以作为潮汐能发电设备，还提供了安装风轮机的理想场所。海防墙（harbour wall）也具有适宜的风力资源，因此也能够为安装风力发电机提供绝佳场所，这一点已经由安装在诺森伯兰郡的布莱斯的风力发电工程得以证明。

家用规模的风力发电机市场正在逐步扩大，一些公司正在生产输出功率从3.5～22千瓦的小型风力发电机，可以安装在建筑物上。第9章将对这种风轮机进行更为详细的介绍。

利用生物质能和废物产能

“生物质能”（biomass）这一概念是指可作为能源资源的、正在生长的植物，或者指来自于砍伐经过人工管理的森林和锯木厂的植物废料。据估计，陆地植物所包含的固化碳的数量与可开采的矿物燃料所包含的固化碳数量几乎相当［《世界再生能源目录》（*The World Directory of Renewable Energy*），2003年，第42页，伦敦James and James出版社］。尽管将生物质能和生物废料转化为能源的经济效益无法与矿物燃料竞争，然而减少CO_2排放的压力，以及“污染者付费”的原则和垃圾填埋税费等因素的影响，生物质能可望在中期市场上改变其经济平衡。在欧盟范围内，“设置预留”（set-aside）[①] 土地使用条例创造了一个机遇，可以将土地利用起来种植能源作物，出产生物燃料。

越来越严峻的环境压力刺激了垃圾变能源的计划的发展。不断成批出台的法规条令正在限制传统方法处理垃圾的种类。经过分类的城市固态垃圾（Sorted municipal solid waste-MSW）成为最丰富的未开采资源，

① 设置预留土地是一定比例的农业用地，保留其未开垦状态，以避免超额生产。这一留置土地的比例由欧盟决定。——译者注

而将其转换成能源的技术早已有之。

生物质能和垃圾可通过三种方式转换为能源：

- 直接燃烧
- 转换成生物气
- 转换成液体燃料

直接燃烧

直接燃烧法代表了世界范围内生物质能最广泛的应用方式。瑞典和奥地利通过燃烧木材加工过程中的废料来发电，在其总发电量中的比例很可观。直接燃烧城市垃圾已经越来越普及。然而，在这些废弃物中所含的重金属物质在燃烧过程中会释放有毒物质，即二恶英，对环境造成了危害。英国的大型生物废料发电站位于伦敦东南部的刘易舍姆，发电量为 30 兆瓦［英国贸工部再生能源案例研究（DTI Renewable Energy Case Study）：“从城市固态垃圾出产能源”（Energy from Municipal Solid Waste），SELCHP，刘易舍姆］。设菲尔德拥有一套采用芬兰技术的更庞大的直接燃烧发电系统，能够提供城市中心的采暖，以及为电网输送电力。

直接燃烧快速轮作的农作物是一种在减少 CO_2 排放方面高效率的技术，因为燃烧所释放的碳平衡了农作物在生长过程中所固化的碳。然而迈克尔·阿拉比（Michael Allaby）和詹姆斯·洛夫洛克（James Lovelock）于 1980 年发表的论文提醒人们关注，在木材燃烧过程中对人们健康构成的威胁［“燃烧木材的锅炉：潮流的污染物（Wood stoves：the trendy pollutant）”，《新科学家》，1980 年 11 月 13 日］。该论文的作者在木材燃烧的烟雾中发现 9 种已被证实或可能的致癌物质。

英国第一家商业规模的生物质能发电站坐落在萨福克郡的艾伊，以家禽饲养过程中产生的垃圾为原料（稻草、木材和家禽粪便等的混合物），发电量为 12.5 兆瓦，可以消耗英国养鸡场家禽垃圾总量的一半。据称与火力发电相比，垃圾发电减少了 70% 的温室气体排放，同时也减少了温室效应气体——甲烷的排放，以及硝酸盐产物进入供水水源中。一座正在运营的、规模更大的生物质能发电站坐落在塞特福德，每年消耗 45 万吨家禽垃圾，发电 38.5 兆瓦。生物质能发电的环境效益在于减少净 CO_2 的排放，碳在这个过程中得以循环，而没有新的 CO_2 产生。同时，这种技术也减少了堆放家禽垃圾所排放的甲烷。

英国每年有 180 万吨饲养家禽的垃圾和 1200 万吨家畜饲养的粪便泥浆，提供非常可观的“生物质能—能源”的转换机遇，其方法既可以通过直接燃烧，也可以利用厌氧分解技术。

生物气

生物气最直接的开采方式是将土地填埋场的垃圾腐烂所生成的甲烷气体通过管道引导出来。这种方法具有可观的环境效益，因为在这个过程中甲烷被直接燃烧了，否则甲烷的排放加重了温室气体效应。所产生的生物气的收集是通过一系列垂直集气井，由鼓风机将垃圾中的气体抽吸上来。杂质被抽离后将收集起来的甲烷气体输送到常规的发动机，驱动发电机运转。这种发动机采用“贫燃烧（lean-burn）”工艺，可以最大限度地减少氮氧化物和一氧化碳的排放［《垃圾填埋气体发电》（Power generation from landfill gas）；英国卡克斯顿（Cuxton），英国贸工部再生能源案例研究（DTI Renewable Energy Case Study 2）］。

厌氧分解技术是利用潮湿的垃圾出产能源，这种能源的形式是富含甲烷的生物气。这种工艺流程包含了发酵过程，垃圾在30~35℃或55℃的炉中加热，其中60%的有机物转变为生物气。分解后剩余的液态或固态残留物可作为肥料或土壤调节剂。

富含甲烷的气体最高效的应用是输送到热电联供（CHP）工程，丹麦有一项大规模热电联供工程采用了这种技术。这种同时出产热和电的项目尽可能从周边的农场中收集各种垃圾，结合利用无毒工业废料和食物渣滓，转变成甲烷燃料，输送到大型热电联供站网络。

理所当然的下一步计划是在全国范围内利用这一技术从人类的生活污水中开发能源，由此可以同时缓解污物处理和发电这两方面的问题。

最近几年发展起来的最具前景的技术之一是城市垃圾汽化工艺。非固态垃圾在超高温条件下可产生甲烷气体，推动蒸汽机的运转。这一过程中加入了热回收设备，因而能够从中获得净能源收益，具有商业价值。采用这种工艺的单位发电价格，可以通过减少的垃圾填埋处理费和由此产生的税费等可避免成本进行补偿。

液体燃料

将农作物转变成液体燃料的优点是便于携带，因而适合作为交通工具的燃料。低空空气污染对健康造成的危害，已经越来越引起人们的关注，并且已经取代温室气体因素，成为发展低污染型交通工具的驱动力。

从1975年以来，巴西进行了世界上最大规模的替代燃料试验，从甘蔗中提取的乙醇为全国大约400万辆汽车提供动力。乙醇比石油燃料污染更小，是纯零碳排放的燃料。巴西所面临的问题是国际能源价格的大幅下跌。在这种情况下，如果没有政府补贴，乙醇作为燃料完全没有经济效益。乙醇作为机动车燃料的计划曾经在市场力的重压下濒临流产。然而，提高单位公顷的甘蔗产量、多发电输送给电网，以及石油价格急速上升等因素，都能改变这一状况。

乙醇还可以用于产生氢气，进而制成燃料电池。乙醇、水和空气的混合物在反应堆中生成氢。这种反应堆就是小型燃料电池氢气发生器（hydrogen generator）。混合物经加热并通过两种催化剂，释放出的气体中一半为氢气。这种利用农业废料和专门种植的能源作物发电的技术有望为电网提供电力。

地热能

至少从19世纪起，人们已经开始利用自然界的热水资源为工业服务。最早的地热发电站于1913年建于意大利，发电量为250千瓦。现在有22个国家利用地热能源发电。然而，地热的转化效率很低，只有5%～20%。直接使用这种能源进行空间采暖或区域供暖则可以实现效率的大大提高，现在转化率在50%～70%之间。

另一种地热利用途径是通过干热岩提供能源。这种方法是在岩石上钻孔，将冷水泵入岩石孔中，水被加热后回流到地表，以提供空间采暖。这就是钻孔热交换系统（borehole heat exchanger system-BHE）。例如，在瑞士，这是一种重要的能源资源，一个钻孔产生的热能可以满足300人采暖需求。

在冬季，如果需要从钻孔热交换系统中获得的热量比夏季回流到地下的热量要多得多，就必须想出一种人工的方法再生地热资源。这就开辟了钻孔热交换系统的两用方式——在冬季收集地热能，在夏季将热量注入地下。将这种系统与建筑物相连，就可以在冬季用于采暖、夏季用于制冷。

英国曾经是干热岩地热资源研究应用领域的先锋，然而，由于以这种能源途径获得商业回报的努力被证明是失败的，进一步的研究工作就被搁置了。

氢能

氢能被广泛地认为是未来的能源，这将在第13章进行深入讨论。氢能没有污染，具有可观的热值，存储安全。可以利用非高峰时段的电能或PV发电，驱动电解水（通过电解剂）过程，以产生氢。氢可以直接作为燃料，也可以通过燃料电池中的化学反应进行发电。

核能

有一部分人或许会将核能划归再生能源的范畴。尽管迄今为止，人们尚不知晓核裂解反应发电站所使用的燃料存量的极限，但是核能发电所存在的安全问题、核电站退役以及核废料处理等方面的问题大部分都没有得到解决。英国每年待处理的放射性核废料有 1 万吨。基于上述理由，在这一点上，核能仍然是不可持续的能源资源，除非所有的问题都得到解决，而不会给我们的后代带来负担。由于英国政府决定停止两座压力水反应堆核电站的建设计划，使得反对核能的人士欢欣鼓舞。2002 年的《能源白皮书》将核扩张延期至 2005 年，其理由是，到时会重新审视再生能源技术的潜力，以考察再生能源是否能够填补核电站退役所留下的迫在眉睫的能源赤字。虽然研究资料显示，再生能源的产能量，至少是英国能源需求量的两倍，这一点已在前文叙述，但是以目前的应用进展来看，实现上述目标希望渺茫。

2002 年的一系列事件，让我们看到国际恐怖主义运动使国际局势更趋复杂。有些人士认为，继续建造类似核电站之类的易袭击目标，是一种愚蠢的行为。

目前在核聚变技术发展方面取得了一些进展——这是模拟太阳能量来源的能源资源。核聚变技术的原理是氢的同位素混合物在 1 亿度的高温下发生聚变反应，核子熔合在一起，产生氦，同时释放出巨大的能量。一种叫做托卡马克（tokamak）① 的高能电磁环（像一个炸面包圈）能够储存这种超高温等离子体。目前面临的问题是加热这些气体至聚变温度所需的能量要大于反应堆释放出的能量，另一个问题是如何维持这么高的温度。英国位于卡勒姆（Culham）的核聚变实验室已经解决了能源输入与输出的平衡问题，日本的核聚变研究机构也取得了同样的成果。

由欧盟、日本和俄罗斯组成的国际联盟——国际托卡马克试验反应堆联盟（International Tokamak Experimental Reactor-ITER），已经设计出新一代的反应堆。据推测，这种反应堆能产出相当于所消耗能量 10 倍的能源。英国政府首席科学顾问戴维·金爵士认为，我们有望在 30 年内实施核聚变反应堆的商业发电。“一旦成功，它将成为未来千年最重要的能源资源”（《新科学家》，2004 年 4 月 10 日，第 20 页）。核聚变反应堆与目前使用的核裂变反应堆不同，不会产生大量的、危害时间达 25 万年之久的高放射性核废料。

那些关注新一代核裂变反应堆的人士应该注意到英国皇家委员会（Royal Commission）2000 年的一份报告所作的预测。如果按照目前的趋势，包括以目前的速度进行再生能源资源的开发应用，那么在 2050 年，英国至少需要相当于 46 座最新型号的 Sizewell B 型核反应堆，才能满足到那时的能源需求［《能源——气候改变》（*Energy-The Changing Climate*），英国皇家委员会环境污染报告，2000 年］。

---

① 一种环状大电流的箍缩等离子体实验装置。——译者注

第5章　住宅中的低能耗技术

对于发达国家来说，拯救自然环境的最佳机会正是在建成环境，因为，正在使用的或正在建造中的建筑是通过燃烧矿物燃料排放碳的最大的、唯一非直接来源，由此产生的排放量超过总排放量的50%。如果再加上由于建筑而产生的运输费用，英国政府估计排放量占总量的75%。城市环境正是最易于包容快速的改变而无需付出痛苦代价的领域。事实上，改造建筑物，尤其是既有低标准住宅的升级改造，可以创造出一系列连锁反应般的良性循环。

建造体系

我们已经探讨了全球变暖带来的挑战，以及出产非矿物燃料能源的机遇，现在应该考虑在能源等式的需求一边如何应对这一挑战。城市环境是能源消耗量最大的领域，其中住宅又处于焦点地位。住宅相关的二氧化碳（CO_2）排放量占英国总排放量的28%。

在英国，传统的住宅都是砖石建筑。自从20世纪20年代早期以来，大部分住宅都采用空心墙体的建造方式，目的是为了保证在雨季，被雨淋透的空心墙外侧墙皮与内侧墙皮之间除连接构件外没有任何实质联系，因而雨水能够从位于砌体防潮层上的排水孔排出。自从实行热工规范——初衷是节能，而非拯救地球——以后，在空心墙体中引入保温材料成为惯例。在相当长的时期内，规范都强制要求在空心墙构造中保留一定空隙，而保守派为争取保存这一“神圣的空隙”进行了旷日持久的、坚持到最后一刻的战斗。直到建筑研究公司（Building Research Establishment）经过广泛研究发现，将空心墙体填充起来并没有增加潮气渗透的危险，而事实上，由冷凝作用导致的潮气也减少了，保守派才最终认输。

带有外保温的实砌砖石建筑在欧洲大陆相当常见，现在开始在英国崭露头角。在康沃尔郡，彭威斯住宅协会（Penwith Housing Association）在最具挑战的临海地段以这种建造方式建起了公寓。

砖石建造的优势在于：

- 这是久经考验的住宅建造技术，所有的建筑公司，无论规模大小都已谙熟此道。
- 砖石建造经久耐用，在灾难性毁坏方面，总的来说没有风险——尽管不是完全没有风险。几年前，普利茅斯一所大学建筑的空心墙体的整个外墙皮因连接构件的侵蚀而倒塌。
- 清水砖砌体是一种维护费用低廉的建造体系。如果在表面涂抹灰浆，则大大提高了维护需求。
- 从节能观点来看，砖石砌筑的住宅具有相当高的热质（thermal mass），而且，如果同时采用高密度的砖砌内墙和混凝土楼面，热工性能还会显著提高。

框架式建造

大量的住房建造商现在越来越多地采用木框架建造方法，即在木框架外用砖砌一层表皮，看起来和完全用砖砌的房屋一模一样。这种建造方法的吸引力在于施工迅速，尤其是当构件采用场外预制工艺时，建造速度更快。然而，由于质量控制上的缺陷，这种构造系统的背后有着一段不幸的历史。如果没有对木材进行适当的处理或经过干燥程序，则会发生质量问题。框架建筑的墙体和屋顶都需要一个隔汽层，但是，对于木框架建筑来说，很难避免在构造设计中不穿破隔汽层。内部装修也会有问题。对极简主义者来说，最极端的批评意见是：对于框架式建筑，常规的外墙面材料应该是外挂壁板、铺板、石板或瓷砖，现在却外覆砖石砌体，这显然是不合逻辑的。

钢铁行业正极力推广用于住宅的压型钢框架结构，卖点仍然是建造速度。但是，这种建造方式在材料强度和耐用性方面都有了质量保证，因而益处更多。

从节能方面看，尽管能够在框架式建筑中加入高性能保温材料，但是，整体建筑的热质仍然相对较低，除非通过楼地面和内墙增加热质材料的用量。

创新工法

保温永久性模板体系（Permanent Insulation Formwork System-PIFS）开始在英国崭露头角。PIFS体系的原理是用保温材料（通常是膨胀聚苯乙烯）加工成互相咬合的、精确制模的中空砌块。这些砌块能够在施工现场迅速装配，然后充填高标号的泵送混凝土。混凝土填充就位后，就可以形成保温性能极高的墙体，可以接着安装管线设备和内外饰面材料。这种墙体的U值可以低至0.11W/m^{2}K。如果房屋超过三层，则在墙体中必须加配钢筋。

这一体系的优点是：

- 设计具有灵活性；任何平面形状几乎都可以实现。
- 建造过程简单快速；技术要求适度。正是由于这一点，广受自建房者欢迎。有经验的建造者可以达到每人每小时 5 平方米的建造和泵注混凝土的速度。
- 竣工后的建筑具有很高的结构强度，以及相当高的热质和保温性能。

太阳能设计

被动式太阳能设计

由于太阳是地球气候所有方面的驱动因素，因此建筑设计中对这一事实加以利用的技术统称为“太阳能设计”是合乎逻辑的。对太阳能加以最基本的利用称为“被动式太阳能设计”，即在建筑设计中充分利用太阳的能量，而无需任何中间媒介的参与。

是否能获得太阳辐射取决于许多条件：

- 太阳相对于建筑主立面的位置（太阳高度角和方位角）
- 场地的朝向和坡度
- 场地上现有遮挡阳光的物体
- 场地以外的遮挡阳光的物体在场地内可能的投影

评估是否能获得太阳照射的方法之一是利用某种形式的太阳图表（sun chart）。最常用的是太阳立体图表（图 5.1）。这是由一系列放射线和同心圆组成的图标，可以标出邻近障碍物（例如附近建筑物）遮挡日光的位置。在同一张图表上还绘出了一系列太阳轨迹线（通常一条弧线代表每月第 21 天的轨迹），一天中的不同时间段也在图上标出。障碍物的轮廓线和太阳轨迹线的交叉表明了处于阳光照射中和处于阴影中交替的次数。通常，在不同的纬度要使用不同的图表（间隔 2℃）。

此外，还应当考虑由规划中的建筑本身所造成的光影形状，这也可以通过画法几何和计算机模拟技术来预测建筑投影，或者采用其他技术，如利用日轨仪（heliodon）设备进行实物模型测试。

整体环境解决方案（Integrated Environmental Solutions-IES）软件包提供了“太阳投影（Suncast）”软件，可以计算太阳从任意位置投射的阴影。这是一个界面友好的计算机程序，一般具有正规大学经历的设计人员都能够胜任操作（www. ies4d. com）。

如果希望在冬季避免建筑相互遮挡，获取最大限度的太阳热能，那么建筑之间的间距非常重要。在倾斜的场地，倾角和遮挡程度也有很强

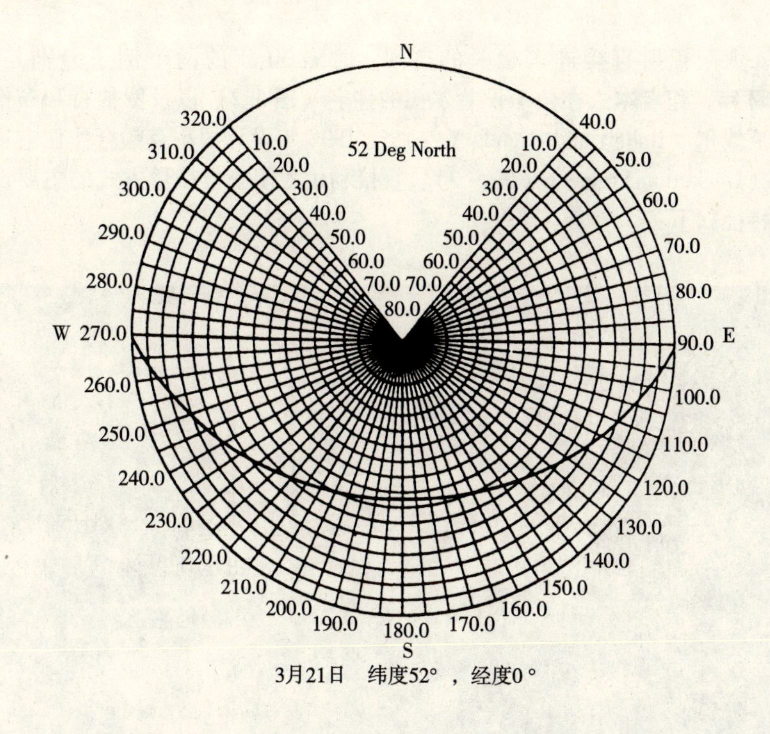

图 5.1
3 月 21 日的立体太阳图表

的相关性。举例来说，如果在北纬 50°的地区要避免阳光遮挡，朝北 10°倾斜场地上的建筑间距必须是朝南 10°倾斜场地的建筑间距的两倍以上。

树木显然会遮挡阳光，然而，如果是落叶乔木，却可以发挥双重功效：在冬天可以使阳光穿透，在夏天提供一定程度的遮荫。同样，树木和建筑的间距也非常重要。

被动式太阳能设计可以分为三大类：

- 直接利用太阳得热
- 间接利用太阳得热
- 附设阳光室或温室

这三类获取太阳能的途径都以不同方式得益于“温室效应”来吸收和保存热量。建筑的温室效应正是仿效了地球环境的变暖情形。在建筑物中，太阳直接辐射的热量由玻璃表面传递给室内空间，室内的表面材料因吸收热量而升温。然而，热量透过玻璃向室外的反射过程却受到阻碍，这是由于反射辐射的波长远远大于入射辐射的波长，因为反射辐射是从温度低得多的内表面发出的，而玻璃又把这种辐射反射回室内空间。

直接获得热量

直接获得热量的设计手法是把建筑的大部分玻璃面集中在向阳的立

面。太阳辐射直接进入相关的空间。时隔 30 年的两个例子分别是：1967 年，作者本人在位于设菲尔德的住宅（图 5.2）以及罗伯特和布伦达·威尔（Robert and Brenda Vale）于 1998 年设计的霍克顿合作住宅项目（Hockerton Project）（图 5.3）。直接利用太阳获得热量方式的主要设计特征如下：

图 5.2
20 世纪 60 年代，位于设菲尔德的被动式太阳能住宅

图 5.3
1998 年霍克顿能源自给项目的被动式太阳能住宅

图 5.4
霍克顿住宅单元的阳光室

- 接受太阳光的建筑开口部位应该位于建筑的日照面，对北半球来说，在南向 ±30°以内。
- 朝西的窗户在夏季可能产生过热。
- 在窗户中应安装至少两层低辐射率玻璃（Low emissivity glass-Low E），现在这已成为英国《建筑规范》（Building Regulation）的要求。
- 主要有人活动的起居空间应布置在建筑的日照面。
- 楼地面应该具有高热质，以吸收热量，并利用热惯性，减少建筑室内的温度波动。
- 至于热质构件的益处，对于白天一般的吸热放热循环来说，只有最表层的 100 毫米厚度真正参与储热过程。大于这一厚度的热质构件在热工性能的改善方面作用不大，但可能对某种长期储热过程有效用。
- 采用实体砌筑的楼地板时，保温层应设在楼板以下。
- 隔汽层永远位于保温层中温度高的一侧。
- 如果楼地面是作为热质构件的，应避免采用厚实的地毯覆盖住被阳光照射和吸收热量的部分。然而，对于架空木地板来说，使用地毯可以防止由于地板下方区域的通风导致的气流。

在整个白天，楼地板被太阳的照射加热，进入夜晚的时候，经过加热的楼地板会缓慢地释放热量。这种释放热量过程发生的时间段非常适合家庭生活环境，因为住宅中对热能的主要需求集中在傍晚。

至于窗户和玻璃的设计与选用，推荐以下的设计要点：

- 采用室外百叶板和/或室内保温窗板，可以减少夜间的热量损失。
- 为了减少夏季过热，可以通过设计深远的挑檐或室外百叶来提供遮蔽。室内百叶帘是最常用的方法，但缺点是会吸收辐射热，因此导致室内温度上升。
- 可以采用热反射或热吸收玻璃来限制夏季过热的产生，但缺点是在一年当中能够从太阳能中获益的时间段，也减少了太阳得热。
- 采光架（Light shelf）在改善自然光线分布的同时，可以防止夏季过热（见第 14 章）。

还有一种直接利用太阳得热的方法：在建筑室内空间和附属的阳光室或温室之间设置玻璃窗，也可以通过上部的高侧窗设计直接获取太阳能。在以上这两种情况中，吸热表面的性能和位置都必须仔细考虑。

以英国的气候和纬度条件，根据经验估算，房间进深不应超过窗框上槛高度的 2.5 倍，窗地面积比应该在 25% ~35% 之间。

间接获得热量

间接获得热量的设计形式就是在入射的太阳辐射和需要加热的空间之间插入吸热构件；因此热量以间接的方式传递。通常的做法是将一片墙体布置在朝阳的玻璃后部，而这道储热墙体能够调节传递到建筑中的热量。间接利用太阳获得热量的设计手法能够发挥作用的主要因素如下：

- 具有高热质的构件设在阳光室和内部空间之间，所吸收的热量缓慢地通过墙体传导，经过一段时间后向室内空间释放。
- 墙体的材料和厚度的选择应当可以调节热量传递。在住宅中，延迟热量传递，使热量能够在晚上到达室内空间，正好适应人们的居住需求。储热墙的典型厚度是 20 ~30 厘米。
- 储热墙外侧的玻璃用来提供一定的保温，防止热损失，并且通过温室效应更多地获取太阳能。
- 储热墙体的面积应该是散热空间的地板面积的大约 15% ~20% 。
- 为了更快获取即时的太阳得热，可以促使空气从建筑室内流向墙体和玻璃之间的空气间层，再回流到房间。在这种改进的形制中，这一构件通常称为“特朗布墙（Trombe wall）”。玻璃和储热墙之间应设置反射热量的百叶帘，以防止夏季的热量集结（图5.5和图5.6）。

在有些国家，如英国，由于气候原因，在白天获得的太阳辐射不稳定，所以，选择循环空气的方式可能优于等待热量穿越储热墙体后再缓慢释放的方法。

如果有过多的室内得热，这一系统还有一种益处，即以通风的方式将循环空气直接排放到室外，以带走热量，同时将凉爽的室外空气引入建筑内部。

间接利用太阳得热的方式通常被认为是被动式太阳能设计中最无法给人以审美享受的一种手法，其原因部分是墙体布局的限制和储热强遮挡视线，其他原因是吸热表面的暗黑色面层材料。因此，在三种主要的太阳能设计手法中，这一技术并没有因其节能优势和使用的有效性而获得广泛运用。

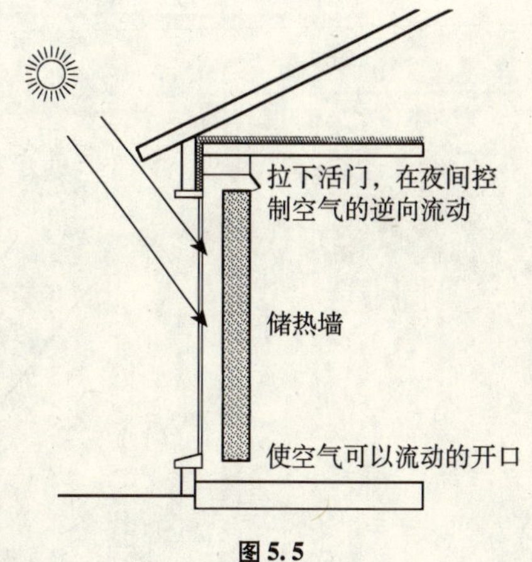

图5.5
间接获取太阳能——特朗布墙

附设阳光室/温室

在建筑中附设阳光室或温室，不论是对新建住宅还是对既有住宅的加建改造都颇受欢迎，在功能上可以作为起居空间的延伸、太阳热能储藏、预热新风，或者就是附属的种植植物的温室（图5.7）。总而言之，温室被认为是全球变暖的罪魁祸首，因其总是处于受热状态。设计中理想的布局是，阳光室应该能够与建筑主体分离，以减少冬天的热损失和夏季过热。阳光室的玻璃面积应该是其相连的房间面积的20%～30%。迄

图5.6
弗赖堡太阳能住宅项目，展示了特朗布墙，图中百叶帘是闭合的。注意图右侧的储氢罐

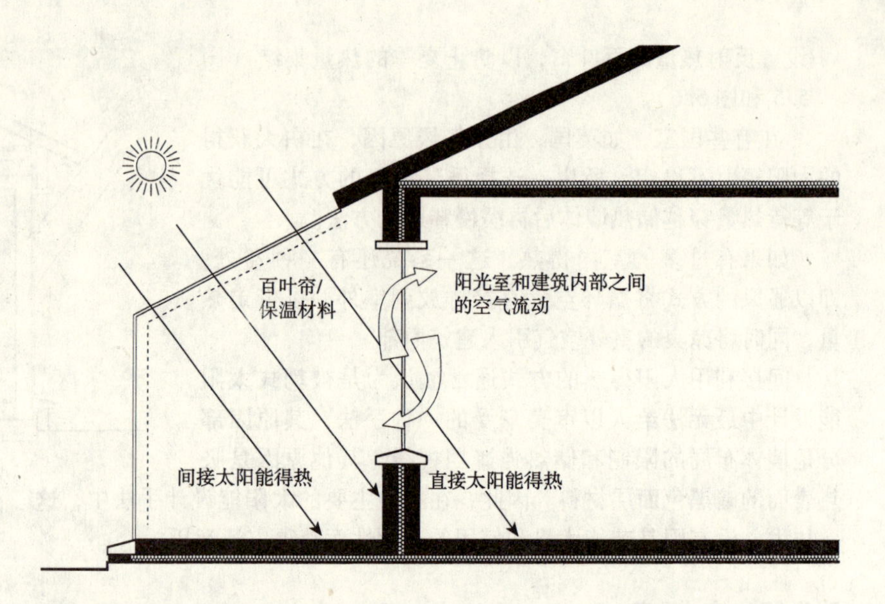

图 5.7
附设阳光室

今为止所见过的最大胆的阳光室是在霍克顿住宅发展项目中，稍后将详细介绍（见第 8 章及图 5.4）。

最理想的情况是，在夏季能够将获取的热量储存在季节性储热构件中，为冬季提供部分空间采暖。最低限度，也应该小心控制温室和主体建筑之间的空气流动。

主动式太阳热能系统

首先，我们必须明确区分太阳热能的被动式利用途径（前文已论述）和更为“主动的”利用方式。主动式系统比被动式能够更多地获取太阳能，把直接太阳辐射转换为其他形式的能源。太阳能集热器利用闭路式热水器对水进行预热。为了预防军团菌，规范强调要求热水的贮存温度必须在 60℃ 以上，这意味着在温带地区，每年的大部分时间，主动式太阳能集热必然需要以某种形式的加热系统进行补充。

主动式太阳能系统可以提供高质量的能源。然而，因为需要一定量的能源来控制和运行这些系统，产生所谓的“次生能源需求”，导致能效有所损失。再细分主动式太阳能系统，可以分为使用太阳热能的系统和把太阳能直接转化为电能的系统，例如光伏电池。

如果要发挥太阳能的所有潜力，主动式太阳能系统的安装需要根据区域的气候，并且加上季节性储能设备。最大的主动式太阳能项目之一位于腓特烈港（图 5.8）。太阳能集热器安装在住有 570 户居民的八幢住

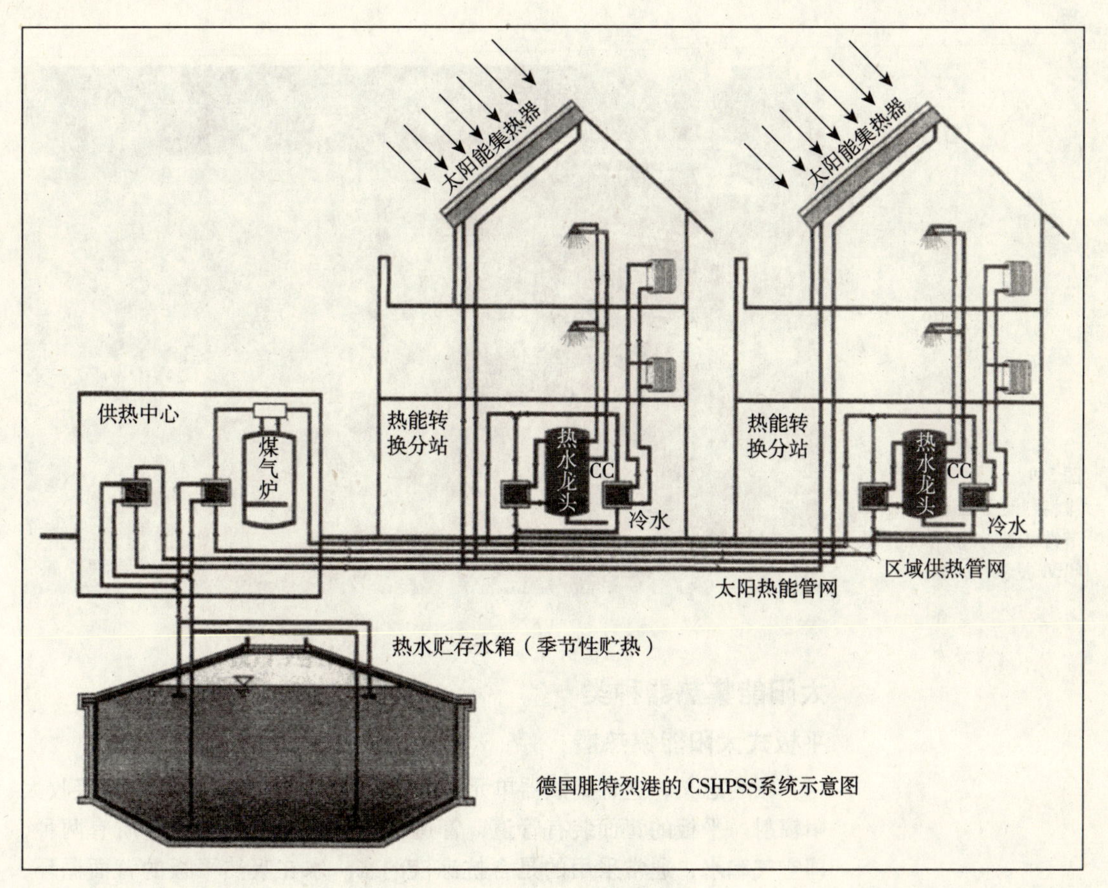

图 5.8
腓特烈港的 CSHPSS 系统图解［图片蒙再生能源世界（Renewable Energy World-REW）提供］

宅楼区的屋顶上，面积为 5600 平方米，收集的热能输送到中心供热厂或供热分站。然后这些热能按需分配到各个公寓。供暖的居住面积达到 39500 平方米。

夏季多余的热量被引导入季节性储热设施中，在这个案例中，这种容器能够贮存 12000 立方米各种温度的热水。这种储热设施的规模从图 5.9 中可见一斑。

这一系统每年可以产热 1915 兆瓦时，其中太阳能供应的比例占 47%。逐月统计的太阳能和矿物燃料提供的能源比率表明，从 4 月至 11 月间，太阳能几乎能满足了所有的能源需求，成为家用热水的主要能源来源。

在平均气温高、日照充裕的地区，主动式太阳能系统的潜力不仅在供应热水方面，而且在发电方面也有相当大的潜能。这一特点尤其适用于欠发达或不发达国家。

图 5.9
腓特烈港正在建设中的季节性贮热水箱（图片蒙 REW 提供）

太阳能集热器种类

平板式太阳能集热器

顾名思义，这种集热器单元是倾斜的平板，可以最大限度地接收太阳辐射。平板的背面装有管道，管道里是吸热介质。吸热介质有两种，即空气和水，通常采用的是含抗冻液的水。水在吸热平板的背面循环，吸收热量并传递热量。在英国，这种方法通常仅限于家用热水，主要在夏季的几个月利用太阳能。为了充分利用太阳能集热器的热效率，需要储热设施，在夏季接收多余的热能，以满足一年中其他时间对热能的需求。然而，集热器和储热水箱的体积都比较庞大，在很多情况下是不经济的。

这种平板式单元有四个主要组成部分：

- 透明盖板。
- 吸热板。
- 吸收和传递热量的管路。
- 平板和管道背面的保温层（图 5.10 和图 5.12）。

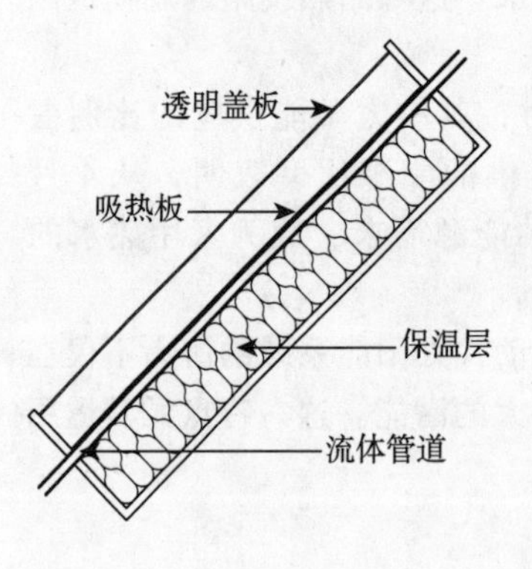

图 5.10
平板式太阳能集热器

在弗赖堡太阳能（Freiburg Solar House）住宅项目中设计出一种更为复杂的平板式太阳能集热器的改进版。将集热器与半圆形的反射器安装在一起。太阳辐射经过反射后，集热器可以双面接收热量，热效率几乎翻倍，加上带保温的水箱，就可以提供全年的家用热水（图5.11）。

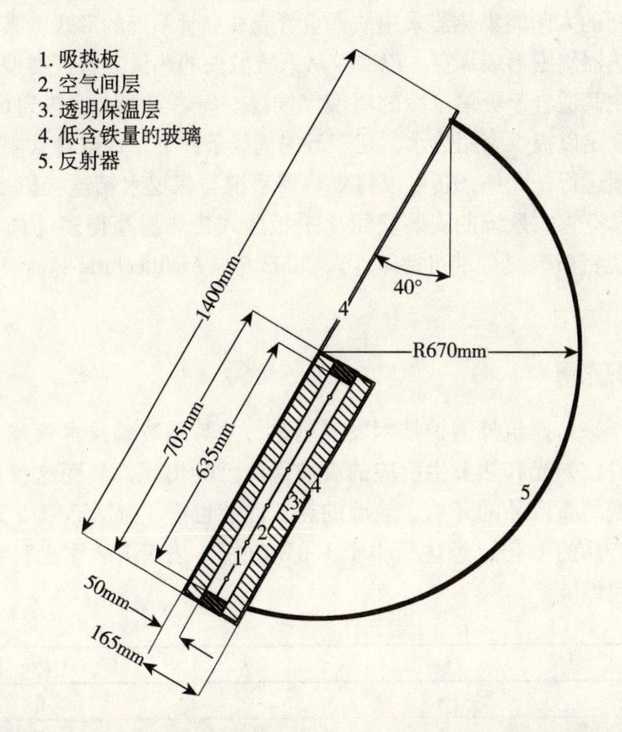

图5.11
弗赖堡太阳能住宅的双面太阳能集热器

图5.12
牛津郡奥斯内（Osney）岛平板床式（flat bed）太阳能集热器（图片蒙建筑师戴维·哈蒙德提供）

真空管式太阳能集热器

最新的太阳能集热器采用抽真空管或真空管系统的形式，其工作原理是在集热器周围形成真空，以减少从系统散失的热量。这种类型的太阳能集热器尤其适合于更偏寒冷的温带气候区。集热器将水加热到60~80℃，这个温度足以提供家用热水。在多云的气候条件下，真空管太阳能集热器可以连续运行；此外，还可以将集热器系统与保温水箱连接以持续供热。然而，真空管式系统的安装费用比平板床式集热器高得多［详细资料见P·F·史密斯著《尖端可持续性》，2002年，Architectural Press出版］。

窗体和玻璃

近年来，建筑外围护技术发展迅速，尤其是玻璃技术领域。能够对环境条件，如光和热发生反应的玻璃系统已经出现，然而这仅仅是未来不断涌现的新产品的开端。玻璃的热工性能也有了显著改善，现在商业化玻璃产品的U值已经达到小于1.0W/m^2K。表5.1表明七种玻璃系统的热传递性能。

表5.1
不同玻璃系统的传热性能比较

玻璃	U值（W/m^2K）
单层玻璃	5.6
双层玻璃	3.0
三层玻璃	2.4
带有Low E涂层的双层玻璃	2.4
带有Low E涂层和充填氩气的双层玻璃	2.2
带有两层Low E涂层和双侧充填氩气的三层玻璃	1.0
带有气凝胶的双层玻璃	0.5－1.0

表5.2通过给出应用在不同朝向的玻璃得净U值，以表明朝向对太阳得热的影响。

表5.2
考虑太阳得热的有效净U值

玻璃	考虑太阳得热的U值（W/m^2K）		
	南向	东/西向	北向
单层玻璃	2.8－3.7	3.7－4.6	4.6－5.6
双层玻璃	0.7－1.4	1.4－2.2	2.2－3.0
三层玻璃	0.0－0.6	0.6－1.1	1.1－2.4
带有Low E涂层的双层玻璃	0.1－0.8	0.8－1.2	1.2－2.4
带有Low E涂层的三层玻璃	－0.5－0.3	0.3－0.9	0.9－1.6

窗户除了众所周知的功能外，还有很多益处。然而，如果在设计中不能根据相关的热工性能正确选定玻璃，那么玻璃将成为重要的热量连接的薄弱环节。夏季的室内不舒适，不仅来源于由于得热导致的空气温度上升，而且也来自于玻璃表面本身的辐射温度的上升。如果房间里的人处于直射阳光中，这种辐射效应会进一步加强。冬季，冰冷的窗户表面使相邻的室内空气降温，这些空气在浮力作用下向下沉，导致了寒冷的向下气流，这往往还伴随着冷飕飕的辐射温度。随着温度的变化，室内还可能出现不均匀温度场，这将导致更严重的不舒适感。

由于改善建筑热工性能的压力越来越大，迫使玻璃工艺的发展加快了步伐。从以下的列举中可以看到玻璃技术的发展。

热反射和热吸收玻璃

热反射玻璃和热吸收玻璃通常用于可能出现夏季过热的场所。可见光和太阳得热都是太阳释放的能量中电磁光谱的组成部分。玻璃与光线和太阳热能的互动有三个组分：反射、吸收和透射。

通过改变玻璃系统的性能可以实现反射辐射、吸收辐射和透射辐射之间比例的调整，以下是改变玻璃系统性能的几种方式：

- 采用“本体着色（body tinted）”玻璃，增进吸收组分。
- 采用反射性涂层，增加反射组分，通常更多的是增加吸收组分。
- 采用本体着色和反射性涂层相结合的方式。

必须记住，减少太阳得热是以减少自然光透射为代价的，尽管某些着色玻璃和反射玻璃可以针对不同的光线组分选择性吸收或反射。通过改变入射光的角度，可以增加反射组分——入射光与玻璃的角度越尖锐，反射辐射越多。

本体着色玻璃产品通常有一系列颜色可供选择，例如灰色、绿色、古铜色和蓝色。着色工艺是在生产过程中加入少量金属氧化物，并且在整个玻璃的厚度都具有同样的颜色。着色玻璃的作用是增加玻璃内部的吸收辐射组分，从而减少直接透射的组分。然而，随着玻璃温度的上升，吸收的热量必须能够散发出去。玻璃温度的升高会同时向室内和室外传递热量。正因如此，通常在多层玻璃单元中将着色玻璃板安装在室外一侧。尽管本体着色玻璃在透热方面有一定的影响，但具有审美意义。

为了进一步减少太阳得热，带有反射性涂层的玻璃性能更优。涂层玻璃必须安装在密闭窗体单元的空气间层的内侧，或者用夹层法增加一层涂层。

反射性涂层也有一系列的颜色和性能可供选择。为专门的应用场所来指定和生产专门特性的玻璃产品比起制作多种色彩的本体着色玻璃要简单得多。在炎热的气候环境中，玻璃的性能主要考虑减少得热，即减少直接太阳透射得热和传导得热，在某些情况下直接透射得热可以低至10%。为了减少传导得热，可以采用双层玻璃单元，外层带有反射性涂层，内层带有低辐射率涂层，可以将透射的热量向外反射。当然，也要同时考虑避免眩光，以及提供部分自然采光和向外的视线。在温带地区，必须在控制夏季得热和享受冬日阳光之间取得平衡，另外，还应考虑更高水准的自然采光需求。事实上没有完全相同的两种场合，重要的是全面权衡多种选择，然后再选定某个特殊的玻璃产品或窗体系统。

光致变色、热致变色和电致变色玻璃

这三种术语所描述的玻璃产品都有许多品种，其透射性能也多种多样，其中有些技术的发展具有广泛的应用前景。这些变色玻璃可以动态地控制光线和太阳得热，以满足建筑的节能需求和使用者的舒适度需求。光致变色工艺可以根据主导辐射水平来改变透射率。日常生活中可以看到光致变色玻璃的小型例子，例如已经使用多年的太阳镜和护目镜，它们可以对光线的变化自动做出反应。然而，把光致变色玻璃的尺寸扩大到通常的窗体玻璃大小，还存在许多技术问题。

热致变色玻璃可以根据温度变化改变其光学性能。这是一种夹层结构，内部包含一种化学物质，在大约30℃时变为不透明，可以将太阳照射减少大约70%。基于这一原理，这种玻璃最适合用作室外遮阳。由于对热会产生反应，这种玻璃可能不适于用作窗玻璃，因为它也可能对室内的温度变化产生反应，况且无法区分室内和室外进行分别控制。

在这三种玻璃中，最精制也最易控制的是电致变色玻璃。这是通过微弱的电流来改变玻璃的性能。这种玻璃由复杂的多层半透明涂层组成。电流信号可以减少两层玻璃之间的电致变色层的透射量，这不仅影响自然光的穿透，也影响太阳得热。

皮尔金顿（Pilkington）公司最新研发的电致变色玻璃产品是电控（EControl）玻璃，只要轻触开关，就能减少超过80%的太阳辐射。如果采用更厚的内层玻璃，在玻璃层板之间填充特殊的隔声气体，这种玻璃还具有42分贝的空气噪声隔绝量。皮尔金顿公司还在研发一种固态电致变色玻璃，换句话说，不需要采用任何涂层技术。

使用电致变色玻璃可以减少建筑室内的制冷需求，也无需使用百叶帘。这带来了资金成本的节省，也能减少能源费用带来的开支，使其成为颇具吸引力的选择，尤其是使用者还能够自行控制这种玻璃——这是工作场所满意度的一个重要因素。

皮尔金顿公司近来正在推广一种自洁玻璃，或叫做“亲水”玻璃，其商品名为“皮尔金顿主动式玻璃（Pilkington Activ）”。雨水在玻璃上形成一层整体薄膜，而不像在常规玻璃表面汇聚成滴，不仅吸附灰尘，干后还留有痕迹。这种玻璃将大大节约维护成本的开支，尤其适用于商业建筑。

专营夹层玻璃的罗马格（Romag）公司，已经与BP太阳能（BP Solar）公司合作，生产组合了PV电池的复合玻璃。这种PV玻璃将以“发电玻璃（PowerGlaz）”的商品名进行推广，并于2004年底开始面市。这种玻璃产品规格多样，最大尺寸可达3.3米×2.2米。

第6章 保温

温暖是极具价值的家用品，而且会千方百计地从墙体、屋顶、窗户和地面逃逸。大多数英国的建筑都能使温暖轻易地溜走。

建筑构件内部的传热可以通过选择材料来调节和控制。在不透明的固态建筑构件中，主要的传热过程是热传导。保温层能够限制传热，以“阻抗”的方式减少传热量。由于空气对传热有很好的阻隔作用，许多保温产品都是在材料中设置多层空气间层或许多空气孔隙。这种材料通常密度低、重量轻，而且在大多数情况下，不具有结构强度。一般而言，材料的密度越高，传热就越多。由于结构构件通常必须采用高密度材料，所以无法提供同样高水平的阻热性能。温暖极具价值，而且会千方百计从房屋中溜走。墙体、屋顶、烟囱、窗户等都是热量逃逸的途径。

也许很有必要在这些构件周围提供额外的保温层，以防止这些部位成为热工设计中的薄弱连接处或“冷桥”。

采用热工性能更高的保温材料是减少采暖能耗的具有成本效益的方式。在一些住宅和其他小型建筑中，已经证明了在保温材料方面增加的费用，可以从采暖系统的造价大幅减少而获得补偿，这些采暖系统包括布满整个房屋的散热器和中央锅炉。

在指定保温材料时，重要的是避免选用对环境造成危害的材料，例如在生产过程中含氟氯化碳（CFCs）的保温材料，以及选择使用不消耗臭氧层（zero ozone depletion potential-ZODP）的保温材料。保温材料主要分为三类：

- 无机/矿物材料——包括基于硅和钙（玻璃和岩石）的产品，通常用于纤维板中，例如，玻璃纤维和“岩棉”。
- 合成有机材料——从基于聚合物的有机原料中制造出的材料。
- 天然有机材料——基于植物的材料，像麻纤维和羊毛，但是必须经过处理，以防止腐烂或害虫寄生的侵扰。

对于纤维材料，例如玻璃纤维和矿物纤维，从理论上认为会导致罹患癌症和恶性疾病，例如支气管炎。这一问题仍处于评估阶段［R·托马斯（R. Thomas）编著（1996年）《环境设计》（*Environmental Design*），E & FN Spon出版社］。

保温材料的选择

在选择保温材料方面，有大的选择余地。这些材料的不同之处在于热工性能的差异，以及其他重要的性能，例如防火性能，以及是否避免使用消耗臭氧层的化学物质等方面。有些材料在受潮时，会失去大部分的保温效能。因此，建议在开始阶段先了解有哪些可选用的保温材料。保温材料的热效率是由其导热系数来表示的，即λ值，度量单位是W/mK。材料热导系数的概念是指“对于给定的温差，每单位厚度的导热量”［R·托马斯编著（1996年），《环境设计》（*Environmental Design*），E & FN Spon出版社，第10页］。从技术层面来说，这是一个衡量两个相对的表面当具有1℃的温差时，1立方米材料的热传导速率的指标，λ值越低，材料就越具有热效率。

无机/矿物保温材料

无机/矿物保温材料有两种形式：纤维结构和蜂窝结构。

纤维结构

岩棉

岩棉是在高温状态下将相应的物质熔化，然后纺成纤维状，加入粘合剂使之产生刚度。依据其结构肌理，能够不同程度地渗透水蒸气和空气。在岩棉制成的保温材料中，潮气会渐渐积累，从而减少了保温效果。随时间流逝，岩棉制品的性能会逐渐降低。λ值为0.033～0.040W/mK。

玻璃棉

参见岩棉。

健康与安全问题

纤维材料存在着危害人类健康方面的问题。有些材料可能导致皮肤刺激，建议在安装保温材料时穿上保护服。通风系统的路径不宜经过松散填充的纤维保温材料后再向室内送风。也有观点认为纤维材料具有致癌的危险。然而，目前纤维材料仍被列为“不能归类为对人类有害的致癌性物质”。

蜂窝结构

泡沫玻璃

泡沫玻璃是由天然材料制成的，其中40%以上是再生玻璃。这种材料不透水蒸汽，防水防虫，尺寸稳定，不易燃烧，而且具有较高的抗压强度，不含氟氯化碳（CFC）和氟氯烃（HCFC）。

λ值为0.037~0.040W/mK，取决于不同的应用场合。典型的专利品牌是匹茨堡科宁有限公司（英国）（Pittsburgh Corning（UK）Ltd.）生产的“泡沫玻璃（Foamglas）”。

蛭石

蛭石是指与云母类似的一系列地质材料。在高温条件下，蛭石薄片依据含水量的不同，发生不同程度的膨胀，体积可以比原来大很多倍，成为“膨胀蛭石”。这种材料具有高保温性能，防腐、无味、无刺激性。

有机/合成保温材料

有机/合成保温材料属于蜂窝结构类型。

EPS（膨胀聚苯乙烯）

坚硬、阻燃型蜂窝结构，是无毒、隔绝蒸汽的塑料绝缘体，不含CFC和HCFC。

λ值0.032~0.040W/mK。

XPS（挤压聚苯乙烯）

密封微孔式保温材料，防水、隔绝蒸汽，不含CFC和HCFC。

λ值0.027~0.036W/mK。

PIR（聚异氰脲酸酯）

蜂窝结构塑料泡沫，隔绝蒸汽，不含CFC和HCFC。

λ值0.025~0.028W/mK。

酚醛树脂

坚硬的蜂窝结构泡沫、λ值很低，隔绝蒸汽、具有良好的防火性能，不含CFC和HCFC。

λ值0.018~0.019W/mK。

总之，蜂窝结构材料不会对健康造成威胁，也没有特别的安装要求。

天然/有机保温材料

纤维结构

纤维素　主要由回收的废旧报纸制成，通常制成纤维、棉胎和纸板，加工时需添加阻燃剂和杀虫剂。

λ 值0.038～0.040W/mK。

羊毛　加工时添加硼和阻燃剂，弃置时应在指定地点进行处理。

λ 值0.040W/mK。

亚麻纤维　加工时添加聚酯纤维和硼。

λ 值0.037W/mK。

稻草　经过高温处理并压制成纤维板。加工时添加阻燃剂和杀虫剂。稻草可以成为热效率高的墙材。如今稻草制品的形式比20世纪60年代的草纸板性能可靠得多，那时纸板有发芽的可能。

λ 值0.037W/mK。

大麻纤维　作为压型保温板，这种产品的开发还远远不够。这是一种非常环保的材料，在种植过程中不需使用杀虫剂，也不产生有毒物质。在初步的实验中，已将大麻纤维与石灰混合，用做建筑材料以代替混凝土。大麻纤维作为墙材的实验住宅与常规带保温的砖砌体住宅比邻建造的研究证明其热效率也是相同的。

要点

保温材料必须不含HFC和HCFC。

- 保温材料的选择主要由两个因素主导：材料的导热性和材料在住宅中的应用部位。
- 从生态的角度来说，更倾向于选用来自有机资源和再生资源、在生产过程中不耗费大量能源的材料。然而，还有某些优先性因素需要考虑，这将在下文详述。

材料中的物化能（embodied energy）指包含在材料的开采和制造过程中所消耗的能量，这也是选择保温材料的考虑因素之一。从矿物纤维中提取的保温材料在所含的物化能及 CO_2 排放量方面都是最低的。然而，总的来说，使用保温材料即使在最不利情形下，也能够节约许多倍的物化能，例如，对于膨胀聚苯乙烯来说，可以节约200倍；而对于玻璃纤维，可以节约1000倍。

表6.1显示了主要保温材料的导热系数。

表 6.1
保温材料性能比较摘要

	导热系数（W/mK）
膨胀聚苯乙烯板	0.035
挤压聚苯乙烯	0.030
玻璃纤维毡	0.040
玻璃纤维板	0.035
矿物纤维板	0.035
酚醛树脂泡沫	0.020
聚氨酯板	0.025
纤维素纤维	0.035

最后，还有一个因素是材料的内部强度或脆性。岩棉产品在这方面是最稳定的。对于建造商来说，挤压聚苯乙烯泡沫最具吸引力，因为这种材料具有良好的防水性能和刚度，适用于空心墙体。

高级保温与超级保温

近年来，人们逐渐关注在建筑构造中使用非常厚的保温层，以减少热损失。这种技术叫做超级保温。超级保温技术的应用目前仅在住宅领域被证明最有效用。究其原因，部分是因为将这种技术用于大进深的大型商业建筑时，会出现夏季过热问题。夏季过热问题之严重已经超过由于减少冬季采暖需求所带来的益处。然而，将来由于环境设计技术的改进，建筑的夏季过热问题会越来越少，人们又会倾向于使用超级保温技术，使这种技术对于冬季寒冷地区的各类建筑都适用。

超级保温技术有以下几个设计特点：

- 建筑构造中所有主要的非透明构件 U 值不大于 $0.2W/m^2K$，通常在 $0.1W/m^2K$ 以下，才可以归属于超级保温体系。
- 保温层的厚度受制于所采用的建造技术，例如空心墙体构造中所允许的空气间层的宽度。
- 超级保温技术更宽泛的定义还可以是指定最大限度的整体建筑热损失，这种情况下允许一定范围内在整体热损失方面获得“补偿”，而不是仅仅定义单个建筑构件的 U 值，例如，允许以太阳得热来补偿部分热损失。
- 在低能耗住宅的标准中，保温材料的典型厚度可以是：大约 150 毫米用于墙体，300 毫米用于屋面（图 6.1）；采用超级保温技术的墙体保温层厚度为 200 ~ 300 毫米，屋面层中为 400 毫米（图 6.2）。

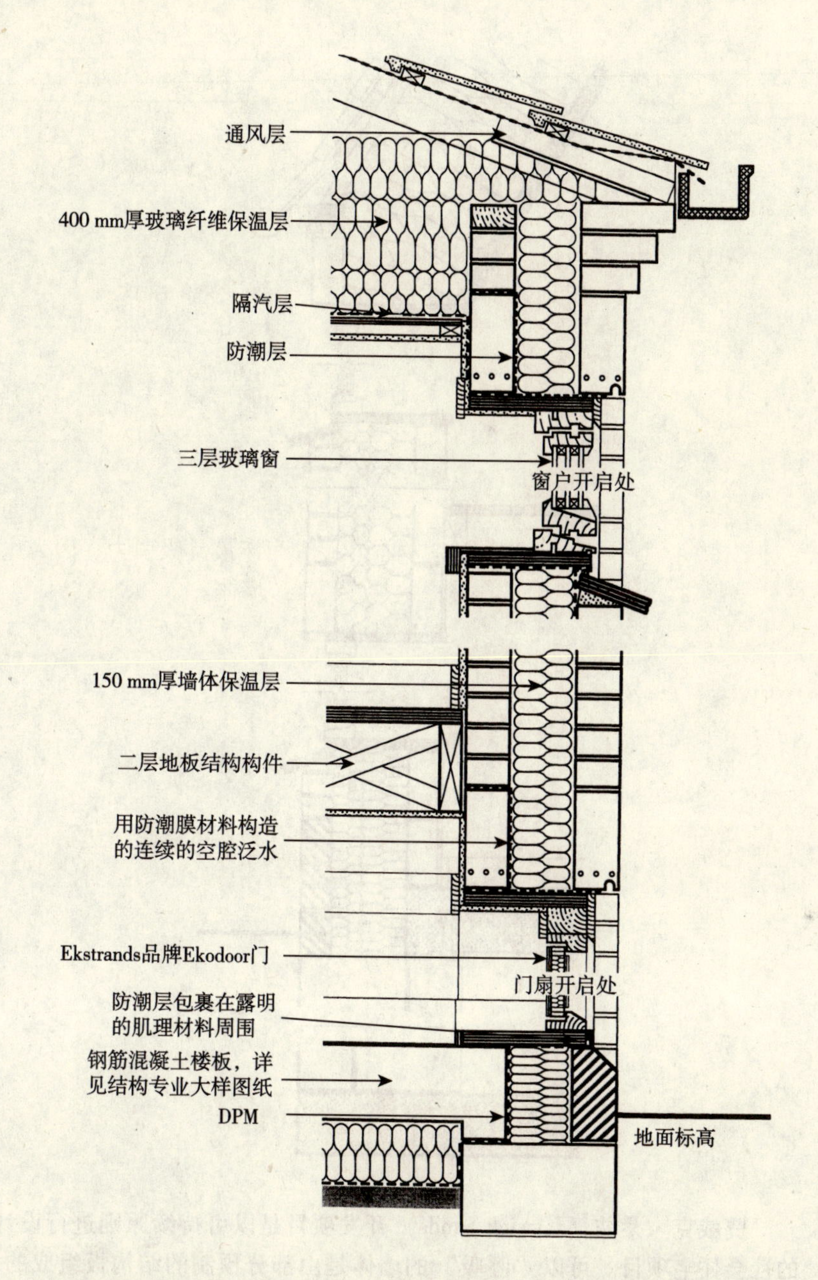

图 6.1
典型低能耗建筑的构造剖面

- 为达到超级保温的标准，还要求建筑外围护结构具有较高的气密性，这意味着需要利用消流通风系统或者甚至机械通风系统来进行室内通风。在通风系统中应带有热回收装置，以加强“烟囱效应”，保证每小时室内换气 1 ~2 次。

墙体的中空层达到 200 ~300 毫米时，有必要设置刚性的空心墙内外墙皮之间的联系构件。这种构件可以是不锈钢材质或不易磨损的硬塑料。

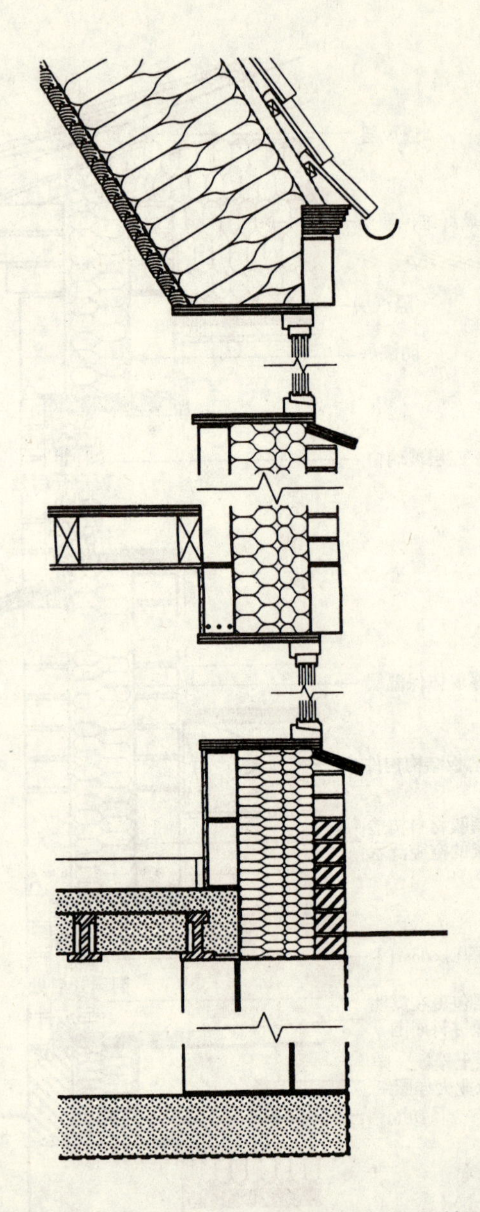

图 6.2
索斯韦尔能源自治住宅的超级保温体系（图片蒙罗伯特和布伦达·威尔提供）

贾威克·桑兹（Jaywick Sands）开发项目是以可持续原则进行设计的社会住宅项目。可以“呼吸”的墙体是由部分预制的结构板组成的，板材与楼层同高（图 6.3），其间填充 170 毫米厚 Warmcell 保温材料，外层为 9 毫米厚带有透气薄膜的夹衬板，外饰面材料是西部红雪杉板材，固定在挂板条上。地面是预制混凝土板构成的空心楼板－梁体系，上表面设有 60 毫米厚刚性保温层。关于这一做法也有争议：如果保温层放在混凝土板下侧可能效果更好，这样可使楼板提供一定程度的热质（《*The Architects Journal*》，2000 年 11 月 23 日刊详细阐述了这一项目）。

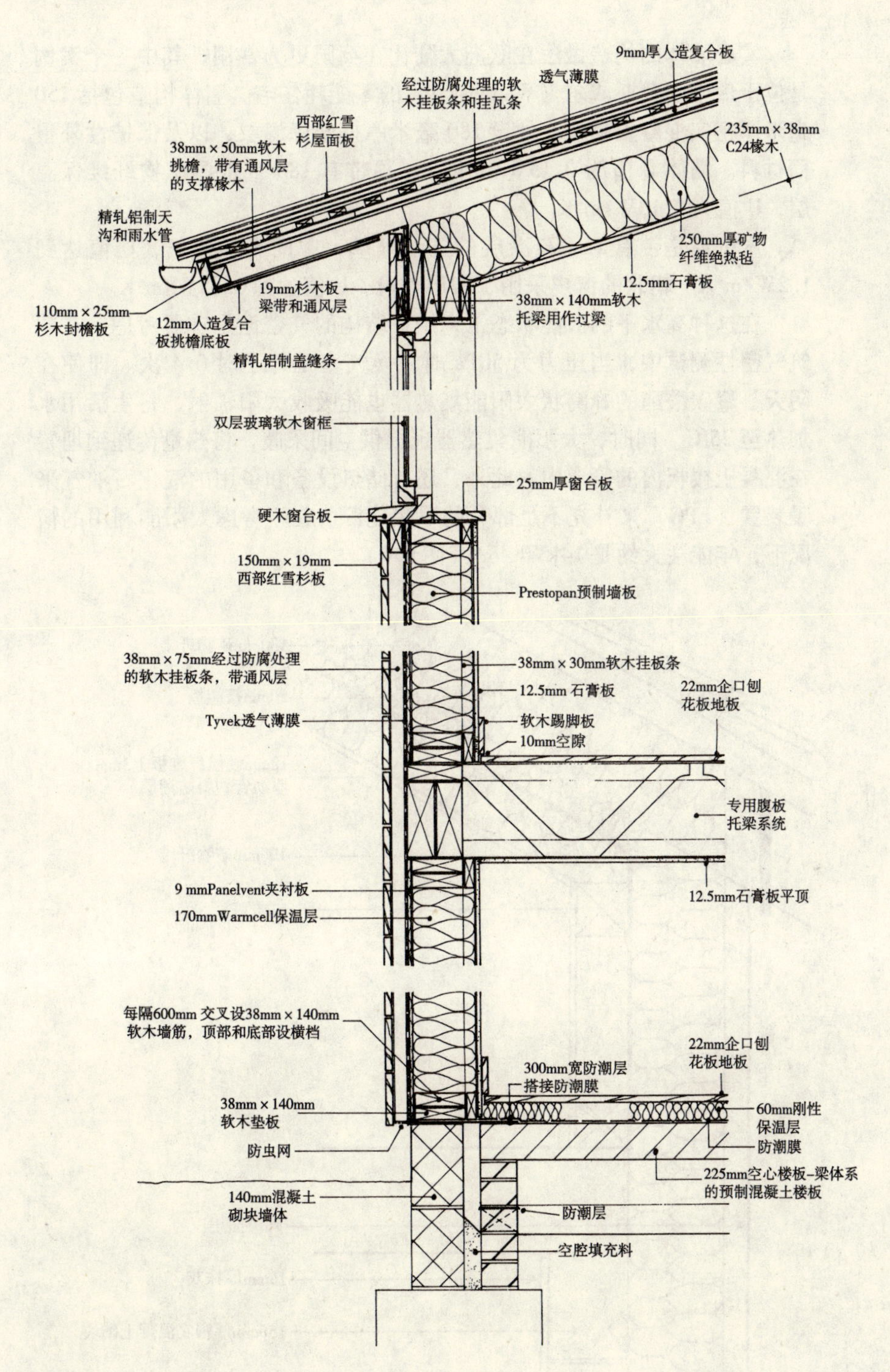

图 6.3

埃塞克斯郡 Jaywick Sands 低能耗木结构板式住宅

实心墙体的构造做法在欧洲大陆比在英国更为常用，其中一个案例是位于瑞士旺登斯威尔（Wadenswil）的零能耗住宅。墙体构造包括150毫米厚密实混凝土砌块，外设180毫米厚挤塑保温层，以及保护性外覆面材料。墙体U值为0.15W/m^2K。屋顶带有180毫米厚矿物纤维保温层，U值为0.13W/m^2K。

木框窗是带有Low-E涂层的三层玻璃，中间充填氩气，U值达到1.2W/m^2K。朝北的窗户采用了四层玻璃，U值达到0.85W/m^2K。

在这种高水平的节能状态下，维护结构的气密性是首要考虑。在建筑气密性测试中，当压力为50Pa时，换气率是每小时0.4次。即使在阴天，聚碳酸酯的蜂窝状太阳能集热器也能吸收太阳辐射，将生活用水加热至25℃。同时，太阳能集热器也提供空间采暖，将热量传递到埋置在混凝土楼板内的管道中。此外，还有储热设备和备用的液化石油气采暖装置（LPG）来补充不足部分的采暖能源。在不考虑太阳能利用的情况下，年能耗大约是14kWh/m^2（图6.4）。

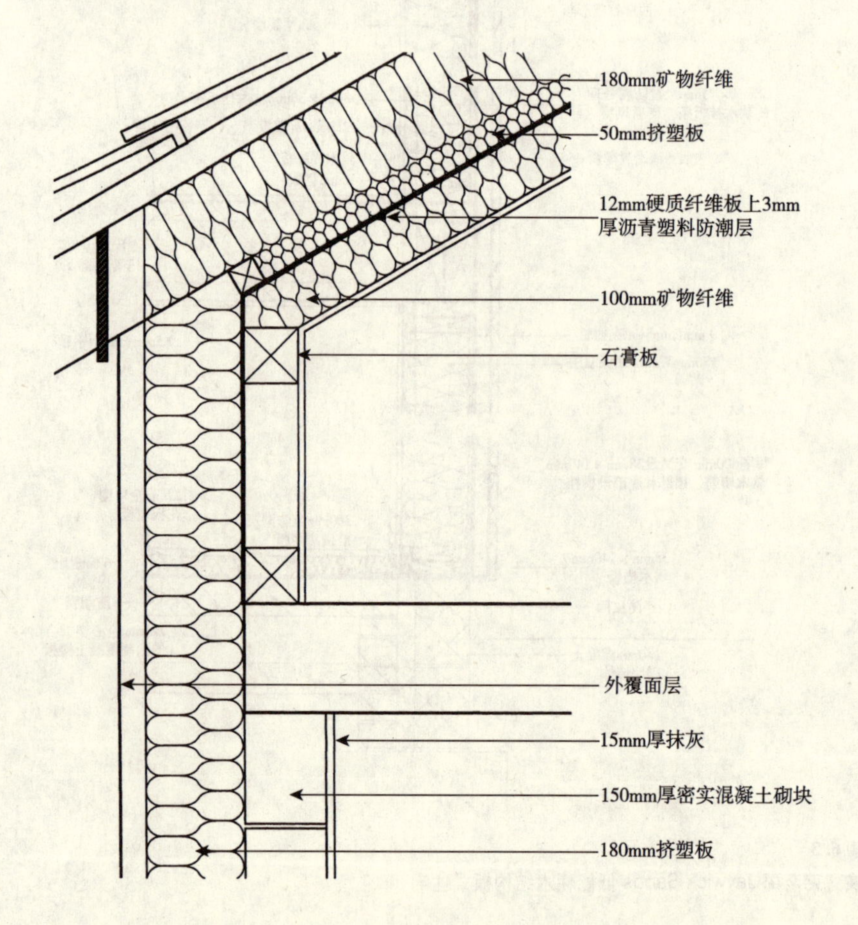

图6.4
Wadenswil 住宅剖面图

透明保温材料

透明保温材料（Transparent Insulation Material，通常简称为 TIM）是一类利用特殊材料增加太阳得热，同时减少传导和辐射失热的产品。这种技术和前面已经描述过的被动式太阳热质墙很相似，不同之处在于玻璃外层和内侧墙体表面之间的间层，由透明保温材料组成，而不仅仅是空气。这种保温材料允许入射的太阳辐射透过，但可以阻挡传导和辐射失热，有效地保存吸收的热量。气凝胶是安装在夹层玻璃单元中的一种半透明保温材料。

气凝胶

气凝胶这种材料的大部分组成成分是空气——大约 99% 的体积为空气——以二氧化硅、金属甚至橡胶为原料，重量极轻。例如，1 立方米的石英玻璃重量为 2000 千克，而同等体积的气凝硅胶块的重量大约为 20 千克。除此之外，气凝胶也相当坚固。气凝胶有时也因其半透明的形态而被称为“冻烟”。气凝硅胶是由细小而密实的二氧化硅颗粒组成，粒径大约为 1 纳米，彼此连接形成胶状物。

气凝胶是绝佳的保温材料，其热传导系数大约只有玻璃的百分之一。在双层玻璃中，以气凝胶代替空气间层，将大大改进保温性能，与目前性能最好的多层玻璃相比，可以达到 3 倍的保温效果。玻璃板之间有可能达到 99% 的真空，因为这一间层是由固体支撑的。然而，即使在夹层玻璃中只有一层薄薄的气凝胶，窗户就会有产生一层轻微的磨砂效果。

气凝胶的热工性能使特别适合获取太阳热能。平板式太阳能集热板汇集热量后，会将热量辐射回空气中。带有气凝胶的夹层玻璃可以作为一种单向的屏障，阻止热量从吸热表面向空气辐射。这显然可以应用于主动式太阳能集热板和太阳能吸热墙。太阳能吸热墙的外表面应涂成黑色，以最大限度地吸收热量。玻璃气凝胶制成的屏障使热量保存下来，向建筑内部辐射热。安装在玻璃防雨屏内侧的百叶帘能够最大限度地减少夏季的热量聚集（图 6.5）。弗赖堡太阳能住宅展示了特朗布太阳能吸热墙，图中有些百叶帘拉下来了（图 5.6）。

保温——技术的风险

高级保温材料的运用也带来一些风险。其中一些问题与建筑结构内的潮气相关，这是由于保温材料的使用改变了室内温度的梯度变化，潮气凝结成水。这导致了一些棘手的问题，如构件的腐蚀、生锈或其他类型的功能退化。此外，如果这些构件与电路相连，那就还存在安全隐患。

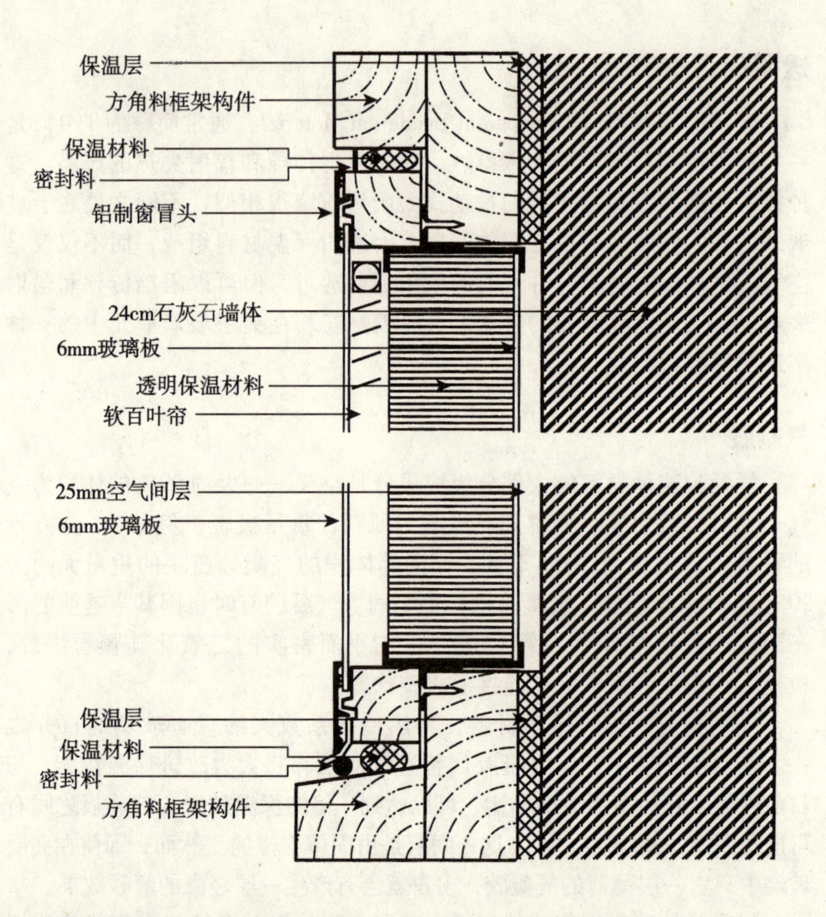

图 6.5
透明/半透明保温墙体

有些保温材料会吸收潮气，而且一旦受潮，其保温效果会大大降低。空心墙体的保温材料应当用防水剂进行预处理。

如果建筑维护结构不同部分的保温性能之间存在非常大的差异，会导致出现薄弱连接部位，成为冷桥或“热量传递的桥梁”。冷凝现象正是出现在冷桥的内表面，解决办法是保证保温层的连续性。冷桥问题多数出现在主要结构构件的节点部位，例如：

- 屋顶与墙体的节点；
- 或者墙体与楼地板的节点；
- 门窗周围，尤其是门窗框和门窗过梁周围；
- 建筑管线——电线、上水管、排水管等的穿墙孔；
- 结构框架构件与屋顶、墙体和楼地板的连接部位。

对于楼地板来说，主要的热损失发生在裸露的边缘处。因此，在地板边缘的设计中必须特别留意，保证足够的保温层厚度和正确的保温节点。

随着保温材料热工性能的提高，隔汽层的使用变得尤为重要，因为正是防潮层的正确施工和正确的安装位置，才会降低冷凝发生的风险。如果怀疑有可能发生冷凝问题，建议对冷凝风险进行技术评估。尤为重要的是，正确设计各种构件，并且保证建造过程完全依照设计说明书进行。有记载的大部分冷凝问题的发生，均与糟糕的工程质量相关。正如前文所述，防潮层永远设在保温层温度高的一侧，否则定会导致冷凝发生，这应成为通用原则。

第7章 住宅中的能源

由安装在建筑中或与建筑相连的、独立式系统发电称为“内置式(embedded)”发电。迄今为止，与住宅相关的、最便捷的再生能源形式是光伏（photovoltaic-PV）电池。随着光伏电池单位价格的下降，与单体住宅相连的PV阵列将日益增多。有些国家还有来自政府的相当可观的补贴来启动PV产业的发展，因此由于规模经济，PV的成本在迅速降低。在英国，光电技术在居住领域应用的一个先锋典例是位于诺丁汉郡的索斯韦尔能源自治住宅（Autonomous House），由罗伯特和布伦达·威尔设计（图7.1）。

光伏发电系统

正如前文所述，光伏电池没有任何运动部件，运行时不产生噪声，而且无论从审美角度、还是从科学的前景来看，都是具有吸引力的技术。

图7.1
索斯韦尔的能源自治住宅，图中所示为分离式光伏阵列，以及隐约可见的阳光室

PV 电池的电能输出受制于照射在光伏电池上的光能，尽管在阴天仍然可能出产相当可观的电力。

PV 电池的发展正在加快步伐，事实上欧洲和日本的 PV 单元的制造能力仅在 2001 ~ 2002 年之间就分别增长了 56% 和 46%。发展潜力最大的领域是在建筑中将 PV 单元与立面和屋顶构件整合在一起。PV 单元与建筑外覆面材料一体化的实例包括与雨篷、屋面瓦和窗户等构件的整合。

建筑与光伏一体化系统的优势在于：

- 出产清洁电能；
- 在城市环境中就地发电、就地使用，避免了基础设施成本和输电线路中的电力损失；
- 无需额外占用土地。

因此，目前英国以及世界上有许多发展计划正致力于开发光伏系统的潜力。

德国成为促进 PV 系统在建筑中应用的领跑者之一。其《再生能源法》（Renewable Energy Law）为家用 PV 屋顶出产的电力提高了价格。德国最初设定的 10 万个 PV 屋顶的目标已经完成。目前，德国再次更新了这一法案，启动了进一步发展 10 万个 PV 屋顶的目标。

光伏电池（PVs）的原理

光伏电池是将光能直接转变成电能的装置。目前大多数 PV 电池都是由半导体材料构成的两个薄层组成，每一层都有不同的电子特性。在最常见的 PV 电池中，两层材料都由硅制成，但是掺杂了不同的杂质原子：正型（p-type）原子和负型（n-type）原子，而原子的数量是经过仔细的计算的。这种引入杂质原子的方法称为“掺杂法”。因此，掺杂的一层硅带有负电荷（负型），有多余的电子。另一层带有正电荷（正型），缺少电子。这两个相邻的区域产生了电场。当阳光照射在 PV 电池上时，电子获得了阳光中的辐射能而释放出来，从一侧迁移到另一侧。有些电子被捕获，成为可利用的能量，导入了外部电路（图 7.2）。

通过采用不同的基底材料和掺杂材料，可以制造出不同特性和能效的 PV 电池。PV 电池输出的电流是直流电（DC），如果要输入电网，则需要通过换流器将其转变成交流电（AC）。将直流电转换成交流电会有电力损失。

PV 电池将光能转变为电能的能力由峰值功率（Watts peak-Wp）来定义。这是基于实验室的标准测试，指一个 PV 单元在每平方米 1000 瓦的光密度（相当于明亮的阳光）下出产的电力。PV 电池的能效是峰值输出电力与电池面积的函数。这是实验室的测量值，并不一定代表真实的发电量。

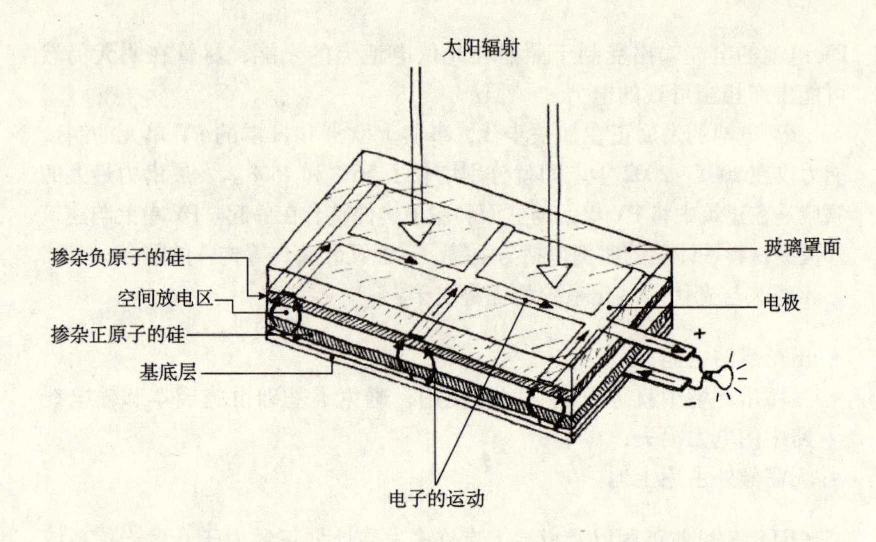

图 7.2
光伏电池的结构和功能

在著书期间，最具效率的 PV 单元是由纯晶体硅的晶片组成的单晶硅。峰值输出效率达到大约 15%。这意味着日光达到最大光密度时，有 15% 的光能转化为电能。由于生产工艺的复杂性，这种 PV 电池非常昂贵。

尺寸在 10 厘米×10 厘米左右的太阳能光电电池的峰值输出功率大约为 1.5 瓦。为了达到有用的电量，采用金属丝将许多电池串联成模块，然后将这些模块中的电路相连，形成一串电流。一串或多串电路形成 PV 模块的阵列。

PV 电池通常夹在由钢化玻璃构成的面层和底板层之间。底板层的材料多种多样，可以是玻璃、Tedlar① 或铝。必须记住，大量连接的 PV 电池会输出相当大的电流，因此，在安装过程中，当连接电路时，必须将所有的太阳能电池遮盖住。

多晶硅电池

在多晶硅电池的生产过程中，熔化的硅被浇铸成块状，其中含有游离的晶体硅。这种 PV 电池的外表是蓝色的正方形，其价格比单晶硅电池便宜，但能效低，大约在 8%～12%。

位于加拿大安大略省剑桥的斯费罗太阳能（Spheral Solar）研究中心已经研发出了新型硅晶技术。这是由直径为 1 毫米的球状硅晶组成，这些硅来源于芯片工业的废料。每个球状硅晶的核心部位都进行掺杂，使之成为正型半导体，外表部位通过掺杂成为负型半导体。因此，每个球状硅晶都成为微缩的 PV 电池。把这些硅晶球放在弹性塑铝基质中，产生类似蓝色丹宁布的肌理。据称这种 PV 系统的效率达 11%，而且几

① 一种氟化乙烯复合背膜板，封装材料。——译者注

乎可以制成任意的形状，这对建筑师来说应该是很有吸引力的。计划在 2005 年将这种 PV 电池投放市场。

非晶硅电池

这种太阳能电池不含晶体结构，但可以延展成薄层，然后沉积在刚性或柔性的基底材料上。这是基于薄膜技术的光伏电池的第一代新品种。通过叠加薄膜层（每一层可以吸收太阳光谱不同部分的能量）形成双结或三结电池（double junction or triple junction cell），可以达到6%的峰值效率。与晶体硅电池的不同之处在于，非晶硅可以进行批量生产，因而将来价格会更便宜。

碲化镉（CdTe）电池和硒化铜铟（CIS）电池

这两种太阳能电池是薄膜技术的进一步发展，效率分别为大约 7% 和 9%。目前的价格相当昂贵，但是随着销量的增长，价格会进一步降低。

总的来说，这两种太阳能电池的价格在每峰值瓦（Wp）2 ~ 4 英镑之间。但是电池的价格并不一定是唯一的评判标准。不同的电池有不同的最佳运行条件，这一点在牛津大学环境改变研究所（Environmental Change Institute）最近完成的研究项目中也得到强调。该研究报告指出，额定功率为1kWp的 PV 阵列的年发电量，根据所采用的技术不同而有很大差异。例如，CIS 电池（西门子 ST 40 型）在英国是回报率最高的一种太阳能电池，每 kWp 年发电量超过 1000 千瓦时。双联非晶硅电池的效率紧随其后。这是由于这些太阳能电池在多云的气候条件下的发电效率有更多改进，而这种天气在英国是很常见的。单联非晶硅电池的发电性能最差。性能最优越的电池模块的发电量是产量最低的电池发电量的近两倍，因此，在选择的时候不妨“货比三家”。

假设没有树木或其他建筑物的遮挡，朝南的坡屋顶应该是安装太阳能电池的理想位置。然而，东西朝向安装太阳能电池也能产生可观的发电量。电池模块的最佳倾角取决于该地区的纬度。在伦敦，最佳倾角是 35°。作为粗略的参考，在伦敦 1 平方米单晶硅 PV 单元每年可出产 111 千瓦时的电能。在缓坡屋顶或平屋顶上，我们建议将 PV 单元安装在朝向正确的倾斜构架上。然而，在英国的气候条件下，安装在平屋顶上的太阳能电池仍然能够达到 90% 的最佳输出量。

标准的 PV 模块可以便捷地安装在既有建筑的屋顶上。然而，如果屋顶面层需要更换，那么选择太阳能铺板、太阳能瓦或太阳能屋面板作为屋顶材料则既具有成本效益，还可以保持传统建筑的外观。

将 PV 单元整合在立面和屋顶的一个住宅项目，是位于英国伦敦萨顿自治区的贝丁顿零能耗开发项目（BedZED），由比尔 · 邓斯特（Bill

Dunster）建筑师事务所进行建筑设计，阿鲁普工程顾问公司（Arup）担任机电系统工程设计。这个开发项目的初衷是利用PV单元出产的电力满足建筑的能源需求。利用PV发电所面临的问题是，以目前较低的能源价格，预期的经济回报期到底有多长。现在这些PV单元转而用来为居民合用的电动小汽车的电池充电，其好处是无需转化成交流电（图7.3）。

光伏电池的通风非常重要，因为随着电池温度的升高，发电效率会下降。美国北卡罗来纳州一家餐馆中PV系统的设计充分利用了这一通

图7.3
位于伦敦南部的贝丁顿零能耗住宅开发项目，南立面

风需求。这家餐馆的一体化 PV 屋顶系统共有 32 个非晶硅 PV 模块，为电池组提供 20 千瓦时的电力。这一发电量作为用电高峰的电力补充，在电网供应中断时可以提供应急用电。

这家餐馆的 PV 系统与众不同之处在于充分利用了积聚在光电电池背面的热量来加热水，以补充空间采暖所需的热能。在设计中，利用风扇使空气流过 PV 模块下方的许多通路。随着太阳照射在 PV 模块上产生热量集聚，风扇会自动开启使空气流通，从而将热量从 PV 模块中带走，导入闭合回路中的热交换器。采用这一技术将每年为该餐馆节约 3000 美元的设备和热水成本，同时减少 CO_2 排放 22680 千克（图 7.4）。也可参照第 232 页图 18.16。

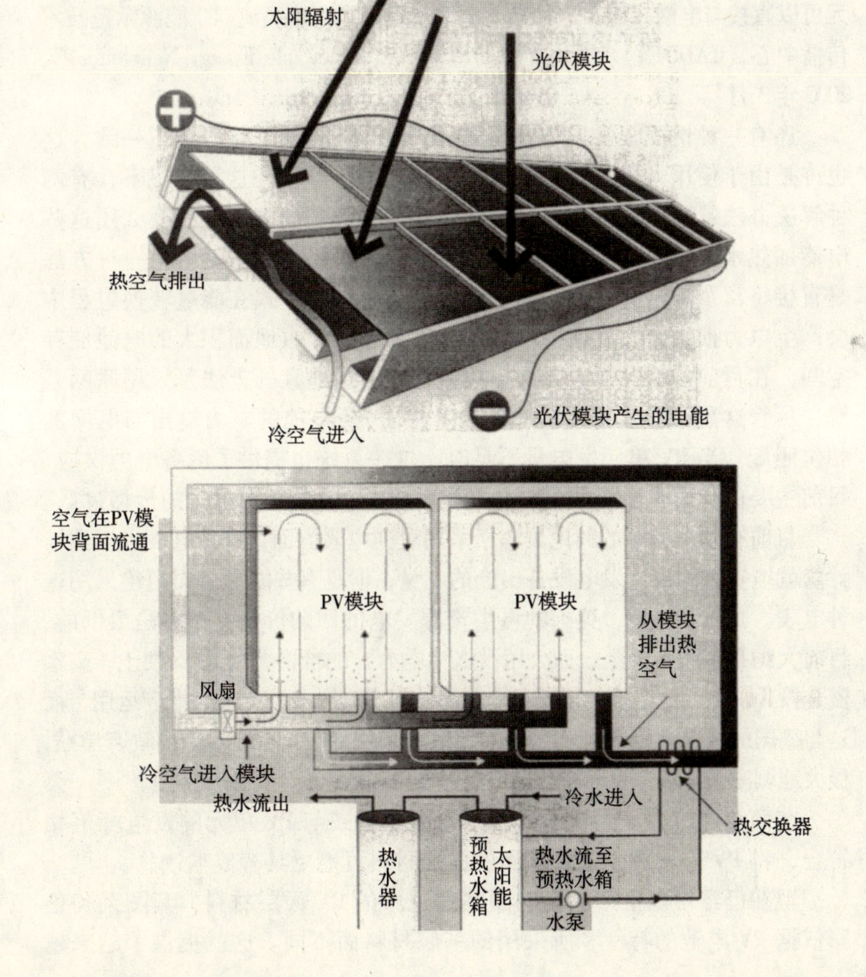

图 7.4
PV 模块的热回收系统图解
（图片蒙 CADDET 提供）

电能输出

从单晶硅光电电池中输出的电能随日光照射强度而变化，在电池的工作范围内几乎呈线性变化。电能的输出随温度升高呈逆向变化：当温度为20℃时，能效为大约12%，而当温度上升至50℃时，能效下降为大约10%。

安装建筑上的光电板在夏季需要进行主动降温，以维持最大的电力输出量。显然这是不实际的，而且还会产生额外费用，因此目前不得不接受这种能效下降的现实。目前能够采取的措施是增进光电板的自然通风，即通过适当的设计调整安装的位置和固定方式，使空气能够流通，通过自然的方式冷却PV矩阵的正面，如果可能的话，也能够冷却其背面。

正如前文所述，由于大多数的用电需求是交流电（AC），必须采用换流器将PV单元产生的直流电转化为交流电。然而在美国，可以从“应用电力（Applied Power）”公司获得输出交流电的PV单元，这意味着PV单元可以直接与电网相连。这种光电电池中整合了交流换流器［能源示范技术传播中心（CADDET）“再生能源时事通讯（Renewable Energy Newsletter）”，2000年3月］。

还有一种情况很常见，就是PV单元供应的电力与需求不一致，这也许是由于使用人员不固定以及用电模式的差异。在这种情况下，有两种解决办法：要么将富余的电能储存在某种形式的电池中，要么用这些电能加热水，将热水储存在保温水箱中，以提供空间采暖。另一种方法是直接将富余的电荷卸载，输送给电网。第一种方式在能量转换过程中会产生电力损失，而且还要求额外提供合适的、占地面积大的电池储存空间。在目前的状况下，在大多数城市里，更适宜的方法是采用联网系统，尽管这需要复杂的控制系统，以保证PV电池的电力输出与电网的相位匹配。当PV单元发电量不足时，这一系统也提供了后备电力供应。目前主要的障碍在于公用设施公司购买PV单元的富余电力的价格过低。

目前有越来越多的舆论聚焦于采用可逆电表方面，这种电表可以累计计量就地安装的再生发电设备出产的电量，但是有些能源公司拒绝采用这种电表。在整个欧洲，英国的再生资源发电的回购价格差不多是最低的，目前大约是每度5便士，而公用设施（电力）的价格大约是15便士。高额资金投入加上回购电价的低廉，严重影响了PV技术在英国的推广运用，而这与德国的情况大相径庭。在德国，由于采用PV单元可以获得政府津贴，极大地刺激了需求，目前需求已经超过了PV单元的生产制造能力。

在商业建筑中，由于人员占用空间的模式与PV单元的发电峰值相符合，将PV单元用于建筑立面的面层材料可能更具有成本效益。

现在已经可以生产出不同图案和色彩的PV面层材料，其图案和色彩依据PV电池的特性和所采用的基底材料而不同。这就提供了越来越广泛的选择范围，建筑师可以尝试立面的多种可能性，创造特殊的美学效果。基于薄膜技术的光伏系统，基本上都是在玻璃上加涂层，在图案和色彩的多样性方面前景很好。

荷兰正在将PV电池安装在高速公路的隔音障中。英国公路管理局（UK Highway Agency）批准在2004年将PV系统安装在高速公路沿线的信号板上。在汉普郡M27高速公路上有一个试验项目，在隔音障上安装的PV阵列可以直接向国家电网输电。

微型热电联供系统（CHP）

令人感到有趣的是，19世纪的两项技术——斯特林发动机和燃料电池——直到今天才盛行起来。罗伯特·斯特林（Robert Stirling）于1816年发明的发动机（以他的名字命名），被描述成“外燃机”。这是因为热量加载在引擎设备的外部，以加热密封气缸内的气体。热源位于气缸的一端，同时冷却作用发生在气缸的另一端。气缸内的活塞被气体的加热和冷却的循环交替所驱动。气体被加热时会膨胀，把活塞向下推。活塞在向下运动的过程中，气体被冷却，当活塞返回时，气体被推向气缸的顶部，又得到加热，然后气体再一次膨胀，继续重复这一过程。由于活塞技术和材料技术的进步，用于航天工业的高温陶瓷以及耐高温钢材，使温度可以达到1200℃，斯特林发动机现在被认为是微型热电联供系统市场上强有力的竞争者。

发动机产生的热量可以采集起来，为风暖系统或水暖系统供热，输送到建筑内供应空间采暖，或者也可以用来提供家用热水。目前市面上有一种热电联供系统叫“悄声发电（Whispergen）”，在这种系统中，活塞的垂直运动被转化为圆周运动，驱动另一个发动机。

“微型发电（MicroGen）”公司目前正在进行一系列斯特林热电联供系统的试验。在这种系统中，发动机位于汽缸内部。这一系统的核心技术是由美国“太阳电力（Sunpower）”公司研发的。它由一个密封气压舱组成，密封舱中含有一个与交流发电机整合在一起的单活塞。在活塞顶部有一个磁铁，与交流发电机的线圈交互作用，产生240伏特的单相电能（图7.5）。

密封舱的顶部被加热至500℃的高温，同时底部被冷水冷却至45℃，由此在舱内受限制的气体中产生压差。“微型发电（MicroGen）”公司出品的热电联供单元的设计发电量为1.1千瓦，一般认为这足以满足大多数家庭的基本热电负荷需求。其他的用电负荷将通过正常的方式由电网供应。

由于这种系统的参数严格控制为240伏特和50赫兹，与电网的电源参数是一致的，因此可以直接与家用电路连接。也有可能将富余的电

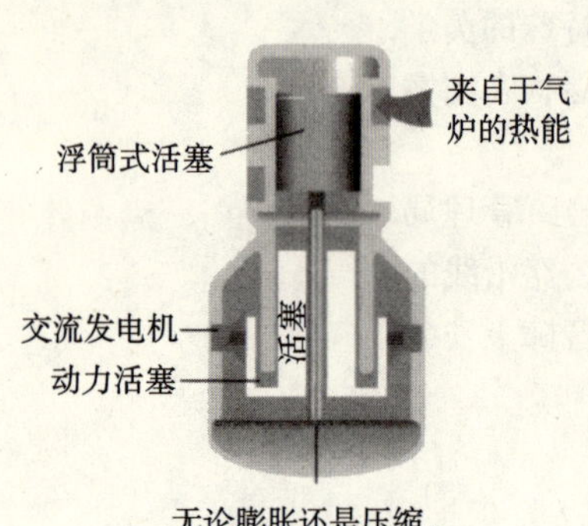

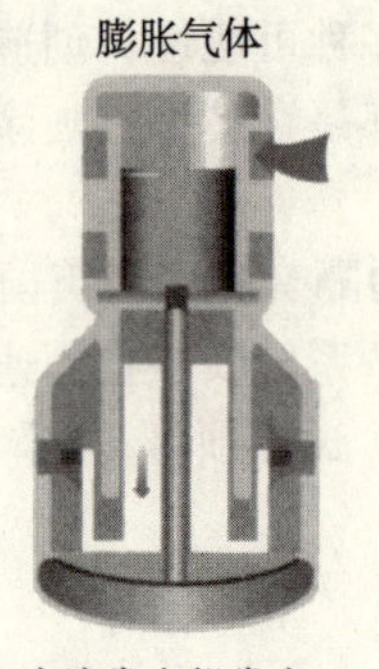

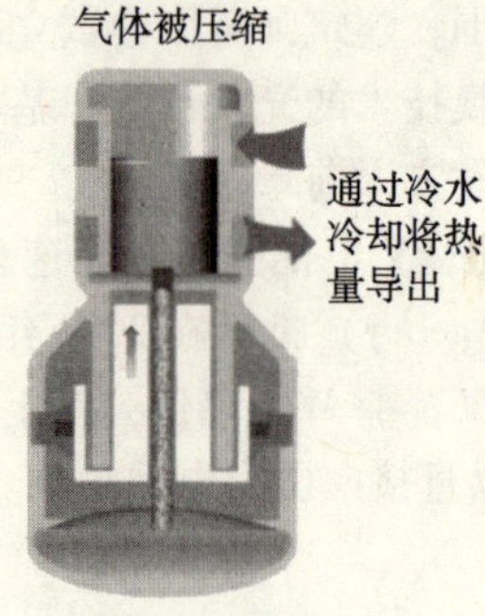

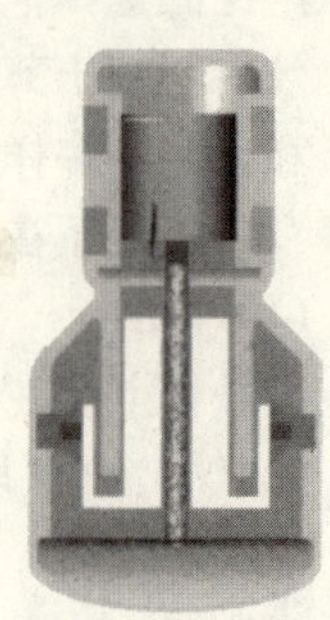

图 7.5

斯特林发动机的四个阶段

能回输给国家电网。图 7.5 阐释了斯特林发动机循环的四个阶段。

至于这种系统的制热功能，其原理是被冷却水抽取的热量，通过热交换机吸收的废气中的热量得以补充。当需求超过发动机的输出时，系统还有一个辅助的加热器。热能被输送到冷凝锅炉或者复式锅炉中。这种系统有三种热量输出模式，从 15 千瓦（51000 比特[①]/小时）到 36 千瓦（122000 比特/小时）。这三种模式在必要时都能降低热能输出至 5 千瓦。希望将来研发的模式可以适应于空气采暖系统的供热。将来也有可能制造出多重热电联供单元系统（multiple unit system），以商业化规模提供更多的电力和热能。

由于在密闭舱里只有一个运动组件，所以斯特林发动机不需要维护。而锅炉部分的组件需要与常规锅炉同样的维护。

在造价方面的评估是，这种系统在 4 ~ 5 年内可以回收超过常规锅炉部分的造价。

这种热电联供单元体积紧凑，可以安装在模数化的橱柜单元之间，其运行噪声的水平相当于一个普通冰箱（图 7.6）。

尽管在英国目前存在着一些规范方面的问题，但是英国环境、交通与区域部（Department of Environment , Transport and the Regions-DETR）对于“微型热电联供系统（micro-CHP）”或“微型联合发电（micro-cogeneration）”技术的前景是乐观的，估计潜在的家用市场将达到 1000 万个系统单元的安装量。随着能源市场的开放，微型热电联供系统将在能源市场上大显身手，可以供应大约 25 ~ 30 千兆瓦的等量电能（GWe[②]）。这一技术获得推崇的原因之一，是其能效有可能达到 90%，并且与热电

① Btu = British Thermal Unit，英制热单位，1Btu = 0.2931Wh。——译者注

② 等同于发电功率的瓦值。——译者注

图 7.6
“微型发电（MicroGen）”公司出品的厨房壁挂式热电联供单元

分离的产能方式相比，二氧化碳总排放量减少 50%。普通的大型发电站的能效大约是 30%。除此之外，输电线路上的损失还有 5% ~7%。显然热电分离的产能方式毫无竞争力。

总之，微型热电联供系统和微型联合发电技术的优点在于：

- 这是一种坚固耐用的技术设备，几乎没有运动组件。
- 维护简单，不过就是每 2000 ~ 3000 小时运行之后清洁一次蒸发器（平均是每年一次）。
- 因为没有任何爆炸性的燃烧过程，发动机所产生的噪声和冰箱的噪声差不多。
- 体积紧凑，家用型发电单元不会大过普通的冰箱。
- 其燃料为天然气、柴油或家用燃油。在不远的将来，发电机将通过废物的厌氧消化产生的生物气来供给燃烧。
- 能效可以高达 90%，而标准的非冷凝式锅炉的能效只有 60%。
- 与一般锅炉的不同之处在于产生热量的同时可以发电，减少大约 20% 的能源消耗，也许平均每年可节约 200 ~ 300 英镑的电费支出。

- 经过改造后除了可以供热，也可以制冷。

英国政府目前急切地希望推广这一技术，所以很值得查询一下是否能够得到政府的资金扶持。如果想获得这方面的任何建议，最佳资讯来源是节能信托公司（Energy Saving Trust）（www. est. org. com）。

燃料电池

展望未来十年，多数家庭的热力和电力供应的来源可能正是燃料电池。这是一种电气化学的装置，以氢为原料出产电、热和水（参见第13章“能源的选择”）。2004年1月，英国第一个家用规模的燃料电池在莱斯特郡西塔（West Beacon）农场开始运行发电。

目前最常见的燃料电池是质子交换膜型（proton exchange membrane type-PEMFC）的，以纯氢气为原料。工作温度为80℃，目前的能效是30%，将来有望提高到40%。

西塔农场的主人是能源创新者托尼·马尔蒙（Tony Marmont）教授，拉夫堡大学的鲁珀特·甘蒙（Rupert Gammon）是这一项目的负责人。西塔农场项目是氢与再生能源一体化项目（Hydrogen and Renewables Integration Project-HRIP）的一部分，所采用的燃料电池提供完全清洁的能源。

氢气是通过电解过程从水中提取出来的。电解作用通过电流将水分解成氧气和氢气（图7.7）。

图7.7
西塔农场燃料电池的电解发生器

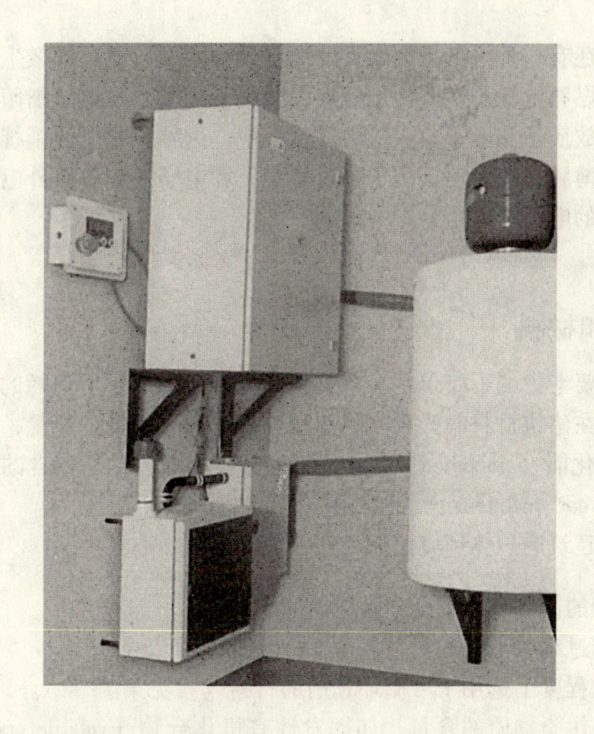

图7.8
西塔农场燃料电池的安装
[图片蒙智能能源公司(Intelligent Energy)提供，2004年]

电解装置所需的电力由风能、PV组件和微型水力发电机提供。还有一种方式是从天然气中提取氢气，这需要通过重整天然气的装置，然而，这样一来，就不再是零碳排放的产能方式了。

燃料电池体积紧凑，可以安装在橱柜内。由于没有运动机件，运行起来几乎没有噪声。目前的产量是2千瓦电和2千瓦热。这个项目还有一组5千瓦产能量的燃料电池由"插电（Plugpower）"公司出品，正在安装调试阶段（图7.8）。

氢气作为能量的载体，其制造和储存问题仍然无法得到满意的解决。将水裂解为氢和氧时，简直就像用大锤砸坚果。还有一种出产氢的方式是从来自于生物废料的乙醇中提取，美国明尼苏达州最近已经有这一技术的示范项目。

反应堆实际上就是一个小型的燃料电池氢气发生器，非常适合用于机动车的燃料供应。反应堆还可以在此基础上扩大生产规模，为联网的大型燃料电池机组提供氢气，方法是从生物废料和能源作物的发酵过程中产生乙醇出产氢气。

三洋公司计划在2005年启动一个利用天然气或者丙烷出产氢的家用燃料电池项目。这种燃料电池可以为电视机、空调、冰箱和个人电脑供电，也可以满足家用热水的需求。三洋公司计划将这种燃料电池系统出口到美国和欧洲。其他公司，例如三菱重工和松下电子也正在研发类似的燃料电池系统，也是预计2005年投放市场。

目前还有一种最新型的燃料电池正处于研发阶段，即微生物燃料电池。这种燃料电池不需要使用氢气，而是利用污水发电。细菌酶将污水分解，释放质子和电子。在随后的过程中，这种燃料电池系统就类似于质子交换薄膜燃料电池，质子穿过薄膜，和电子一起形成外电路，从而提供有用的电能。

物化能和材料

我们要考虑的不仅仅是在建筑的使用寿命周期中所消耗的能量，还需要考虑在建筑材料的开采、制造和运输过程中消耗的能量，这就是所谓的“物化能（embodied energy）”，这直接与材料中所包含的碳的总密度（gross carbon intensity）相关联。

一幢建筑的总体环境评估受到许多因素的影响：

- 在预期的使用寿命周期中消耗的能量。
- 在建造过程中消耗的能量。
- 在多大程度上选用了可循环利用的材料（参见第 18 章）。
- 材料中污染物质的含量，如挥发性有机化合物（volatile organic compounds-VOCs）。
- 在生产过程中使用的有毒物质。
- 拆毁过程中消耗的能量。
- 在拆毁过程中材料可循环利用的程度。
- 改建中所使用的材料。

目前，大多数人认为一幢建筑使用寿命周期中所消耗的能量，大大多于建筑材料的开采、制造和运输过程中消耗的能量。然而，随着建筑越来越节能，物化能在整体的能量消耗中越来越重要。由于缺乏详细的信息，目前仍然难以评估所有的能耗影响。信息的缺乏是由于材料制造商天生都不愿过多披露商业制作过程；另一个原因是由于采用的技术也各有不同，这一切都有可能导致同类产品中所包含的物化能大相径庭。

但是，显然在未来的几年，材料能量和其环境影响所涉及的范围只有可能不断扩大，这也是亟需更多信息的领域。掌握了相关的信息，有助于研究增收碳税和其他财政措施的可能性，以便改进材料的设计。目前已经出现了许多进行材料物化能评估的工具和技术。

先进的超低能耗住宅 第8章

威尔夫妇除了在索斯韦尔设计了一幢能源自治住宅以外，还在诺丁汉郡的霍克顿设计了一组超低能耗住宅。这一组住宅进深很浅，只有一个朝向，住宅北面完全被土覆盖，覆土延伸至屋顶。南立面则是贯通整个立面的宽敞的阳光室。

霍克顿项目的设计采用能源半自治方案，技术措施包括灰水的循环利用。在场地中，居住生活的废弃物通过芦苇床的增氧作用进行净化处理。一台风力发电机用来补充电力需求。霍克顿项目被称为**纯零能耗**项目，这一定义是指一个开发项目电网相连，至少在输出和输入电力方面维持平衡。然而输出和输入电网的电价是不平衡的，其原因在前文已述。一个开发项目能够就地发电、满足基地中所有的电力需求，因此不需要与电网相连，则可以称为**能源自治**的开发项目。

霍克顿住宅项目是为一种特殊的生活方式而设计的，这种生活方式曾经只吸引少数人的目光。例如：霍克顿开发采用了有机农业生态系统——永续农业（permaculture）① 的原则，计划实现蔬菜、水果和乳制品的自给自足。每家每户只允许拥有一辆基于矿物燃料的小汽车。协议要求每个居民每周抽出 8 小时，进行维护社区的活动。这恐怕难以适应所有人的口味，但是这个开发项目的重要意义在于展示了在创造与自然协调的建筑方面我们能够走得多远（图 8.1、图 8.2、图 5.3 和图 5.4）。

霍克顿项目有许多主要的特点：

- 与常规住宅相比可以节约 90% 的能源。
- 供水自给自足，生活用水采自温室的屋顶。污水通过芦苇床系统进行过滤和净化，以满足欧盟规定的洗浴用水标准。
- 由于采用覆土建筑而能够储存大量的热能。
- 从抽取的热空气中可以回收 70% 的热量。
- 三层玻璃的室内窗户和双层玻璃的温室。

---

① Permaculture 指可持续和自给自足的农业生态系统，“有机”农业指不使用化肥或化学除草剂。——译者注

图 8.1
覆土的西立面和带有阳光室的南立面

- 墙体内 300 毫米厚的保温层。
- 一台风力发电机将来可减少对电网的依赖。
- 安装在屋顶的光伏电池。

贝丁顿零能耗开发区—BedZED

皮博迪创新技术信托公司（Innovative Peabody Trust）作为业主委托了这一位于伦敦萨顿自治区的超低能耗、混合用途的开发设计。贝丁顿项目容纳了 82 户住家、1600 平方米的工作场所、一个运动俱乐部、一家托儿所、有机产品商店以及健康中心，所有的开发都建造于一个先前的污水处理厂地块——已经最终成为棕地的地块。皮博迪信托公司有能力通过办公机构和住户收取费用来补偿增加的环境措施费用。尽管这家信托公司非常赞成这一开发计划的目标，但是不得不在财政方面斤斤计较。在本书第 18 章“先进技术的案例研究”里将详述这一案例。

戴维·威尔逊千年生态住宅

在英国诺丁汉大学建筑环境学院的基地内建成了一幢生态住宅的示范工程（图 8.3）。这一项目的设计宗旨是作为研究人员的工作场所，同时也是研究适于住宅的多种技术系统的灵活可变的平台。生态住宅的技术特征如下：

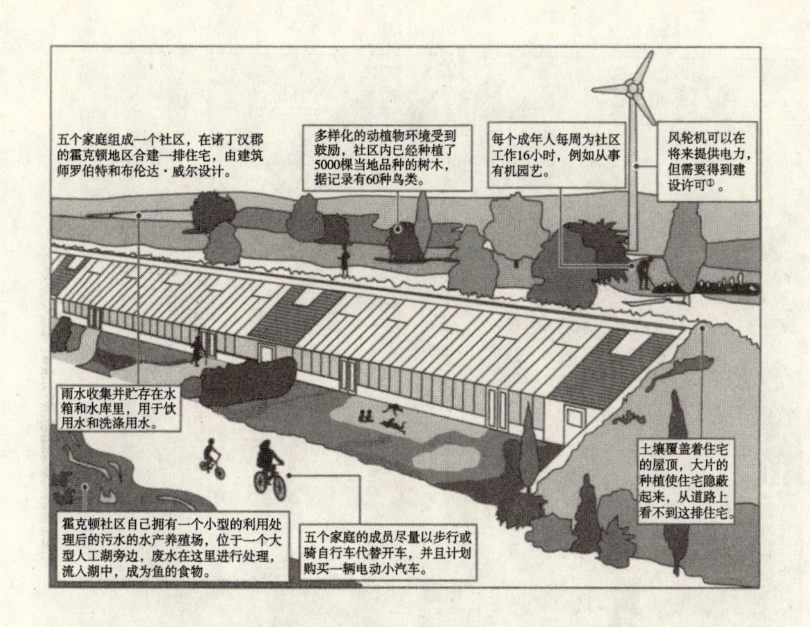

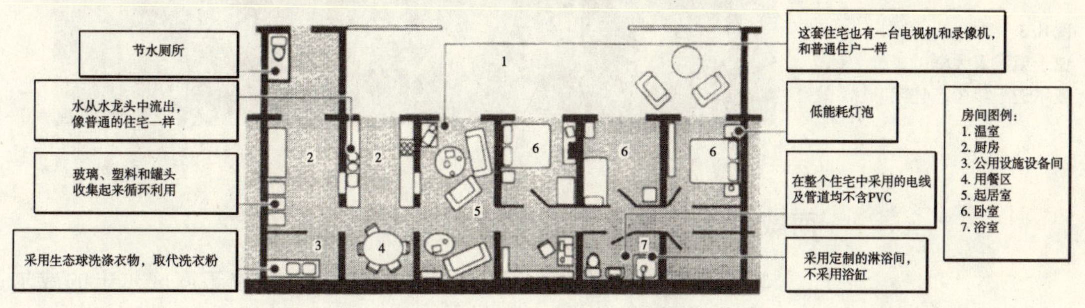

图 8.2
霍克顿社区总体生活方式详解

- 光电太阳能瓦与传统的石板瓦相结合，每年可提供1250千瓦时的电力。
- 南立面的真空管式太阳能集热器可以满足家用热水的需求。
- 光导管为住宅内的浴室提供照明，以及用于自然通风。
- 太阳能烟囱在夏季提供空气浮力式通风，在冬季对室内空间进行被动式加热。
- 螺旋状风轮机。
- 地源热泵补充空间采暖。

有关方面一直在监控这些能源系统的产出量。

还有一些独立结构的光电太阳能板为生态住宅提供电力，这些光伏板可以随太阳运行的轨迹调整最佳倾角。

① 译者在参观该项目中得知，目前已获得建设许可，并开始利用风力发电。——译者注

图 8.3
位于诺丁汉大学的戴维·威尔逊千年生态住宅

南威尔士“未来之家”示范工程

由杰斯蒂科·怀勒斯（Jestico Wiles）设计的位于南威尔士的威尔士民俗博物馆（Museum of Welsh Life）基地内的住宅荣获“未来之家”（House of the Future）竞赛大奖。这个住宅具有两个重要特征，即可持续性和适应性：它能够适应于多种多样的居住地点：乡村、郊区绿地（未开发土地），或以联排住宅的形式建于高密度的城市基地。

住宅的结构是预制木框架梁柱体系，木材取自当地的成材橡树。带有超级保温的立筋木隔墙表面覆盖着橡木板，住宅的三个侧面全部为石灰粉刷墙。木材之间填充着 200 毫米厚经特殊处理的羊毛作为保温层，U 值为 $0.16W/m^2K$。室内的大部分空间由非承重的立筋隔断来分隔，整个建筑具有空间分隔的机动性和多种居住方式的适应性。建筑底层采用当地黏土建造的砌块隔断。这些土墙提供了热质，补充了混凝土楼地面的储热性能。所有材料的选择均考虑含有最少的物化能（图 8.4 ~ 图 8.6）。

朝北的屋顶覆盖着景天属植物的草皮屋顶，种植在回收利用的铝制屋面上。大进深的椽木之间填充 200 毫米厚纤维丝作为保温层，屋顶 U

值达到0.17W/m^2K。这种保温材料是用废纸加工制造的，用硼砂进行了阻燃和防虫处理。

朝南大面积的玻璃窗提供了充足的被动式太阳能源。南立面的窗户可以根据季节的不同更换材料。

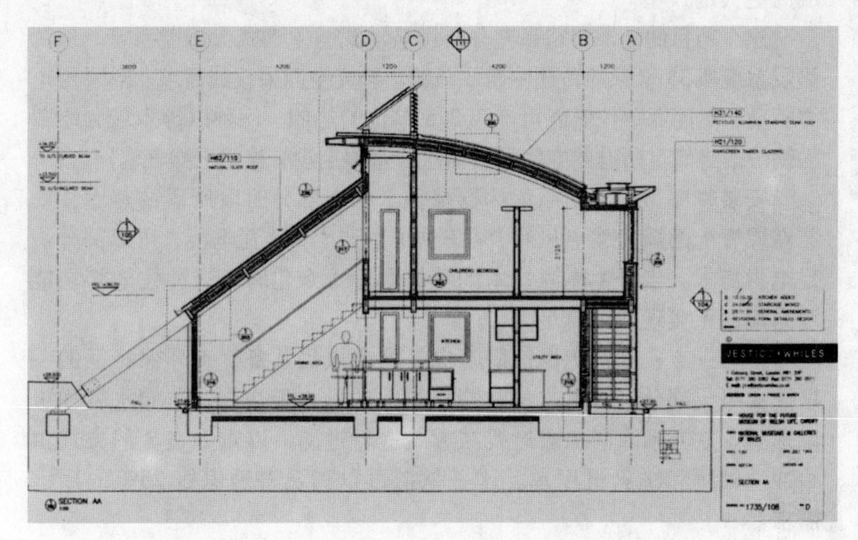

图8.4
未来之家——剖面

图8.5
室内图片，由 Architectural Press 出版社提供

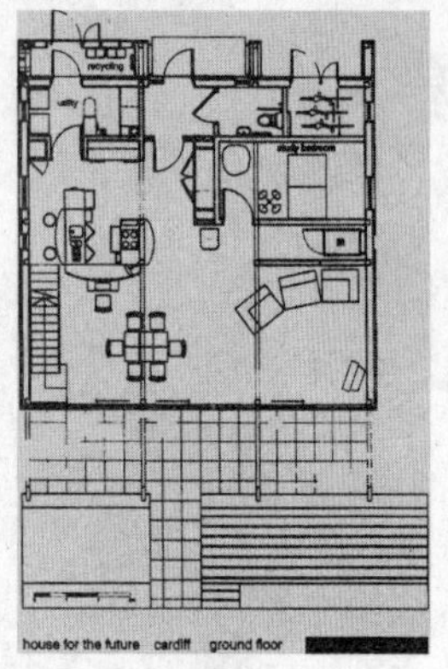

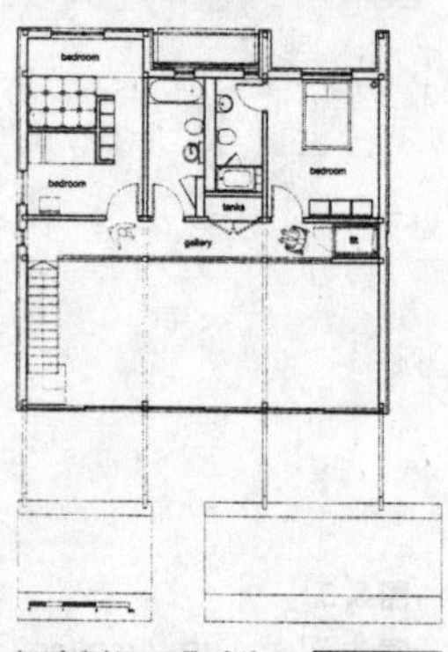

图 8.6
底层和二层平面

在平面设计方面，起居空间是流动的，满足不同居住者的需求。开敞的起居空间和日间使用的空间朝向南面，而更私密的封闭房间则位于北侧。卧室的数量可以根据不同家庭的需求调整为单居室到拥有五间卧室等不同的类型。这种住宅既可以改建缩小面积，也可以扩建成为更大的户型。

这个项目的能源策略是充分利用被动式与主动式太阳能系统。地源热泵系统从35米深的钻孔中获取热源，补充空间采暖的需求。热泵由电力驱动，然而每单位电能可产生3.5单位的热能。一种以碎木粒为燃料的锅炉最终满足所有的空间采暖需求。基地上没有连接天然气管网。

安装在屋顶的太阳能集热器提供全年大部分时段所需的热水，安装在屋脊上的风力发电机和PV阵列可以产生800瓦电能，可以部分满足电力需求。当再生能源技术的价格更趋大众化时，这种住宅将在能源方面真正实现自给自足。

最后一点，水资源保护措施也是这个项目具备生态环保特征的一项重要组成部分。雨水收集在特意扩大的排水天沟内，总储水容积可以达到3立方米。雨水通过机械方式进行过滤，以重力自流的方式供给冲洗厕所和洗衣机用水。这一举措可以满足普通家庭25%的用水需求。

木材的前景

"未来之家"这个项目提出了在建筑中将木材用于结构体系的问题。假如木材的来源地属于获得认证的资源，例如森林管理委员会（Forestry Stewardship Council），木材在可持续性方面可以达到非常好的性能。距奇切斯特7英里的森林丘陵露天博物馆（Weald and Downland Open Air Museum）是专门保护和研究传统木框架建构的国家级研究中心。这个机构的木材保护中心（the Conservation Center）开发了将新砍伐的木材用于建造的新技术。爱德华·卡利南（Edward Cullinan）建筑师事务所与布罗·哈波尔德（Buro Happold）工程师事务所通力合作，建造了一个与南部丘陵地区的风景相呼应的波浪形构筑物。这个木结构建筑是由单跨网壳组成，网壳是由橡木板条交织而成的。由于木材具有较高的含水量，因而能够制成所需的弧度，然后再将其定形。一旦橡木板条全部就位，自然干燥的过程将使结构获得强度。橡木比其他同等尺寸的木材坚固两倍，这意味着构件的截面可以减小。跨度最大的板条长达37米。这种结构的独特之处在于，组成网壳的板条是由刚刚锯下的新砍伐橡木制成，板条的连接处用的也是新砍伐木材。正是由于胶粘技术的发展，才使这种建造方式成为可能。

图8.7
森林丘陵保护中心室内景观（爱德华·卡利南及合伙人公司设计）

这个博物馆的木结构建造在埋在地下的砖石砌筑底层上。低层空间中温度的变化幅度受到控制，以保护这些具有档案价值的、珍贵的木材展品。位于中央的一排胶合层压木柱支撑着工作室的楼板。

这是英国第一座木结构网壳建筑，应成为可持续构筑的标志（图8.7）。

温莎大公园（Windsor Great Park）内的萨维尔（Savill）花园里正在兴建一座更宏伟的网壳木结构建筑，这是公园内的游客中心。建筑师格伦·豪瓦尔斯（Glenn Howells）以波浪形的网架结构赢得这一项目的设计竞赛。与森林丘陵保护中心不同的是，这个游客中心的建筑从地面高高升起，俯瞰着公园的全景。建筑长90米，宽25米，将成为英国规模最大的网壳结构。结构设计由布罗·哈波尔德工程师事务所承担，他们同时也是森林丘陵保护中心的结构设计公司。结构构件为80毫米×50毫米断面的落叶松木材，从公园就地取材。构件表层采用橡木作为外防雨层。

为了对多层木结构建筑进行研究和试验，建筑研究公司（BRE）的木材技术和建造中心（Center for Timber Technology and Construction）已经在卡丁顿的巨型飞机库内建造了一座六层高的木框架公寓楼，作为一种检测性研究设施（图8.8）。测试结果可能会给住宅建筑行业带来深远的影响。这个多层建筑有以下特点：

- 每层有4套公寓。
- 平面的长宽比为 c. 2:1。

图 8.8
建筑研究公司设计建造的实验性木框架公寓楼

- 平台式木框架体系。
- 柱身外加木制保护层。
- 整体木制的楼梯和电梯井。
- 外饰层为砖砌体。

这个项目的研究报告指出：

> 这个高水准的住宅项目提供了独特的机会，展示了木框架建造技术的安全性、益处和优越的性能。它涵盖了建造的方方面面，包括建筑规范、研究、设计、建造和整体建筑评估（Whole Building Evaluation）。这个项目的研究成果使许多建筑规范、法规和标准都获得更新。它已经成为最具挑战和激动人心的机遇。从研究和测试中获得的技术数据，有力地支持了过去 20 年中对木框架建筑的推广，也被认为是最具有价值的项目之一［V·昂日利（V. Enjily），2003 年，《六层木框架建筑的性能评估——比照英国建筑规范》（Performance Assessment of Six-Storey Timber Frame Buildings against the UK Building Regulations），BRE，加斯顿］。

木构建造的绝技应该体现在最近竣工的芬兰拉赫蒂的西贝琉斯音乐厅（Sibelius Hall）。这个项目可谓集木材应用之大成。木材在这里既作为结构构件，也是外饰面材料，人们可以看到建筑由此充溢着优雅而美丽的气质。

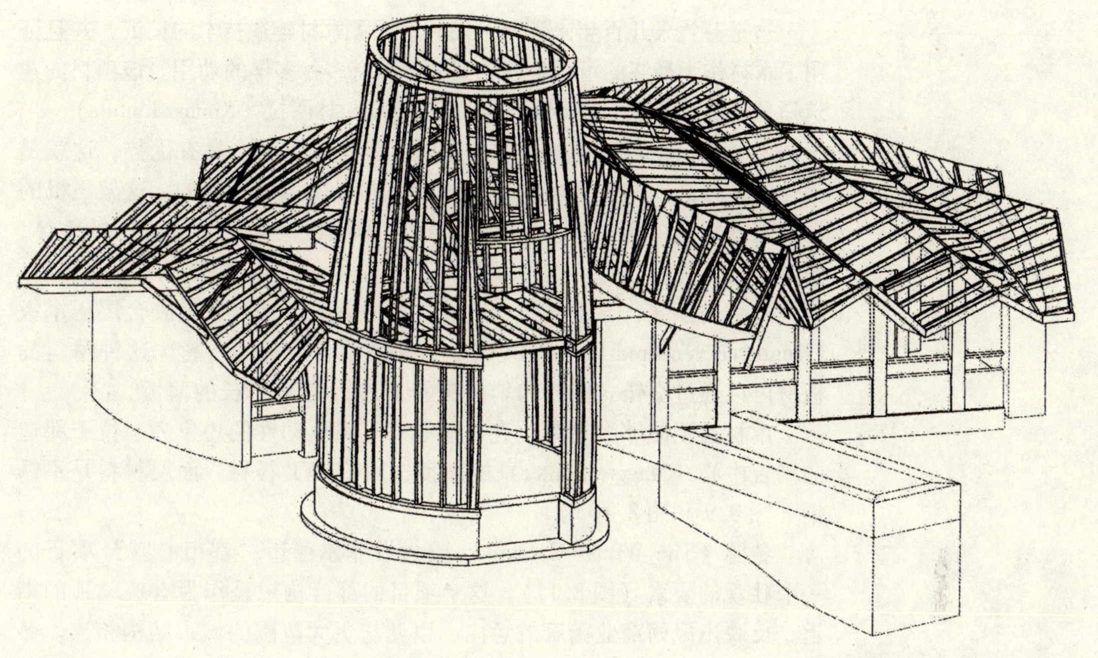

图8.9
邓迪的玛吉中心的屋架构成［蒙《英国皇家建筑师协会杂志》（RIBA Journal）提供图片］

图8.10
邓迪的玛吉中心。原载于《英国皇家建筑师协会建筑 2004 年建筑年鉴》（RIBA Building of the Year for 2004）

这是芬兰人几百年来逐渐开发并掌握了木材建造技术的见证，并且证明了木材作为最终的可再生建造资源，具有多种多样的功用。该项目的建筑师是汉纳·蒂卡（Hanna Tikka）和基莫·林图拉（Kimmo Lintula）。

木材不仅是可再生的资源，在强度重量比方面也具有优势，这就是为什么在二战期间最著名的“蚊式”飞机是用木材制造的。这架飞机的设计者开创了单壳式建造的先河，即机体的框架和表皮是统一的整体，同时承载压力和张力。这种系统的优点是能够适应弯曲和流动的形状，既具有结构强度，自重又轻。这种体系的主要结构构件是胶合层压木板（laminated veneered lumber-LVL），大多数取自挪威的云杉。这种材料的板材可以通过交错式接缝和斜接头的工艺制成26米长的薄板。

木材甚至能够满足弗兰克·盖里那充满流动性的想象力。位于邓迪的玛吉中心（Maggie Center）的屋顶选用了LVL板材，面层材料是不锈钢（图8.9和图8.10）。

冬园（The Winter Gardens）成为设菲尔德市“都市心脏”项目的一个壮观的要素（图8.11）。这个项目的部分构想是作为有玻璃顶的街道，反映出**风雨商业街廊**的意向，以此与更大范围的城市结构相连。冬园建筑呈直角向千年美术馆开敞，在美术馆中也设置了一条步行路线，既作为美术馆的展区，也提供餐饮服务。两座建筑物在空间和建筑表现方面的对比达到了城市诗意的高度。冬园最引人注目的特征是层压落叶松木制成的抛物线拱，支撑着玻璃的外表皮，与拱廊中的树木形成旋律般的对位。选择落叶松是因其耐久性和只需最少的维护这一特性。随着时间流逝，落叶松木会逐渐变成带有银色光泽的灰调。

拱廊下的空间长65.5米，宽22米，这个没有霜冻的环境可以容纳种类繁多的奇花异草，其中有许多是濒危的珍稀物种。在冬季，市中心的区域低温供暖计划为地板采暖系统供应热能。在夏季，周围的建筑会在拱廊上投下阴影，避免室内过热。屋顶和位于建筑两端的通风口促进了烟囱效应，产生良好的通风效果。像诺福克岛松树（Norfolk Island Pine）和新西兰岛亚麻（New Zealand Flax）这样的参天大树高达22米，占据了拱廊空间的最高的中心区域。对于设菲尔德市民来说，这是一个令人叹为观止的成就。

关于木材在建筑设计中的应用，A·M·威利斯（A. M. Willis）和C·图金（C. Toukin）在1998年的《环境中的木材——可持续利用指南》（*Timber in Context-A Guide to Sustainable Use*）中提供了有益的指导，刊载于《NATSPEC[①] 3指南》（NATSPEC 3 Guide）。

---

① National Specification System-全英建造设计说明书系统。——译者注

图 8.11
设菲尔德冬园，建于2002年［建筑师：普林格尔·理查兹·沙拉特（Pringle Richards Sharratt）］

室外环境

- 风
- 雨
- 遮阳
- 蒸发式降温

房屋的朝向对风所产生的负面效果有着重要的影响。风可以在建筑物的表面之间产生压差：迎风面产生正压，背风面产生负压。这意味着冷空气会灌入迎风面，而热空气从背风面被吸出（图 8.12）。

英国的气候是整个欧洲最动荡变化的。在英国，一年中有 10% 的时间平均风速为每秒 8～12.5 米，在苏格兰风速则更高。同时，海拔每增加 100 米，平均风速会增加 7%。

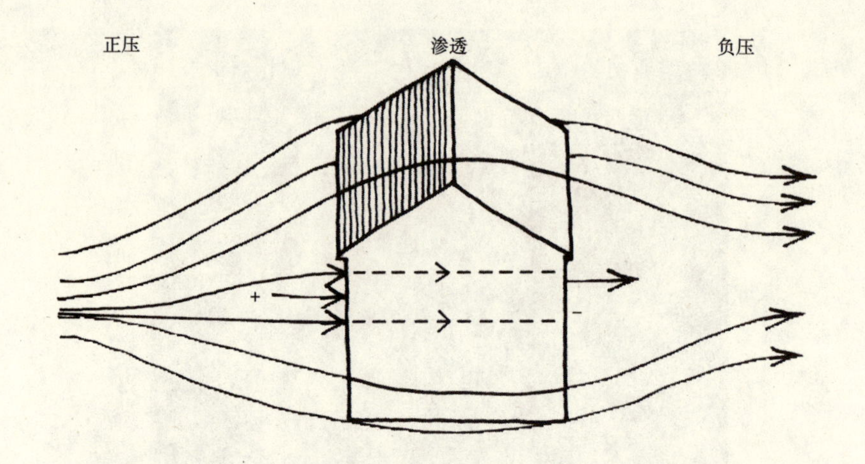

图 8.12
风压和渗透

天然屏障或人工障碍物可以显著降低风速。一旦接近实体防风屏障，风速会大大降低，但是越过屏障区后会形成涡流。另一方面，带有50%穿透率的透空围墙用来挡风时，可以在更大的范围内调节风速。而且，通透性的木栅栏在突发狂风时不会成为牺牲品。

自然地物可以成为有效的挡风物。即使是低矮的植物都会产生拖曳作用，从而减缓风力。树木是最佳的挡风物，记住落叶乔木在冬季的挡风作用会大大降低。依照经验，住宅与树木挡风屏的距离应该是树木高度的4~5倍，这样对风的阻尼作用最佳。

气候学家预言，全球变暖会导致冬季更加潮湿而夏季更加干燥，干旱现象时有发生。因此，灌木和乔木在减缓风带来的干燥和风干效应方面具有更多的优越性。电视园艺名人蒙蒂·唐（Monty Don）认为，“在英国的气候条件下，风比日照问题严重得多，并且在隆冬季节会诱发干旱，这个时期也是连续阴霾的天气”（《观察者》杂志，2003年1月19日）。

风裹挟着飘泼大雨会影响建筑物的热工效率。当砖砌体中的水分呈饱和状态时，砖砌体或砌块的导热系数会增大，因为潮湿状态的砌体工程比在干燥的条件下传热更快。这一问题将通过在抹灰的基底层中加入聚合物来解决。

住宅节能设计要点总结

在未来十年中，预计住宅建设领域将大幅增长。重要的是，建筑师面临的最紧迫的任务就是保证新建住宅能够实现生物气候学设计原则的最高标准。针对最少地使用能源和开发自然资源提出以下设计建议。

建筑特性

- 在考虑建筑平面时，紧凑的形体可以减少热损失。
- 有些情况下可以考虑由覆土和缓冲空间所提供的热量保护。
- 居住建筑的采暖区应与非采暖空间隔开，在两者之间的隔墙中加入保温层。
- 玻璃窗必须采用低辐射率（Low E）双层玻璃单元，并且最适宜采用木窗框。如果必须采用金属窗框，那么在窗框和玻璃之间一定要设置热障（断桥节点）。
- 没有能源效益的窗户面积应当减少到最低限度。
- 建筑构造中节点的细部设计对节能有重要影响。
- 必须消除潜在的冷桥。
- 强烈推荐采用纤维保温材料，其保温性能大大超出建筑规范所要求的最低标准。
- 气密性要求应该达到在 50Pa 的气压标准状态下每小时最多换气三次，并且在通风系统中设置有热回收装置。
- 在温室设计中要留意将其与主要的使用空间隔开，同时还应当考虑可能由此产生的气流模式。对温室采暖通常会导致不节能。

被动式太阳得热

室外环境的考虑因素：

- 居住建筑的主立面应当接近南向（大约 ±30°以内）。
- 居住建筑之间的间距应充足，以避免遮挡。
- 尽可能利用地形，要么获取最多的阳光，要么减少最不利的影响。
- 在设计建筑布局和形式时要特别考虑可能产生夏季过热的区域。
- 种植落叶乔木和灌木在夏季可以提供遮荫，在冬季可享受阳光的穿透。

建筑形式

- 建筑室内布局应当将房间放在适当的一侧，要么从太阳得热中获益，要么在必要时避免阳光直射。
- 对可能造成夏季过热的窗户，应当安装遮阳装置（尽可能采用外遮阳）。
- 窗框和玻璃格条对得热的影响也很重要。
- 在窗户的设计和布局中必须结合天然采光设计，综合考虑太阳得热的影响。

- 按常规，尽量增大南向窗户而减少北向的窗户。
- 高热质构件可以使温度变化的峰谷值趋于平缓。
- 室内表面应当能够最大限度地吸收太阳得热。
- 温室和其他缓冲空间可以用来预热进入室内的新风。

据预测，气候变迁将会增加洪水暴发以及海平面上升的危险，暴风潮更趋频繁、降雨更多，以及更多的河流会冲破堤岸。面对洪水威胁的地区应当采取特殊的措施，例如：

- 大多数起居空间尽可能设在二层或者更高的楼层。
- 底层的地面和墙面设计应使其在洪水过后易于修复，例如采用瓷砖饰面。
- 电源插座应当至少在座椅的高度。
- 门洞口应当防水，高于地面至少 1 米。
- 窗台高度距地面 1 米以上。
- 通风格栅和穿孔砖的空隙应当能够进行封闭。
- 浴室应当布置在二层；假使设在底层，厕所应设置逆止阀。
- 底层的电路应当与其他部分隔开，当洪水来临时可以断开底层电路，确保楼上正常供电。

设备系统

- 在选择设备系统的燃料时，环境因素应当优先考虑。
- 应当安装高效率的采暖系统，例如，冷凝锅炉；空间采暖和热水系统应当选择适当的规模。
- 在湿式集中采暖系统（wet central heating system）中，恒温散热器的阀门非常重要。
- 控制器、控制程序和自动调温器应当适应于系统，设在适当的位置，便于使用者理解其运行原理和进行操作。
- 采暖系统应当可以根据建筑构造的热负荷变化以及住宅中人员数量的改变进行调整。
- 热水储水箱和配水管路应当采取有效的保温措施。
- 在气密性要求高的区域，采用带热回收装置的通风系统是很重要的。
- 设备间、浴室和厨房特别需要通风，以避免冷凝。
- 夏季要考虑热空气能够排出室外。
- 如果对温室进行中央供暖，其环境益处就荡然无存。

由于气候变化越来越严峻，在建筑设计中必须考虑风速不断增大、极端气候、突发热浪等因素，这都会导致具有一般地基标高的地面完全干燥。建筑执业实践指南的修订版已经出版，其中收录了部分政府关于建筑行业如何应对气候变化的忠告，包括如下几点：

- 加深基础埋置深度，以应对土壤收缩问题。
- 墙体和屋顶应更加坚固，以抵挡剧烈的暴风雨。
- 在朝向设置方面，以短立面正对主导风向。
- 更多考虑符合空气动力学的建筑形体（例如，瑞士再保险公司大楼，见第 157 ~ 158 页）。

（DEFRA[①]，2004 年）

作为本章结束，从阿鲁普工程顾问公司 2004 年秋季的一篇报告中摘录一些要点是值得的。这份报告阐述了气候变化对于英国建筑的可能影响。

阿鲁普工程顾问公司研发部（Arup Research and Development）为英国贸工部合伙人（DTI's Partners）所做的 2004 年创新计划报告

报告中涉及住宅的要点

根据 2002 年建筑规范建设的住宅到 2020 年时，会因室温过高造成居住地不舒适。到 2080 年，室温将达到 40℃。这意味着空调和机械通风设备是必要的。此外，空调应该由 PV 单元或其他再生能源资源来驱动。当室外温度超过室温时，自然通风将起到反作用。

这份报告推荐采用具有高热质的砌体建筑，而非木框架轻型结构体系。另外提倡带百叶板的小面积窗户。朝南立面上的遮阳帘也很重要。当建筑缺乏热质时，一种可能的解决方法是在室内表面采用相变材料。这种材料现在可以做成抹灰的形式（见第 137 页）。

目前，在优化被动式获取太阳能的原则方面存有争议。解决的办法是可移动式或滑轨式热反射板，从而在夏季减少玻璃的实际得热面积。在窗户上安装固定式百叶或室外百叶板，以及安装室内百叶帘都是推荐做法。

阿鲁普工程顾问公司得出结论，到 2080 年，伦敦将拥有地中海沿岸的气候，所以我们应当考虑参照地中海地区的气候，采用类似的建筑技术。

---

① Department of Environment, Food and Rural Affairs-英国环境、食品与农业事务部。——译者注

第9章 获取风能和水资源

本章前半部分将讨论风力发电，其规模从内置于建筑中的发电机，到独立式住宅的家用规模风力发电机；后半部分将探讨随着水资源面临的不断增长的压力而带来的节水问题。

小型风轮机

在这一章中“小型”意味着风力发电机的功率在几瓦到20千瓦范围内。功率在1～5千瓦之间的发电机可用于提供直流电（DC）或交流电（AC），主要限于家用范围，并且通常用于给蓄电池充电。大型风力发电机适合于商业/工业建筑及住宅组团。

如果以英国目前提供给小型发电机构的电力买进价来计算，小型就地发电系统并没有经济优势。目前英国政府正在考虑如何纠正这种不公平现象，从而切实推进小型再生能源市场。如果这些措施付诸实施，风力发电将会发展得更好，因为在每千瓦安装成本方面，风力发电机比光电设备（PV）的费用要便宜得多，这使风力发电成为建筑一体化的电力资源中最具吸引力。

建筑环境中风的形式是复杂的，因为气流会越过建筑物上方、在建筑物四周、或建筑物之间流动。因此，将风力发电机引入到这种环境中，必须能够应对由建筑物导致的高强度的紊流。在这样的条件下更倾向于采用垂直轴风力发电机，而不是水平轴发电机，后者在风力农场中获得了大量运用。这是因为垂直轴发电机能够在低风速下运行，而且乱流对其施加的机械压力比较小。此外，安装在建筑屋顶上的水平轴发电机可能会将震动传给建筑结构。由于在风荷载下承载电机的轴塔会产生弯矩，因此必须采取措施在建筑结构中提供足够的强度。这在建筑改造的情况下可能不易实现。

正是基于这种特质，垂直轴风力发电机并不受风向变化和乱流的影响，可以安装在建筑屋顶或墙体上。这种垂直轴风力发电机曾经成功地安装在北海石油钻井平台的侧面（图9.1）。

垂直轴风力发电机的机械装置非常平衡，向建筑墙体和屋顶传递的震动和弯曲应力可以减小到最低限度。这些系统也有很高的输出功率重量比（power to weight ratio）。更具优势的是，发电机可以位于转子的下方，因此可以安装在建筑围护结构内。

此外，还可以用光伏发电装置（PV）来补充风力发电，如下图由Al技术（Altechnica）公司获得专利的系统所示。夜间当PV停止工作时，风力发电机可以持续运行发电（图9.10）。

据2001年3月出版的《风向》（WIND Direction）杂志的预计，到2005年全球市场对小型风轮机的需求将在1.73亿欧元左右，到2010年将达到数亿欧元。例如，仅在荷兰一国，到2011年，将有2万个安装在工业或商业建筑上的城市风轮机的潜在市场。

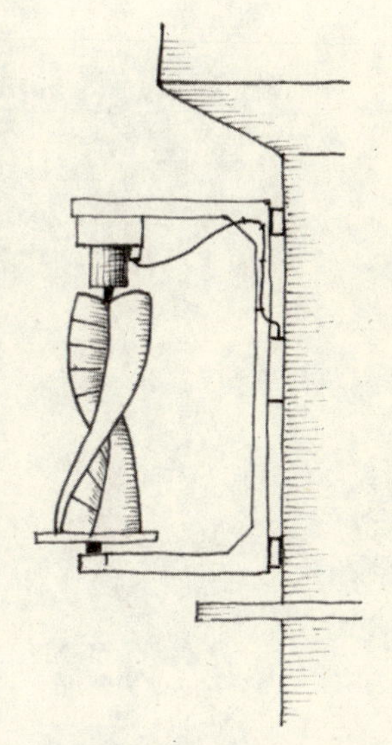

图9.1
安装在石油钻井平台侧面的螺旋状垂直轴风轮机

目前，能源市场上反规则的现象越来越多，使得非联网的、独立式小型发电设备日益具有吸引力，这可以保护小规模发电商免受价格波动和可靠性方面的不确定性影响。但是这需要一个附加条件，即市场竞争必须是公平的。

目前，市场上有一些不同种类的垂直轴风力发电机，然而仍需进一步发展。只有当人们普遍接受这种风力发电机，并且认可这种系统的可靠、安静、只需要很少的维护、易于安装，并且具有价格优势等特点时，市场才有可能迅速扩张。目前针对安装小型风轮机的规范性审批程序远没有20千瓦以上的发电机那么繁琐。我们寄望于官僚主义者不会将此机遇也纳入官场上的繁文缛节。

代尔夫特技术大学（Delft University of Technology）和Ecofys机构①合作从事的研究确定了五种可以安装风力发电机的建筑条件，并且测定各种条件对风轮机的影响效力。这五种建筑条件分别被描述为“风斗型（wind catchers）”、“集风型（wind collectors）”、“分风型（wind sharers）”、“聚风型（wind gatherers）”等术语，这些术语定义了建筑形制对风速的影响。风斗型建筑通常适合于安装小型风轮机，这些风轮机通常安装位置比较高，从相对自由的空气流动中采集能源。在这种情况下，小型水平轴风力发电机是最令人满意的。

集风型建筑轮廓线比较低矮，会受到乱流的影响，这正是垂直轴风力发电机大显身手的场所。第三种类型的建筑——分风型——可以在工业区和工商园区看到。相对平缓的屋顶轮廓线和分散布局使得这种类型的建筑易受疾风和湍流的影响。Ecofys机构制作了图表以描述四种不同的城市环境如何应对变化多端的风的情形。还有第五种类别的建筑——“无风型（wind dreamer）”——通常在低层开发区可以看到（图9.2）。

① 再生能源、节能与能源政策咨询公司。——译者注

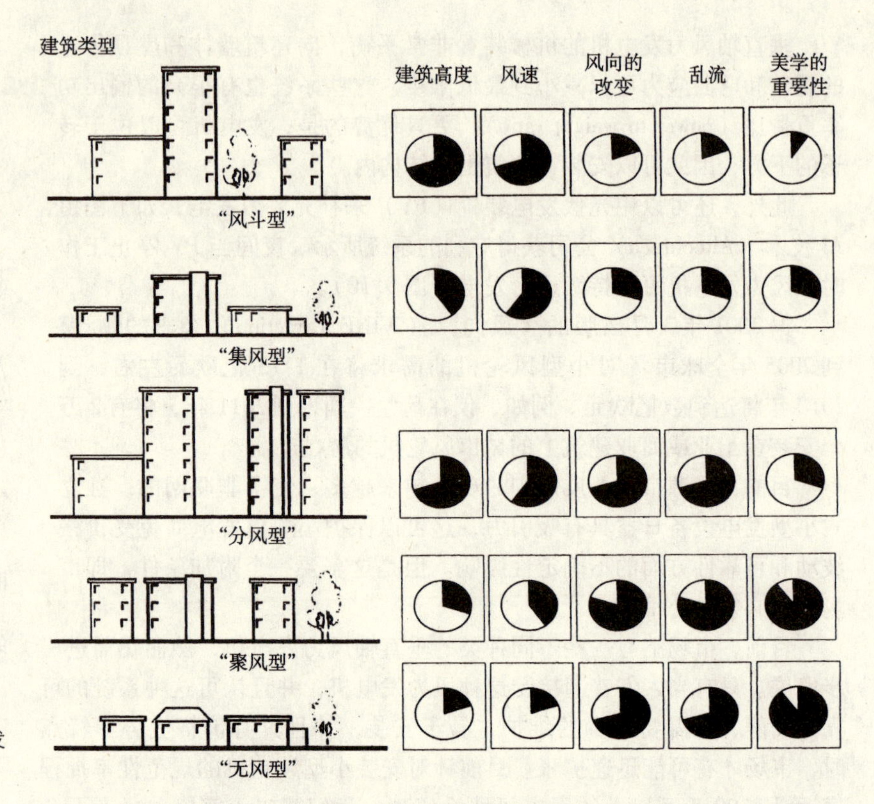

图 9.2
建筑群分类及其对风力发电的影响

目前研究工作一直持续在对风轮机的设计方面，使其更适合于城市环境中棘手的风力状态。由于气候变化的预言指出随着大气层升温，风速将会增加，这一研究将更加适宜，因此也更具有动力。人们越来越相信各种结构的微型风轮机将带来巨大的市场，并且适合于安装在办公楼、住宅楼和独立住宅中。

小型风轮机的种类

大部分小型风力发电系统都有一个直接驱动的永磁发电机，可以限制机械传动的损耗。2 千瓦以下的系统通常产生 24～48 伏特的电压，用于蓄电池充电或直流电路，而不是考虑与电网的兼容性。

迄今为止，水平轴风力发电机的应用明显多于垂直轴发电机，即便是在这种小规模的发电设备中。这些机械装置拥有有效的制动系统，在风速超速时可以启动制动。有些发电机甚至会在疾风时向后倾倒，采取所谓的“直升机位置（helicopter position）”。水平轴风力发电机的优点如下：

- 规模经济的生产方式带来的成本效益。

- 这是一种经久耐用、经过检验的技术。
- 自动启动。
- 能源输出量比较高。

其缺点有:

- 需要一根高的杆柱。
- 安装在建筑物上则需要坚固的基础支撑。
- 城市环境中风向和风速变化很大，叶片的方向和速度需要频繁改变。这不仅降低了功率输出，而且增加了机械装置的动力荷载，以及随之而来的磨损。
- 这种发电机会产生噪声问题，尤其是在疾风中制动时。
- 可能成为视觉上的干扰。

如前所述，垂直轴风轮机特别适合城市环境，并且适宜建筑一体化安装。它们是分立式元件，事实上也非常安静，不大可能触怒规划官员。

图9.3
唐卡斯特地球中心安装在立柱上的螺旋式风轮机

最常见的垂直轴风力发电机是螺旋式风轮机，如唐卡斯特（Doncaster）地球中心所安装的风轮机（图9.3）。在这一案例中，风轮机是安装在塔楼上的，然而，这种发电机也同样可以挂在建筑物的侧面。

另一种变体是S转子型（S-Rotor），其叶片呈S形（图9.4）。

达氏转子型采用三个椭圆形的细长叶片，由偏风仪辅助运转。这是一种线条优雅的机械装置，不过需要辅助启动（图9.4）。

这一类型的变体是H形达氏转子型（H-Darrieus-Rotor），三个垂直型叶片从中心轴伸出（图9.4）。

还有一种结构的风力发电机是兰格风轮机（Lange turbine），有三个类似风帆一样的风斗（图9.4）。

这一类风力发电机中的最后一种是“螺旋翼型（Spiral Flugel）”风轮机，顾名思义，成对的叶片形成螺旋形轮廓（图9.5）。

由再生能源设备有限公司（Renewable Devices Ltd）生产制造的滚筒型风轮机（Swift wind turbine），声称是世界上第一个安装在屋顶上的静音风轮机（35分贝）。这种风轮机结合了静音空气动力转子技术，外加创新的电子控制系统。现在已开始关注于不会传递震动的、安全的风轮机安装系统。这种风轮机的峰值输出电量为1.5千瓦，据估计由此避免使用的矿物燃料发电，每年可减少1.8吨的二氧化碳（CO_2）排放。第一台静音风轮机组安装在苏格兰的格伦罗西斯的科利迪恩（Collydean）小学校舍中。按照计划还将在其他四所小学校内安装这种静音性风轮机。这种风轮机被认为是适用于居住区开发的理想系统（图9.6）。

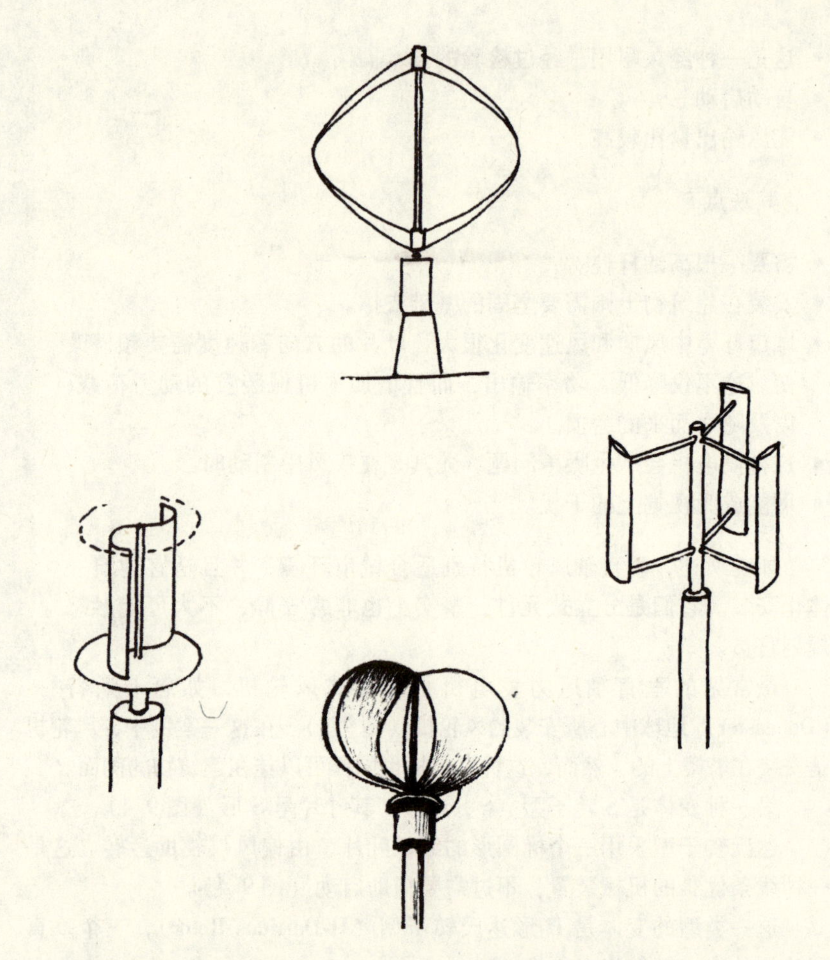

图 9.4
左图：S 转子型；中上图：达氏转子型；中下图：兰格风轮机；右图：H 形达氏转子型

图 9.5
螺旋翼形转子

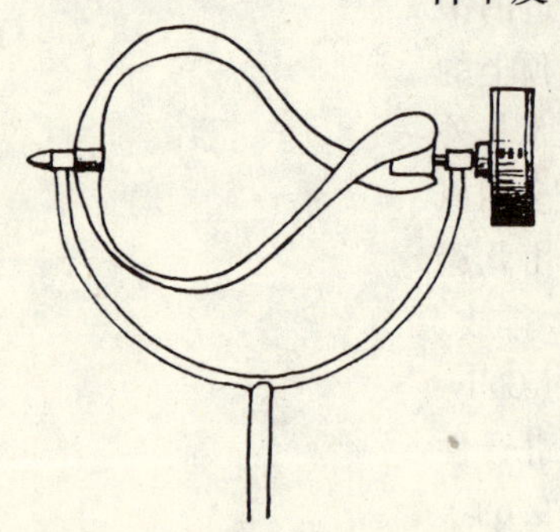

自 20 世纪 70 年代起，就有研发项目将风轮机叶片安装在翼型整流罩内。克罗地亚里耶卡大学（University of Rijeka）研发出这种风轮机的原型，并声称这种结合在当时比常规的风力发电机多出产 60% 的电力，这是因为翼型聚风器能够使风力发电机在低于常规风轮机启动风速的条件下发电。

整流罩的断面轮廓类似飞机的机翼，能够在罩内产生低压区，作用是使流过涡轮叶片的空气加速。结果，在给定的风速下发电更多。而且与采用常规转子的风轮机相比，能够在低速的气流条件下发电。这种放大风速的办法也有危害性，例如，叶片会受损。解决的方法是，在罩内设置液压驱动的放气孔，当整流罩内压力过大时，可以打开放气孔。这些放气孔还可以在乱流的风力环境下稳定电力输出，这种装置特别适合于城市场地。

图9.6
安装在屋顶的滚筒式风力发电系统

采用这种技术的风力发电机的功率在1千瓦和1兆瓦之间。人们正在考虑将这种技术应用于近海风力发电场。这种设备比采用常规转子的风轮机价格高出大约75%，但是其运行效率比普通的水平轴风轮机提高5倍（图9.7和图9.8）。

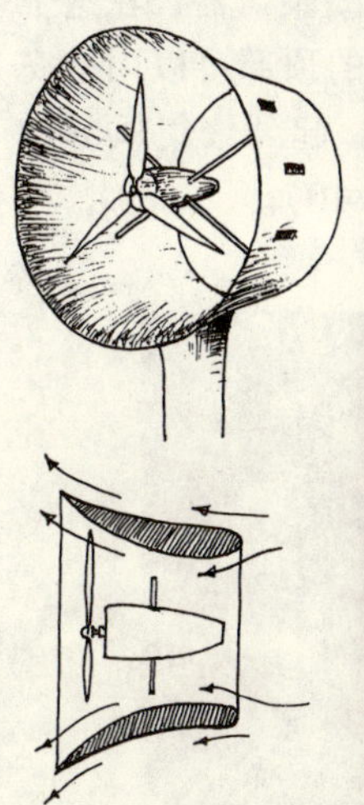

图9.7
带有整流聚风器的风轮机（左图）

图9.8
汉堡 Vivo 购物综合楼风轮机模拟图（右图）

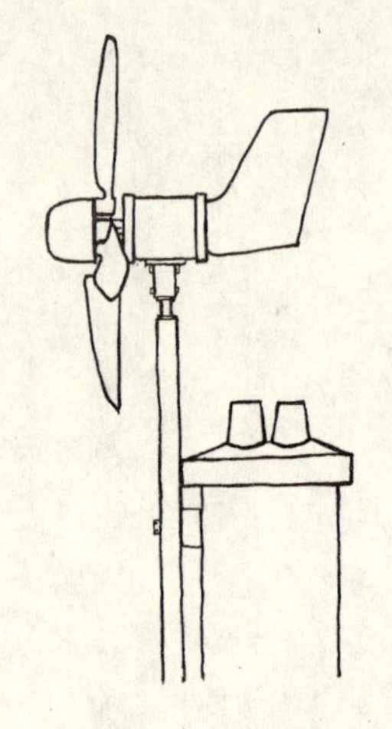

图 9.9
安装在屋顶的 Windsave 风能系统

在 2003 年底，市场出现了一种微型水平轴风轮机，名叫“Windsave”，发电功率为 750 瓦，安装成本为每瓦 1 英镑。生产商声称这种风轮机可以满足一般家用电力需求的大约 15%。启动风速低至 3 英里/小时，这种风轮机已经可以开始发电，但最有效率的风速是 20 英里/小时。由于这种风轮机所发出的电力是交流电，因而可以直接连接到电网和家庭用户，付费标准依据《再生能源契约》（Renewables Obligation），目前付给绿色电力供应商的价格为每度 6 便士。通过安装远程电表，每季度发电情况都可以进行电话查询，以评估发电量。然后电力公司筹措补助金，根据总发电量将补助金分配给住宅业主。正是这种补助金使人们相信风轮机的资金回收期能短至 30 个月这种观点是正确的（图 9.9）。

建筑一体化系统

位于德国汉堡的维沃（Vivo）购物综合楼例证了风力发电系统与建筑一体化的一种版本。目前人们对于建筑设计结合再生能源技术的方法兴趣渐增，这其中也包括风轮机。到目前为止，风力发电机一直被认为是建筑的附属物，但是在米尔顿凯恩斯镇获得专利的 Al 技术公司（Altechnica）的概念展示了多重风轮机的综合运用是如何成为设计特色的。

这个系统的设计是考虑安装在屋脊或是曲线形屋顶构件的顶点部分。转子内嵌在像笼子一样的结构里，上方覆盖着翼型聚风器，在这个案例中成为“太阳能风翼（Solairfoil）”。聚风器平坦的顶部可以用来安装光伏组件（PV）。转子安装在曲线形屋顶的顶点，起到聚集风的作用，类似于克罗地亚聚风罩（Croatian cowling）（图 9.10）。

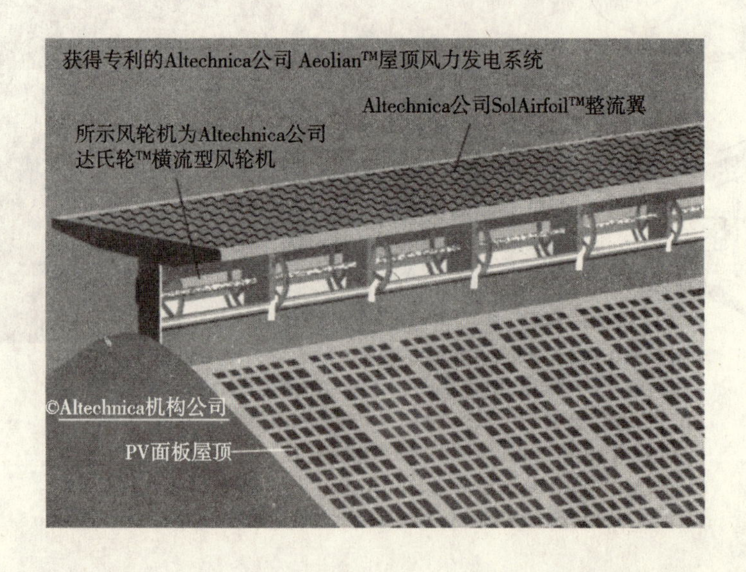

图 9.10
由 Altechnica 公司设计的“Aeolian”屋顶

这种建筑集成系统的优势是不会成为过于突兀的视觉特征，而被视为一体化的设计要素。在风力适宜的地区，同样也可以将这种系统便捷地安装在既有建筑上。此外，这一概念也暗示出一幢建筑独立获取自然资源，持续运转得以生存的理念。

欧盟外部成本（Extern-E）研究项目已经致力于考虑与风力发电相比较，矿物燃料导致的环境破坏而产生的代价。研究的结论认为，到2010年完成安装的40千兆瓦的风力发电设备，总投资为248亿欧元，在最后一年CO_2的排放量可减少到每年5400万吨。累计减排CO_2达到3.2亿吨，避免的外部成本高达150亿欧元。

这是能源计价方式第一个革命性信号。当避免的外部环境破坏成本真正被视为矿物燃料的成本因素时，市场整体转向再生能源应该毫无困难的。

住宅节水

水不仅本身是一种稀有资源，在水的储存和运输过程中，以及将水净化成饮用水的过程中，也需要使用能源。在英国，人均日用水135升(30加仑)，其中有一半是用于冲洗厕所和个人卫生洗浴。真正全面的家庭用水生态改进策略应该包含三个部分：

- 减少用水量。
- 收集雨水。
- 灰水的循环利用。

减少用水量

冲洗厕所的用水量占家庭总用水量的大约30%。通过换用低冲水量坐便器（2~4升）或双冲水量水箱可以减少这一部分用水。水盆、洗涤槽和淋浴喷头上采用喷洒式龙头对用水量影响很大。所有的用水设备都应该配备独立的截止旋塞，这样如果一个卫生器具出现问题的话，无需将整个系统的水排干。不同的洗衣机和洗碗机在用水量上有所区别，这会成为影响人们选择白色家电产品的因素之一。

在英国，100平方米的住宅屋顶上平均每天有大约200升的雨水降落。在许多家庭中，这些雨水被收集在大水桶里，用于灌溉花园。然而，雨水还有更广泛的用途。已经有一些拥有专利的雨水收集和处理系统，可以将雨水处理后用于冲洗厕所和洗衣机供水，例如，“涡流(Vortex)”雨水收集系统可以分别用于面积为200平方米和500平方米的两种屋顶。回收再利用的雨水必须只能从屋顶收集。储水罐可以是混凝土，或是玻璃钢制品（glass reinforced plastic—GRP）。此外，还需要利

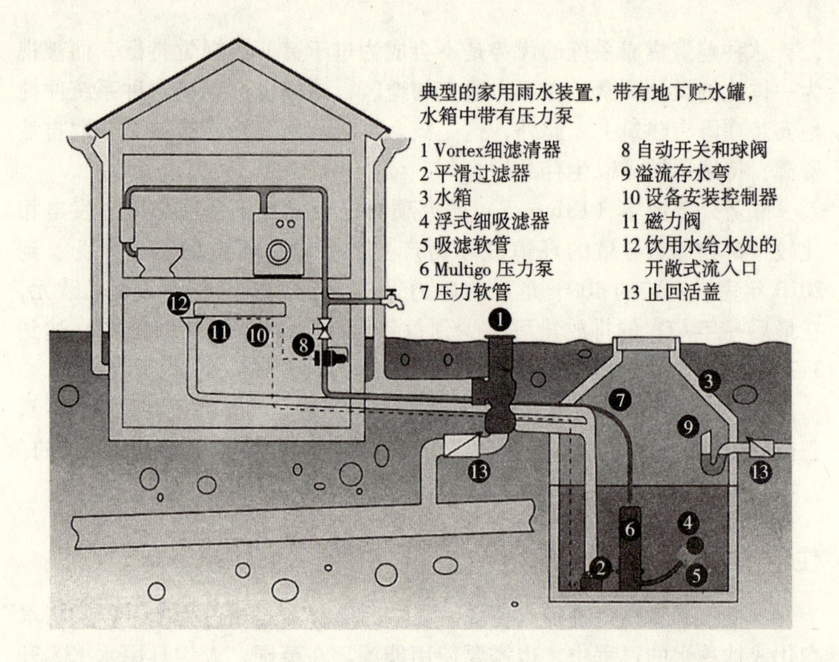

图 9.11
雨水储存系统布局图［蒙建设资源处（Construction Resources）提供图片］

用调节阀确保供水干管的水能够补偿雨水供应的不足。如果雨水过滤后需要用于非直饮的其他家庭用途，必须经过进一步净化，通常是紫外线净化处理。如果能够将双流量厕所与过滤雨水结合，则节水的效果最佳。图 9.11 显示了雨水储存系统的典型结构。

还有可能再前进一步，将雨水用于直饮水，但这需要更严格的过滤程序，例如在威尔夫妇设计的索斯维尔自治住宅中所采用的过滤系统（参见第 80 页）。在这个案例中，从屋顶收集的雨水流经温室里的沙滤器，然后水被泵到阁楼的水箱，再经过一个陶瓷/碳过滤器到达水龙头。由于坚信英国多雨水的气候，在这个项目中没有外接供水干管作为备用。

还有一种水的循环利用的策略是将洗脸盆、淋浴和浴缸排出的灰水（grey water）进行回收利用。如果从洗衣机排出的废水也包括在内，那么事实上所有的废水都能用来满足冲洗厕所的需求。同样市场上也有这种功能的各种系统，包括储水设备。

霍克顿住宅项目中采用了所有这些水处理设施，更有甚者，还从温室屋顶收集雨水用于直接饮用。雨水储存在 25000 升的地下水箱中，颗粒物有足够的时间沉淀到水箱底部。水处理的程序是，首先经过一个 5 微米筛孔过滤器，去除剩余的颗粒物，然后运送到碳滤器，去除溶解的化学物质。最后一步，过滤水接受紫外线照射，杀灭细菌和病毒。作者本人可以保证这种水是纯净的！对于普通家庭来说，这种水处理方式可能走得太远，但是感到由此激发灵感的人，可以通过网站www.hockerton.demon.co.uk 与霍克顿住宅项目取得联系。

而真正百分百节水的是堆肥式厕所，完全不需要供水和排水装置。欧洲普遍采用来自瑞典的克利瓦斯·穆尔特鲁斯（Clivus Multrum）堆肥厕所。这是一个双层装置，因为必须设一个堆肥仓。堆肥仓通常位于厕所洗面池下的地板上。风机辅助的管道通风确保增氧分解过程中不产生异味。堆肥仓中的副产品是养料充足的肥料。

家用电器

随着住宅的建筑构造和建造材料越来越节能，家用电器，如白色家电和电视机，成为影响能源账单的越来越重要的因素。冰箱和冷柜尤其是耗电的罪魁祸首。1999年欧洲委员会颁布了法令，所有白色家电，包括冰箱、冷柜、洗衣机、洗碗机等，必须根据其能效，划分从A到G的等级。这一举措有效地把列为E、F和G等级的产品打入冷宫。然而，尽管A类产品是最高等级，在这一系列里还有细分，促使AA等级的引入。

家用电器待机耗电导致的用电需求的增长令人吃惊。尽管有些家用电器，如电视机和个人电脑有可供选择的待机模式，然而，人们情愿保持开机状态，因为待机耗电被认为是无关紧要的。还有些家用电器，如传真机和无绳电话必须永久性待机。甚至带有电子钟的家用电器也耗电。据估计，一个普通家庭每年在待机方面耗电600度。对于欧盟国家，据计算待机耗电量每年为1000亿度，大约相当于德国这样面积的国家年耗电量的五分之一。

第10章 既有住宅：挑战和机遇

到目前为止，我们的讨论都集中在新建筑上，主要是独立式住宅。然而，在任何时期，新建住宅只占住房总量的大约2%。如果在短期到中期内，建筑领域要为碳的减排有所贡献的话，那么必须将目光转向既有住宅。

现在，人们对于将富余的工业建筑进行功能置换非常感兴趣，尤其是将其转换成住宅。但是，真正具有挑战的领域却是既有住宅。在英格兰和威尔士，住宅排放的二氧化碳（CO_2）大约占总排放量的28%。

英国政府正在引进一项机制，要求投放市场出售的住宅必须附带《住房状况调查报告》（House Condition Survey），这其中就包含“节能报告（Energy Efficiency Report）”。这一举措不仅使得买主能在新建住房和较旧的住房之间进行比较，而且还会刺激卖主在出售房屋前，升级改造自己的房产。这一强制性要求预计将于2006年付诸实施。

国际能源署（International Energy Agency-IEA）在审视全球范围的节能问题时，将英国的住宅描述为“保温性能不良”，并认为有“相当大的改造余地”。与此同时，英国政府的改造旧房计划因“改造任务数量之大而投入资金相对之少”，而“难以使人信服”。旧房改造的数量究竟有多少？

为了确定英国面临的旧房改造工程的规模，我们首先需要考虑四种公认的、用于测量既有住宅和新建住宅的节能效率的方法。

- SAP法。
- NHER模版法。
- BEPI模版法。
- 二氧化碳测定法。

政府官方的节能测量系统是标准评估程序（Standard Assessment Procedure-SAP）。这种方法涵盖了由建筑形式导致的热损失计算、建筑构造的热工性能以及通风水平。计算得出的信息转化为通过增加采暖系统的规模，以补偿热损失而造成的系统成本和燃料成本。这一评估系统也将太阳得热考虑计算在内。SAP的计算值范围从1～120。遵循建筑规范的新建住宅，依据标准评估程序的计算方法，SAP值可能最少必须达到100。非官方推荐的、采用合理的节能措施的既有住宅的最小 SAP 值为 60。

全国住宅节能等级评定（National Home Energy Rating-NHER）的等级范围定为 1～10。这种方法包括以下评估项目：空间采暖的方式、家用热水、家用电器和采光照明。这种评估体系的目的在于计算能源成本。英国住宅的 NHER 平均值在 4.0 左右。

建筑能耗性能指数（Building Energy Performance Index-BEPI）方法用于评估建筑构造的热工性能，并且将建筑朝向的影响也考虑在内。这种评估系统并不包括采暖系统，也没有将能源成本视为评估因素。建筑规范所设定的标准等同于 BEPI 值 100。因为这种测定方法只限定于建筑构造的节能效率，所以是一种测定长期节能的更为精确的方法，况且由于家用电器和采暖系统的寿命相对较短，而且无法保证更新换代后，仍然能够达到先前的标准。BEPI 是一种热工性能指标，能够计算出建筑整体构造节能效率的准确数据，而且不会因人为因素控制而得出名义上的、并非实际的节能优势。因此，通过这种评估体系，可以得出既有住宅的根本节能状况的精确描述。

二氧化碳模版法（Carbon Dioxide Profile）表示一幢建筑在总的能源消耗过程中、根据所采用的燃料不同所排放的二氧化碳。例如，为获得一定的热量，使用电力采暖排放的碳大约是使用天然气采暖排放的四倍。这种方法的计量单位是千克/平方米/年。在 2005 年修订的建筑规范中，二氧化碳排放水平将是住宅是否在节能方面达标的唯一衡量标准。

在 1996 年的英格兰住房状况调查（English House Condition Survey 1996）中发现：84.6% 的住宅 SAP 值等于或小于 60；8% 的住宅 SAP 值等于或小于 20。目前，英格兰住宅 SAP 值的总体平均数为 43.8。随着住房总量中新建住宅比率的增加，这一数值逐步增加。然而，在英格兰私人出租房中，有 21% 住房的 SAP 值小于等于 20，12.8% 的住房 SAP 值小于等于 10。在 SAP 值小于 10 的住房中，数值最低的竟为 -25。再列举未达标的住房数据：英格兰有 330 万住房的 SAP 值小于等于 30，160 万住房的 SAP 值小于等于 20；且 90 万住房的 SAP 值小于等于 10［《英格兰住宅状况调查报告》（English House Condition Survey），英国环境、交通与区域部（DETR），1996 年，2000 年 12 月］。如果算上整个英伦三岛，这些未达标住房的数量还会大大增加。

这些未达标的既有住房构成了非常严峻的问题。需要给政府不断施加压力，促使其面对这一挑战，升级改造现有的住房。目前，在这一领域所需的投资量总体不足，而且这些问题都留给了诸如住房协会这样的开明团体，由民间组织来采取倡导措施。

那么，这一现状与实际中家庭采暖习惯有什么关联呢？

官方标准规定的起居室内采暖充足的标准为 21℃，其他房间为

18℃。仅有25%的住宅室内温度达到标准。最低采暖温度范围是起居室18℃，其他房间16℃。

当室外气温降到4℃时，则

- 50%自有住房达不到这一最低标准。
- 62%的公房。
- 95%的私人出租房也达不到这一最低标准。

这些数据源自英国环境、交通与区域部的英格兰住宅状况调查报告。

许多自有住房都是20世纪30年代建造的。如何将这些住宅与当今采用最好的技术建造的住宅相比较呢？一个至关重要的衡量标准就是二氧化碳排放量。一幢建于20世纪30年代的住宅为充分采暖需要排放4.7吨二氧化碳。而对比今天采用最好的技术建造的住宅，只排放0.6吨二氧化碳。一幢建于1976年、首次采用热工规范的住宅在采暖方面排放的二氧化碳为2.6吨。如果算上所有的设备、家用电器以及建筑构造材料，一幢采用最先进技术、达到超级保温标准的住宅总共只排放2吨二氧化碳，而20世纪30年代建造的住宅总排放量为8吨。

对于这一形势，还包含了严重的社会问题。

英国政府承认多达300万的英格兰家庭被官方认定为“燃料贫困”。这一定义指的是房主们无法以收入的10%获得充足的能源服务。当然，所指的能源服务的大部分是用来采暖的。英国拥有欧盟成员国中冬季额外死亡率的最高纪录。在1999~2000年的冬季，从12月到3月间，大约有55000人死于与寒冷相关的疾病，这是相较于其他两个四个月时段的死亡人数。这是自1976年以来冬季死亡人数最多的一年，尽管这年的冬天还算比较温和。此外，罹患呼吸道疾病和心血管疾病的比率也直线上升，其中大约一半的病因可归咎于恶劣的住房条件。

造成这一社会问题的罪魁祸首是阴冷潮湿、缺乏保温措施的住房，这一点政府已在官方文件《燃料贫困：新的住宅节能计划》（*Fuel Poverty: The New HEES*①）中确认不讳（1999年，英国环境、交通与区域部）。

> 燃料贫困的主要影响与健康相关，老弱病残人群受到最大的威胁。普遍认为寒冷的住房使痼疾进一步恶化，例如哮喘，并且降低了人的抗感染能力。

据牛津大学环境变化研究所（Environment Change Institute）布伦达·博德曼（Brenda Boardman）博士估计，英国国民健康保险（National Health Service）每年花费在直接由阴冷潮湿的住宅引发的疾病上的费用

---

① The Home Energy Efficiency Scheme-住宅节能计划。——译者注

远远超过 10 亿英镑。由于无法准确统计恶劣的住宅造成的忧郁病症的数量，所以实际上的医疗花费也许大大高于这一数据。英国环境、交通与区域部承认燃料贫困的家庭相较其他家庭，还会饱受丧失机遇之苦，这是因为他们不得不花费大量的收入用于取暖。无论是对于个人还是社区来说，这种状况对社会安宁和总体生活质量都带来负面的影响。

（《燃料贫困：新的住宅节能计划》，引文同前）

如果有越来越多的住宅改造计划能够实施，这种医疗成本的支出将有所减少。

在 2000 年问世的《减少寒冷造成的成本》（Cutting the Cost of Cold）［编者拉奇（Rudge）和尼科尔（Nicol），Spon 出版社］将人们对于恶劣住宅条件与健康问题之间是否存在联系的疑惑一扫而光。潮湿和阴冷如果越来越严重就会成为健康的主要危害。潮湿产生霉菌，霉菌孢子会诱发过敏症和突发哮喘。有些霉菌还有毒，例如青霉菌，会造成肺部细胞的损坏。正是由于人们坚信在潮湿的住宅和哮喘病之间存在关联，康沃尔郡和锡利岛的健康管理局（Cornwall and Isles of Scilly Health Authority）才正式通过区域议会将 30 万英镑用于对年幼的哮喘病人的住房进行保温改造。这一举措与其说是一项补救干预的措施，还不如说是一次投资的机遇。结果是，在国民健康保险（NHS）方面的节约超出了全年住房改造的成本。这一事业受到 EAGA 信托公司（EAGA Trust[①]）的赞助。该信托公司在其总结报告中声称："这一研究首次评估了住房条件的改进对健康造成的影响。"这无疑为未来更多的旧房改造开创了先河，因为这一研究有力地证明了这种举措具有成本效益。在英国北部的苏格兰地区，在所有住房中，几乎有四分之一的房屋饱受潮湿侵扰［苏格兰国家住房署（National Housing Agency for Scotland）］。

医学界在题为《住宅与健康：未来的建筑》（*Housing and Health: Building for the Future*）［由戴维·卡特（David Carter）爵士和萨曼莎·夏普（Samantha Sharp）编著，大不列颠医学协会（British Medical Association），2003 年］的报告中，已经认识到住房与健康之间的关联。这份报告从医学的角度对此进行了全面的分析。

补救措施

解决这一问题没有捷径。如果要消除与未达标住宅相关的燃料贫困问题，中央政府需要进行大量的投资。住宅翻新的一揽子方案包括：

---

① 为英国专门支持解除燃料贫困和促进节能措施的研究和项目提供基金，以及支持易感消费者的非盈利组织，同时也负责将政府资助金分配给现有房产的环境改造项目。——译者注

- 改进墙体和屋顶的保温水平，如果可能的话，还应改进楼地板的保温性能。
- 防止气流贯入。
- 安装带有 Low E 涂层的双层玻璃，最好采用木窗框。
- 安装或直接转换成带天然气冷凝锅炉的中央采暖系统。
- 安装带热回收装置的通风系统。

从建筑学观点来说，保温层的设置是主要面临的挑战。可以采用三种形式加设保温层：

- 外保温面层材料（外围护结构）。
- 填充空心墙体。
- 内表面采用干衬壁技术。

案例研究

位于康沃尔郡彭赞斯的彭威斯住房协会（Penwith Housing Association）成立于 1994 年。这个协会从彭威斯区议会接管了地方政府建设的住房，以便获取资助对所有既有住房进行升级改造。这些住房中既有建于 20 世纪 40 年代的实心混凝土砌块墙体住宅，也有战后建造的空心墙体住宅。从建于 20 世纪 40 年代的住房中抽取的样品房进行检测，其 SAP 值为 1，NHER 值为 1.1。在住房改造过程中采用外保温技术，增设了屋顶保温层，并且采用了双层玻璃。这些措施将 SAP 值升高到 26。然而，最为关键的 BEPI 值也上升到 97，也就是说，接近了现行建筑规范的标准。在增设天然气中央采暖系统之后，SAP 值上升到 76，这一数值的大幅上升再次证明了安装设备对 SAP 值的影响。

由于这些住宅原来采用混凝土墙体外粉刷的建造方式，因此在改造中，外加保温面材的技术措施不会对建筑外观造成问题。所采用的改造技术包括了通过粉刷给刚性保温板提供均匀平滑而连贯的表面。然后，在保温板表面进行防水饰面处理。保温层上还铺设一层钢丝网，成为外层防水涂料的基底层，最外层是干粘卵石的饰面材料（图 10.1）。

在住宅改造中，增设外保温措施会出现许多问题。例如，将外保温材料围绕窗口侧墙铺贴，就意味着窗框尺寸要减小。屋檐和山墙的檐口必须出挑更多，雨水管或污水通气管也必须作调整，以适应更深远的出挑。

保温板外侧必须有饰面涂层。对于大多数保温材料而言，饰面层必须提供完全的防水功能。聚合基涂层在这方面性能可靠。这是一种粘合粉刷材料，带有耐碱的玻璃纤维网作为加筋。在保温板上涂一到两层这种涂层，然后可以选择多种饰面材料，例如：

图 10.1
位于彭赞斯的社会住宅，在实心混凝土建造的墙体外加保温面层材料

- 干粘卵石饰面或干粘石饰面。
- 各种色彩的带纹理涂料。
- 粗灰泥墙面，也称作拉毛墙面或湿灰粉刷。

同样也可以使用外贴面材料，包括：

- 以天然石材为外露集料的轻质墙板。
- 砖。
- 面砖，如陶瓦板。
- 防水外墙板。

住宅改造带来的益处

- 整个住宅在舒适性方面大有改善。
- 建筑外墙得到保护，避免因气候原因引起老化，延长使用寿命。
- 能够绝对保证住房不受潮气渗透的侵扰。
- 冷凝发生的几率近乎零。
- 使建筑构造起到热量储存的作用——蓄热体。
- 使结构稳定，防止由于不均匀的热膨胀造成的开裂。
- 空间采暖费用减少至50%。
- 住宅改造升级导致房屋增值，增值的部分通常能够超过改造的成本。
- 通常住宅外观也有很多改善。
- 无需腾空住房，便可以进行升级改造。
- 在二氧化碳减排方面卓有成效。据政府部门估计，在建筑使用期限内，增设50毫米厚保温层将导致每平方米减排1吨CO_2。

单体住宅应用外贴面材料进行保温改造的案例是英国巴吉住宅（Baggy House）。这一案例展示了称为“外保温（Outsulation）”的“Dryvit”系统（图10.2）。

在有充分的理由不希望采用外保温技术措施的情况下，例如，对于18～19世纪的联排住宅进行改造时，替代办法是将保温层固定在外墙的内表面上——“干衬壁”做法。但是我们面临的棘手问题是室内空间将有所减小。将140毫米厚的实心外墙去比照当前的建筑规范所要求的保温标准，至少需要增加90毫米厚的保温层，外面还要以石膏板作饰面。合适的保温材料有泡沫玻璃，可以用机械的方法固定在墙体上。面层材料可以是石膏板上薄抹灰，或钢丝网加抹灰。采用这种系统也有一些问题，例如需要重新贴护墙板或踢脚板以及安装电器插座，门窗洞口的尺寸也会

图10.2
德文郡巴吉住宅

减小。如果门窗洞口侧面保温层不连续的话，同样也有可能形成冷桥。采用这种方法还有可能需要更换外门窗。然而，这只是要求太高反难成功的例子，折中的办法往往比较合理。

填充中空墙体

在中空墙体建筑中，节能改造的常规做法是以规则的间距在墙上打孔，从洞口注入保温材料。但是，我们应该谨慎选择保温材料的种类，并且根据安装承包商的信用小心决策。在住宅改造完工后的检查中曾经发现许多欺诈行为的案例，事实上根本没有注入任何保温材料。安装正确的中空墙体里填充的保温材料对热工性能有重要影响。在 20 世纪 60 年代的彭威斯住房中，通过对中空墙体填充保温材料、并在屋顶中增设保温层的措施，使 BEPI 值达到 107，SAP 值为 49。在安装了中央采暖系统的住宅中，SAP 值升到了 78，这就再次证明了为何对于住宅长期节能效率的衡量标准而言，BEPI 值是更实用的指标，因为这一指标关注的是建筑构造及材料的性能。

最不节能的住宅中有一部分是多层建筑，而在节能方面名声最差的是高层塔楼。负责创新设计因特戈尔住宅（Integer House）的设计团队受到伦敦威斯敏斯特区议会（Westminster Council）的委托，对该区一幢 20 层塔楼进行改造，以改善其节能效率，并作为更新改造最佳实践的示范工程。这将成为我们拭目以待的项目［更多资讯见 P·F·史密斯，2004 年，《建筑生态改造：住宅节能和产能指南》（*Eco-Refurbishment: A Guide to Saving and Producing Energy in the Home*），Architectural Press 出版］。

位于布伦特的圆木地产（Roundwood Estate）项目是对于许多以前由区议会开发的住宅项目进行改造的典型。在这个社区中，有数不胜数的四层公寓楼和复式公寓，都是通过外阳台作为走廊入户。这 564 个住户现在已经移交给了财富门住房协会（Fortunegate Housing Association）。这些住宅外墙都是采用的实心一砖半墙，屋顶几乎没有保温措施。PRP 建筑师事务所通过与租户的协商达成一份技术改造措施及材料清单，包括：用保温涂料系统进行外墙外保温，增设屋顶保温层，全部采用带有复式锅炉的中央采暖系统，带有抽气风扇的新建厨房和浴室。现有的双层玻璃已经可以满足保温需求。项目改造的结果是平均每套公寓每年将节约 1.5 吨的 CO_2 排放量，燃料账单将每年减少 150 英镑。与此同时，室内的舒适程度也已经显著提高。

这是一项平淡无奇却富有挑战性的工作，而且如果要解决由于燃料贫困带来的不良后果，应该在全英国范围内开展这一工作。圆木地产项目中由阳台入户的公寓可以作为大量以前的公有住房改造的榜样。在这一项目中，翻新改造和外墙增设保温层的技术工作正在进展中（图 10.3）。

图 10.3
圆木地产住宅协会公寓楼，现状和改造竣工后

作为本章后记，必须提请注意经过彻底翻新改建的既有住宅很有可能需要遵守建筑规范 L 部分的条例要求。如前所述，L 部分正在进行修订，其目标是达到节能效率改进 25%。与此同时，家用电器的唯一评价标准将是基于碳的排放，这将填补"交易（trade-offs）[①]"中的漏洞，在过去这种"交易"被滥用得太多。另一个方面的规范变化是住宅将严格遵守气密性标准，竣工后必须进行压力测试。

从 2007 年 7 月起，待售的住房将会获得由经过认证的测量机构颁发的《住宅节能证书》（Home Energy Certificate），等级从 A 到 G。有关人士建议，在不久的将来所有新建住宅都应该是零碳排放[②]。

---

① 旧的建筑规范允许建造者通过安装高能效锅炉和其他设备来降低建筑构造部分的热效率，这些设备和措施称为"交易"，而新颁布的规范将这一漏洞的大部分给堵上了。——译者注

② 根据作者的要求，该小节不同于英文版原版，这是由于政府已经收回了"待售住房应该提供 Home Condition Report"的这一要求，政府取消 Home Condition Report 主要是因为政治上的反对。作者修订的原文如下：From July 2007 homes for sale will require a Home Energy Certificate on a scale of A to G and provided by a certified surveyor. For new homes there is a proposal that they should be zero carbon in the near future.

英文版原文的译文如下：从 2007 年 1 月起，待售的住房可能需要提供《住宅状况报告》（Home Condition Report）。这份报告中将包含一份节能调查（Energy Survey）的报告。对于新建住宅，目前已经在探讨扩大节能措施的应用范围，以考虑实现零碳排放的住宅。——译者注

非居住建筑中的低能耗技术　第11章

设计原则

长期以来，办公建筑尤其是浪费能源的大户，因为与所有其他成本相比较，能源成本在年度总预算中只占相对较小的一部分。在很多情况下，主要的电费来自照明用电。20 世纪 80 年代建成的密闭玻璃盒子办公大楼每年能耗是 500 kWh/m^2。目前，这一领域最节能的办公建筑的能耗是每年 90 kWh/m^2。建筑师在可持续发展的旗帜下设定的目标是最大限度地改善使用者的舒适度，同时最低程度地依赖基于矿物燃料的能源，直至最终消除这种依赖。

创新运动（Movement for Innovation-M4I）出台了六项性能指标，作为可持续设计的条件。这些条件的设定是用于检验或认定“绿色建筑”。

1. 运行耗能

一幢商业建筑在生命周期内所消耗的能量应该维持在最低限度。目前的基准是 100kWh/m^2，但是，如果在碳的排放限制方面压力不断增加，这一标准将变得更加严厉。高级保温技术、热质构件、主动式和被动式优化太阳能技术、自然采光、自然通风、就地发电和季节性储能技术等等都是绿色议程的组成要素。

2. 物化能

应当将材料的开采、制造、运输和建造阶段排放的碳减少到最低限度，并且推广利用再生材料，并且为建筑拆除后的材料的重复利用进行构件设计。

3. 运输耗能

在建造期间，应该避免材料的场地配置和工地废弃物处理方面不必要的运输里程。在某些案例中，如巴斯附近的韦塞克斯水资源管理局（Wessex Water Offices）（见本书第一版）都要求员工尽可能使用公共交通。至于公共建筑，还存在选址的问题，尽管这通常超出了建筑师的职责范围。接近发达的公共交通网络应该是确定选址的首要前提条件。在很多案例中，企业从只需要公共交通就可以上下班的市中心，搬迁到了市区以外的技术先进而节能的办公楼。然而，这种做法增加了小汽车的使用里程，导致二氧化碳（CO_2）排放的净增值。

4. 废弃物

通过更大规模的场外预制与模数化规划设计将废弃物减少到最低限度。对边角料等进行分类和再利用，以避免垃圾填埋带来的费用。

5. 水资源

回收中水和雨水用于冲洗厕所和浇灌花园。将硬地的面积减少到最低限度，以减少地表径流，包括采用透水的停车场表面和多孔路面铺装材料。

6. 生物多样性

景观的设计必须支持当地动植物种群的繁衍；保护现有的成材树木，总体上确保野生动物的安宁。

办公建筑设计的环境考虑因素

我们的首要任务是向业主游说环保设计和节能设计的益处。现在有了令人信服的证据，即“绿色建筑核算（Green Buildings Pay）”［参见B·艾德华兹（B. Edwards）编著，1988年，《绿色建筑核算》，E & F Spon出版社，英国皇家建筑师学会一次会议的出版物］。

- 重要的是设计团队的所有成员拥有共同的目标，而且如果可能的话，以实证记录下达成这一目标的每一个步骤。从最初的纲要性草案到建造和安装设备，整个设计过程应该是团队的通力合作。从与业主的首次接洽开始，多专业的整体设计原则就应成为设计流程的规则。
- 首要目标应该是尽可能采用被动式系统，减少对于耗能的主动式系统的依赖。
- 重要的是一开始就采用综合法计算成本，这样资本费用和收入成本可以视为同一个核算项目。这会有助于使客户相信所有额外的资本支出都是具有成本效益的，即便是打算出租或用于销售的建筑也是如此。
- 应该要求客户详细解释各自公司的办公流程特点，以便能够配合办公楼的运行程序进行设计。
- 先进技术所声称具备的特性常常与实际性能不符。重要的是选择适当的技术，能够在节能、使用者舒适度、便于操作和维修之间取得最佳的平衡。同时，应当在最佳性能和一年中大多数时间的需求之间找到最合适的折中方案。只在一年中的几天能够提供非常显著的节能效果，并不是最佳的实践做法。

- 应当仔细评估采光要求，区别对待整体采光和工作面采光的不同需求。
- 建筑竣工后，所挑选的建筑管理公司应该有能力处理设定的、复杂的建筑管理系统（Building Management System-BMS）。
- 此外，还需要进行适当监控，以评估系统的每日运行情况。辅助计量器和分时记录仪等监测设备成本微小，但回报很丰厚。能源成本应该被视为特定的核心成本。

被动式太阳能设计

规划和场地考虑因素

无论重要的是尽量获取太阳辐射，还是避免太阳辐射，都有必要了解建筑可获得的日照程度，这样才能计算出可能的太阳得热值。在设计的最初阶段，我们必须考虑到以下与场地相关的因素：

- 太阳相对于建筑主立面的位置（太阳高度角和方位角）。
- 场地朝向和坡度。
- 场地现有遮挡阳光的物体。
- 场地边界以外的遮挡阳光的物体可能在场地投射的阴影。

对于开发项目自身而言，需要考虑以下因素：

- 建筑群体组合与朝向。
- 道路布局和总管线的分布。
- 计划采用的玻璃类型和面积，以及立面设计。
- 太阳辐射进入的内部空间的特性。

第5章讨论了太阳立体图表和电脑程序作为评估建筑接受的日照水平的方法。也可以通过日影仪的方法来测试实体模型。

建筑平面形式和朝向与主导风向的关系也会影响建筑的热效率。以下是一些准则：

- 面积比较大的建筑立面不应面朝主导风向，也就是说，建筑长轴应该平行于风向。
- 高层建筑应该尽可能有一个立面设计成交错式，并迎着风向层层后退。可以通过使用雨篷和矮墩为行人提供避风保护，减少地面层的倒灌风。曲线形立面可以减弱风力的影响，例如位于伦敦的瑞士再保险公司办公楼，见第157~158页。

- 面对高层建筑的陡峭垂直面会产生大量的向下气流，使行人无法前行，有时甚至还会发生危险。设菲尔德大学19层高的文科楼（Arts Tower）就是一个例子，入口处的气流曾经把人撞倒。
- 建筑可以不规则的排列方式进行群体组合，但在每个建筑组团之内，建筑高度应该接近，建筑之间的间距应该尽量减少（不超过建筑高度的2:1）。
- 建筑布局应当避免在两座相邻建筑之间产生隧道风效应。

构造技术

建筑外围护结构

墙体和防雨屏　玻璃幕墙技术自20世纪60年代流行以来经历了巨大的发展。这一领域的大量信息可以从窗体和面层材料技术中心（Center for Window and Cladding Technology）（www.cwct.co.uk）获取。现在，金属板系统已经可以配备整体保温，例如EDM Spanwall金属板系统可以将扁平的金属片加压结合到保温核心层中。预制混凝土板也可以附带整体保温。特伦特混凝土公司（Trent Concrete）研制出一种保温混凝土夹心板，商品名为“硬质墙体面层材料（Hardwall Cladding)”。位于利斯的远洋航站楼（Ocean Terminal）于2001年竣工，是运用这一技术的极好例证。通常这些板材都带有石材或人造石的外层饰面。

气候立面　玻璃幕墙是办公建筑和机关建筑的常见特征，可以追溯到20世纪50年代，尽管这一技术在19世纪末首次出现在美国。利物浦拥有大量采用玻璃幕墙的办公建筑，例如沃特街的奥丽尔·钱伯斯（Oriel Chambers）大厦，由彼得·埃利斯（Peter Ellis）设计，于1864年竣工。

在玻璃幕墙技术发明时，能源既便宜又富足，而且丝毫看不到全球变暖的迹象。在当时，建筑总是对环境发起挑战。现在，舆论压力越来越倾向于设计与自然相和谐的建筑，最大限度地利用太阳能。不断提高建筑能效的要求首先导致了双层玻璃窗的引入。现在又发展到在立面组合第二层的玻璃内表面，即所谓的“气候立面”或“主动式立面”。

这些术语是指立面在控制办公建筑室内气候方面起着积极作用，并且能够获得最佳的自然采光。

主动式立面担当了许多功能：

- 调节和控制室内的自然采光。
- 作为主动式和被动式太阳能收集器。
- 提供保护，避免过多太阳得热。
- 减少房间的热损失。

- 作为通风层，提供新风和抽取废气。
- 有利于热回收。

拥有气候立面的建筑范例是位于伦敦老城伍德街 88 号，由理查德·罗杰斯及合伙人建筑事务所（RRP）设计的办公开发项目。在设计中要求玻璃幕墙的高度从地板到顶棚，这造成了太阳得热过多的问题。而电脑排出的热量进一步加剧了这个问题。在这种情况下，设备工程的热负荷非常高。由罗杰斯及合伙人事务所和阿鲁普及合伙人工程顾问公司合作开发了立面系统。这个立面系统的外表皮由双层玻璃单元组成，每个单元的尺寸是 3 米 ×3.25 米，重 800 千克，为世界之最。中间是 140 毫米空气层和由可开启的玻璃单元组成的第三层内表皮，这便是整个立面的组成。空气层内是活动百叶，叶片经过穿孔处理可以控制太阳光线。圣戈班集团（Saint Gobain）出品的超白玻璃或"钻石白（Diamond White）"玻璃的使用进一步增强了该建筑的美学魅力。

办公室内的空气通过吊顶内的通风道被抽入建筑周边的气候立面的空气层内，由空气层内的主抽气管向上抽拔，然后从屋顶标高排放出去。屋顶上的光伏电池监控光照条件，根据可能产生的眩光水平来调节活动百叶。百叶有三种定位状态，百叶在关闭时可以作为吸热部件，而叶片上的穿孔则允许一定量的自然光线进入室内。这种设计的结果是大大节约了这类办公空间所需的制冷能源。建筑内空气置换速度很快，是典型的办公建筑室内平均换气速度的两倍（图 11.1 和图 11.2）。

图 11.1
伦敦老城伍德街 88 号办公楼

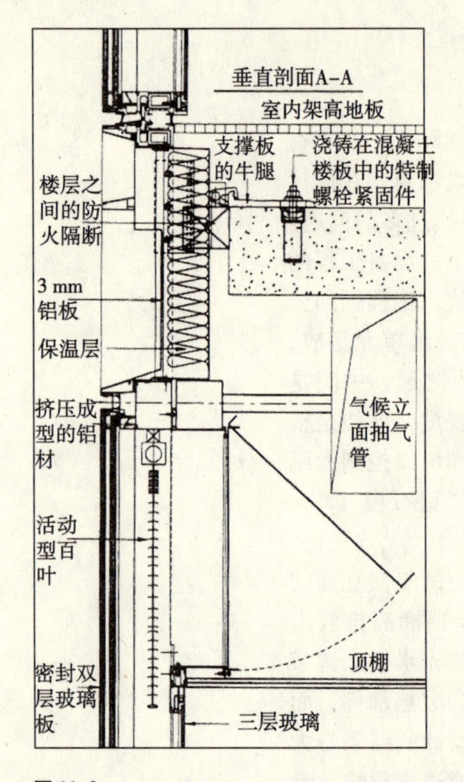

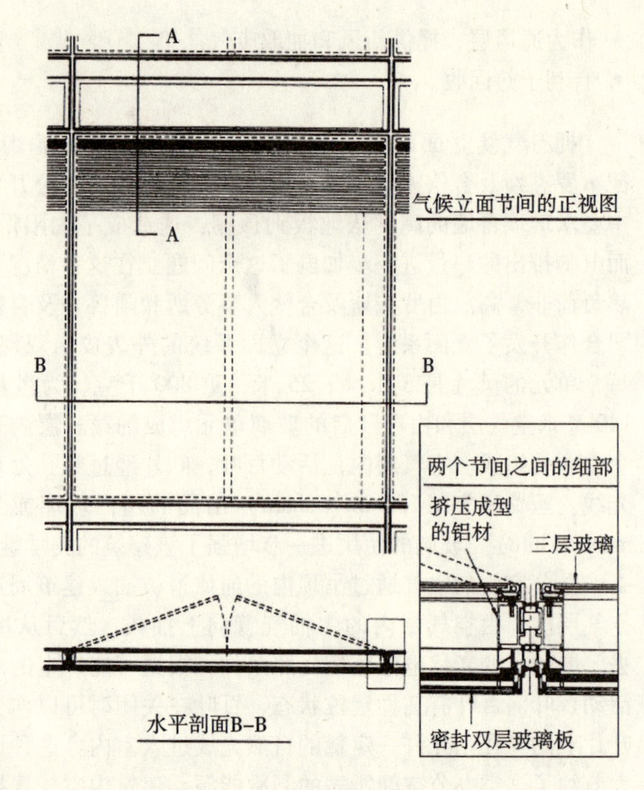

图 11.2

伍德街 88 号办公楼穿过气候立面的剖面

采用主动性气候立面的另一个建筑案例是英国新议会大厦（Portcullis House），由迈克尔·霍普金斯及合伙人事务所（Michael Hopkins and Partners）设计。窗体采用了三层玻璃，在玻璃板间层中带有伸缩式百叶可以吸收太阳热能。气候立面外表皮的双层玻璃单元采用充氩气的 Low E 玻璃。从房间抽出的废气利用空气间层得以排出，同时，空气间层也充当太阳能收集器。这种构造设计带来的结果是在 4.5 米进深的房间中，夏季的太阳得热少于 25W/m^2。

当遮阳百叶落下时，利用采光架（light shelf）结合玻璃来维持自然光照水平。采光架带有波浪形反射表面，最大限度地向室内反射高空的天光，却将低空的短波辐射反射出去。这种措施使北侧被相邻建筑遮去天空视野的房间的自然采光水平几乎翻了一倍（图 11.3）。

封闭的气候立面并不意味着使用者完全不能控制室内通风。在新风量、送风强度、散热器输出、百叶角度、人工照明，以及在日光暗淡时启用人工照明的切换开关等方面都可以进行手动调整和控制。

这是一个将对机电设备的依赖减少到最低限度的杰出的建筑案例。据称，整体设计的方法导致了工程方案的简化，与采用标准自然通风的建筑相比，大大节约了能源。

还有一种类型的主动式气候立面是与太阳能电池的结合。商业建筑具有最大的潜力在玻璃中整合 PV 电池，以及在屋顶安装 PV。据阿鲁普工程顾问公司估计，即便按照目前的技术水平，运转一幢办公综合楼所需的三分之一电力可以从 PV 电池获得，而建筑造价仅仅增加 2%。在这一领域进行 PV 电池的商业应用的主要优势在于办公建筑主要在白天使用大部分的能源。东英吉利大学朱克曼联合环境研究所（ZICER）建筑的案例研究可以作为一个范例（见第 18 章）。

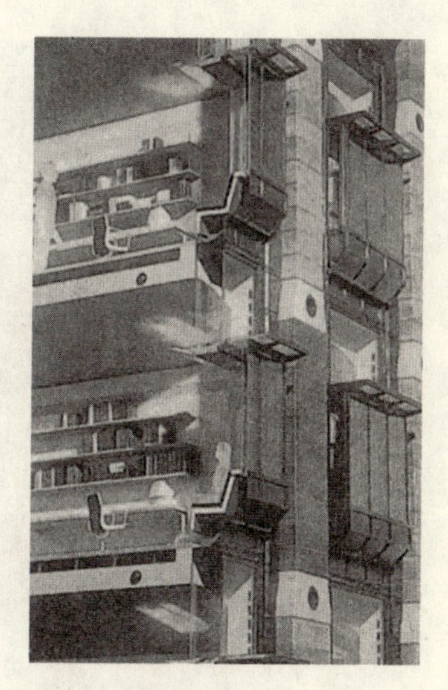

图 11.3
英国新议会大厦，气候立面的剖视图

未来几十年我们将面临的挑战之一是结合 PV 发电对既有建筑进行更新改造。在英国，位于纽卡斯尔的诺森布里亚大学（University of Northumbria）的诺森伯兰大厦（Northumberland Building）是这个领域的试验项目。在建筑改造中。光伏电池安装在连续窗下墙上。

迄今为止，这幢建筑上安装的光伏电池已达到平均每天输出 150 kWh 的发电量。基于这一数据，我们可以期望在三年之内收回光伏电池的成本，这是由于该项目还有一笔可观的资金补助。在成本回收之后，这些电池组仍将免费出产电能大约 20 年。据估计，这一建筑的二氧化碳排放量每年将减少 6 吨。

目前位于曼彻斯特的合作公司总部建筑（Co-Operative Headquarters）在进行翻修改造，交通核心塔楼的南立面上安装了光伏电池，成为翻修方案的一部分。

假使设计师们现在能够得到关于 PV 技术的丰富资讯和适当指导，应当可以抓住由此带来的机遇，充分发掘建筑外围护结构的众多审美选择。

PV 技术将越来越成为受欢迎的选择，因为矿物燃料价格在储量日益减少和控制 CO_2 排放需求的双重压力下正在不断上涨。由 E 建筑师工作室（Studio E）设计的、位于桑德兰附近的多克斯福德（Doxford）国际太阳能办公楼是英国运用这一技术的试验案例。这是一幢为出售或出租而建的办公建筑开发项目。节能设计的优势在于大幅减少了电力消耗，每年耗能量为 85 kWh/m^2，相比较采用全空调的普通办公建筑每年的能耗为 500 kWh/m^2。建筑立面上安装的光伏阵列由 40 多万个光伏电池组成，（峰值）输出量为 73 千瓦，每年出产电力 55100 千瓦时，可以替代三分之一到四分之一的预期总用电量（图 11.4 和图 11.5）。

与德国政府的职业培训中心在鲁尔区黑尔讷 · 索丁根建造的名为塞尼山（Mont Cenis）建筑相比，Doxford 办公楼也只是有节制地利用了太阳能。

塞尼山政府培训中心是世界上容量最大的太阳能发电设备之一，而且是一项壮观的示范工程，表明了德国政府对复兴这个前工业区的承诺，也是德国生态发展的承诺的标志（图 11.6）。

图 11.4
Doxford 太阳能办公楼

图 11.5
Doxford 太阳能办公楼，室内

重工业衰落后，鲁尔区变成重度污染的荒废土地，这促使北莱茵河－威斯特法伦州政府着手一项覆盖 800 平方公里的大规模复兴计划。

实际上，这个建筑就是一个巨大的天篷，容纳了多种功能的建筑单体，提供了地中海式的气候。该建筑长 168 米，高 16 米，在形式和尺度方面回应了当地前工业时期的巨大工棚。木框架结构由砍伐的表面粗糙的松树柱子构成，隐喻这些松树所在的森林的再生。

这一构筑体包含了两座三层建筑，内部街道的两侧沿着建筑展开（图 11.7）。单体建筑的混凝土结构提供了相当多的热质，减少了一天之内的温度波动和季节性温度波动。经过景观处理的空间提供了全年都可以使用的社交区域，温暖的气候可与蓝色海岸①（Cote d'Azur）媲美。在夏天，部分立面可以打开，提供穿堂风。

① 法国尼斯和土伦中间的地中海海岸地带。——译者注

图11.6
德国黑尔讷·索丁根职业培训中心

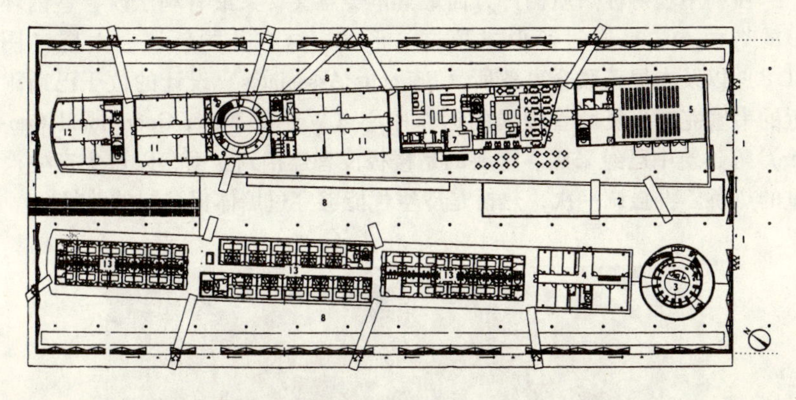

图11.7
塞尼山培训中心底层平面

这一建筑的设计达到了能源自给自足。屋顶和立面的玻璃板上整合了1万平方米的PV电池。该项目采用了两种太阳能电池模块：一种是峰值能效为16%的单晶硅光电电池，另一种是较低能量密度的多晶硅光电电池，能效为12.5%。所有光电电池的总输出峰值为1兆瓦。在项目中，共采用600个换流器将直流电转换为交流电，使之与电网兼容。一组1.2兆瓦的蓄电池组储存PV电池产生的电力，以减少电力输出的波动。PV电池的发电量大大超过了建筑本身的需求，达到每年75万千瓦时。德国政府关于再生能源的优惠政策使向电网输电成为可以盈利的生意。

然而，这还不是生产能源的唯一途径。鲁尔区废旧的矿井释放出100多万立方米的甲烷，现在被用来同时出产热能和电力。用这种方式将矿井产生的气体收集利用，导致二氧化碳减排12000吨。

这一建筑综合体是绿色技术和美学相结合的出色范例。巴黎的建筑师茹尔达（Jourda）和佩罗丹（Perraudin）设计了PV电池的排列形式，以回应天空中云卷云舒的随意性。他们运用了六种类型的模块以及不同的PV电池分布密度，产生了微妙的变化，把玩着室内光的游戏。这些要素形成了空间与光影的魅惑环境。同时，也形象地提醒我们，再生工业区景观不应该由毫无特色的、纯粹实用的工棚占据。

楼板和顶棚 楼板的底侧在计算结构有效热质方面至关重要。在传统构造中，混凝土板或平板式楼板在下方一般设吊顶，以容纳管线。现在有越来越多的案例将这一体系倒置过来，地板架高在楼板上方，为风管和其他管线设施提供空间。混凝土楼板的底面无需饰面层，其目的是增进热质的有效性，在温度较低时释放出储存的热量，在炎热情况下起"降温"作用。在夏天，夜晚凉爽的空气经过管道给楼板降温，然后，在白天向工作空间辐射凉爽的空气。这种热质构件的特性有时也叫"飞轮储热（thermal flywheel）"效应，或者称之为缓冲器，因为它们可以使温度的峰谷值更趋平缓。

在利用辐射性热质构件方面最具审美意义，又最有利于改善室内环境的一种方法是通过筒形拱顶这一形式。这在英国新议会大厦（图11.8）以及本尼茨联合事务所（Bennetts Associates）设计的位于巴斯附近的韦塞克斯水资源管理局的运作中心（Wessex Water Operational Center）等建筑中已经采用。重要的是楼板没有连接到立面，以避免产生严重的热桥。再强调一次，热桥是冷空气能够穿过墙体保温层的路径。

图11.8
新议会大厦拱形楼板，板底露明处理

一种既可以传送热空气，又可以传送冷空气的结合了管道的专利地板系统是瑞典的 Termodeck 系统。东英吉利大学伊丽莎白·弗赖（Elizabeth Fry）大楼采用了这一系统，效果很好。空气以低速通过管道，废气被抽进照明设备上方的格栅里，随后，由热回收装置将空气中的热量抽出回收，最后空气被排到室外。尽管空气没有循环使用，但是该建筑仍然是 20 世纪 90 年代最节能的建筑之一，这是由于保温效果和气密性都很好。更多资讯请参阅史密斯和皮茨（Pitts）合著的《实践概念——能源》（*Concepts in Practice-Energy*）一书，由巴茨福德（Batsford）出版社 1999 年出版。

由于室外温度的波动会影响建筑内部的温度状态。调节室外温度波动的常用方法是利用材料的热质，与此同时，还有另一种方法就是在材料的内表面采用相变材料。目前，市场上已经有一种系统可以使轻型结构也能具有热质构件的优点。这是基于石蜡的材料，而石蜡是一种相变材料。在这种材料中，石膏浆微粒包裹着石蜡。石蜡存储热量直到其熔点，这个温度可以根据基底材料的需求调节成多种范围。当石蜡储存热量时，温度并不升高，直到达到熔点，这是它的最大储热量。

夜晚温度的降低使石蜡凝固，释放出储存的热量，将室内空间加热。这一特性使这种材料系统特别适用于办公建筑，因为办公楼在夜间空无一人，并且可以向室外通风。

石蜡封装在微粒石膏球内，形成粉状微胶囊，然后与石膏以 1:5 到 2:5 之间的重量比混合。将混合的石膏浆喷涂到墙面。据称，6 毫米厚的石膏涂层与 225 毫米厚的砌体墙具有同样的吸热量。

在办公建筑中，这种材料很适用于内部隔墙的粉刷。通过改善室内隔墙的热工性能减少对机械通风的需求，甚至完全不用机械通风系统。到 2004 年春天，已经有 10 幢建筑装备了这种相变系统，这是由位于弗赖堡的弗劳恩霍夫太阳能系统研究所（Fraunhofer Institute for Solar Energy Systems）设计开发的（E-mail：schossig@ ise. fraunhofer. de）。

第12章 通风

自然通风

有些人反对密闭玻璃盒子办公楼的概念，致力于探寻以自然途径创造舒适的室内气候的方法。这已经导致了对传统设计手法的重新评价，其中包括那些在炎热气候区已经沿用了两千年以上的一些传统做法。

室内空气流动和通风

建筑室内的空气流动可以通过自然通风、或者人工机械通风或空调形成。在建筑中综合使用两种以上途径产生室内空气流动的案例越来越常见，即“混合模式”通风。首要原则应该是将对人工气候调节系统的需求减少到最低限度，而实现这个原则的一个方法就是最大限度地利用自然通风，并结合对气候敏感的构造设计。

由于暖空气比冷空气轻，所以与冷空气相比，暖空气更倾向于向上运动。基于这一事实，自然通风是有可能实现的。暖空气上升时，较冷的空气就被抽吸过来补充：即浮力原则。如果要加强空气流动，以帮助提供自然通风和降温，那么以下的设计特性是有价值的：

- 平面形式应当采取浅进深，以便有可能产生穿堂风。
- 产生穿越建筑物的通风是最直接的通风系统，即新鲜空气在建筑内部由建筑的迎风面流向背风面。在大多数办公建筑的情形下，这种通风方式是作为主导通风策略的补充。在对侧的墙体上设置门窗洞口以实现穿堂风比在一道或多道相邻的墙体上设置洞口更适宜。
- 如果要成功地组织穿堂风，建筑进深不应大于地板到顶棚高度的5倍。
- 对于单侧通风的房间，进深应限定在地板到顶棚高度的大约2.5倍。
- 为了使空气能够充分流动，门窗洞口的最少面积应为地板面积的大约5%。
- 应该通过涓流通风和其他设备实现连续而可靠的背景通风。

- 窗户应当能够开启，然而还必须能够提供可调控的气流。这在高层建筑中尤其难以实现，但是这一问题在位于伦敦老城 40 层高的瑞士再保险公司建筑中已经解决（见 157 ~ 159 页）。
- 可以在设计中结合中庭和垂直塔楼，以产生烟囱效应，引导气流穿越建筑物，尽管还必须考虑满足防火与烟气流动的规则，这将对于可能实现的设计方案产生一定限制。
- 还可以通过使用低能耗、可调控的照明设备和低能耗办公设备，来提高自然通风和降温的效率，即减少内部得热。

显然是借鉴了以往经验的一种通风系统就是基于浮力原理的热力烟囱（thermal chimney）的运用。热力烟囱由于阳光的照射而升温，加速了气流通过烟囱的过程，使较冷的空气在地面标高被抽吸入建筑内部。如果烟囱表面采用亚光黑色材料，将会更多吸收的热量，以及增加浮力的速率。新议会大厦极佳地诠释了这种技术（图 12.1 和图 12.11）。事实上，这个建筑是自然通风动力学的一个最明显的例证。建筑外立面的排气管节节升高，将办公室产生的温度较高的废空气带走，通过屋顶上的滚动式热交换器（thermal wheel），然后排放出去。在这个案例中，新鲜的空气将藉由滚动式热交换器的帮助从高标高处被抽吸进来（图 12.11 ~ 图 12.13）。

图 12.1
伦敦威斯敏斯特区新议会大厦

非机械辅助的自然通风

自然通风技术的先驱是艾伦·肖特（Alan Short）和布赖恩·福特（Brian Ford）。他们与马克斯·福德姆（Max Fordham）进行合作的英国第一座突破性建筑是位于莱斯特的蒙特福特大学（Leicester de Montfort University）的女王工程大楼（Queen's Engineering Building）[肖特·福特及合伙人公司设计（Short Ford and Partners）]。在由R·托马斯编著的《**环境设计**》（*Environmental Design*）（E & FN Spon 出版社出版，1996 年）一书中对这一建筑进行了详细的记载。这本书也是特别有用的参考文献。

由肖特联合事务所进行建筑设计的考文垂大学（Coventry University）图书馆——兰开斯特大楼（Lanchester Building）继续遵循纯天然通风的原则，而不采用机械通风作为辅助手段。环境策略是由肖特与布赖恩·福特合作研究形成的。这是一座大进深的建筑，无法通过建筑周边的窗户来组织穿堂风。还有一个问题是高架环路靠近建筑，因而产生噪声和污染。因此，建筑周边的窗子是封闭的（图 12.2）。

解决的方法是在楼层平面的每个象限中提供数个采光井，再向上延伸一倍的高速，作为输送空气的通风井。暖空气上升的浮力使新鲜空气进入位于每一个采光井底部、地面标高以下的风室。空气在这里被向上抽吸，通过预热盘管加热，然后送到楼层平面的房间。这时空气温度已经上升到了 18℃。室内周边的散热器用来补充采暖需求。随后，废气被抽吸进入沿外墙布置的排气竖管，排气管顶部的“止回”装置能保证主导风不会导致空气回灌入竖管（图 12.3 和图 12.4）。

图 12.2
考文垂大学图书馆［图片蒙马沙尔斯（Marshalls）上市公司提供］

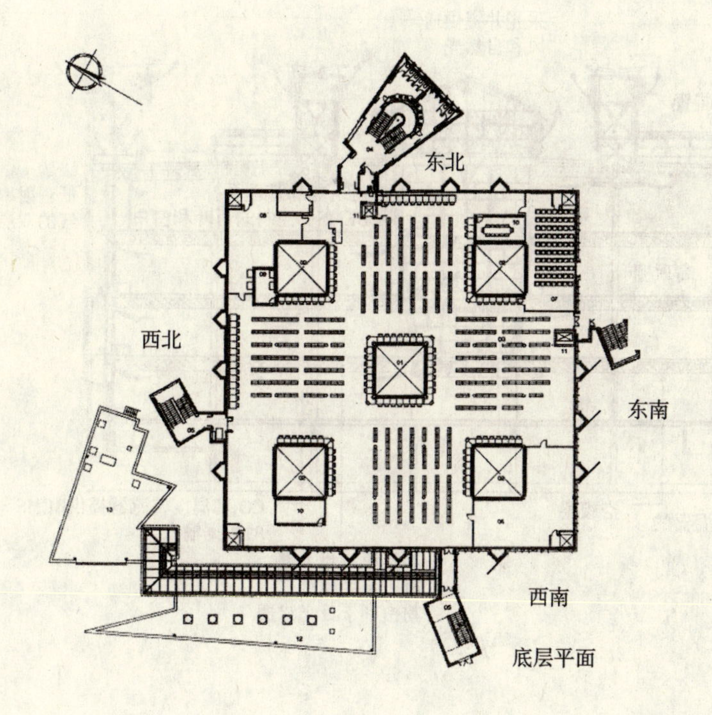

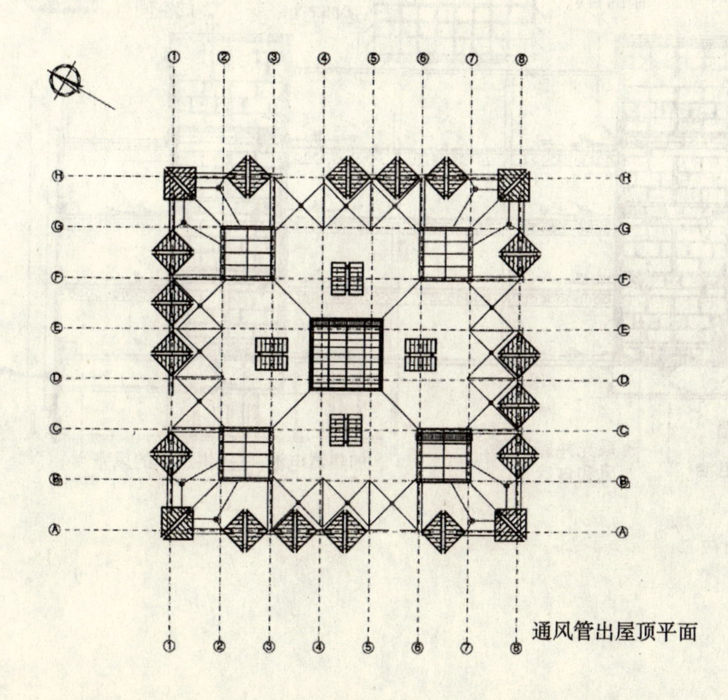

图 12.3

考文垂大学图书馆，平面图

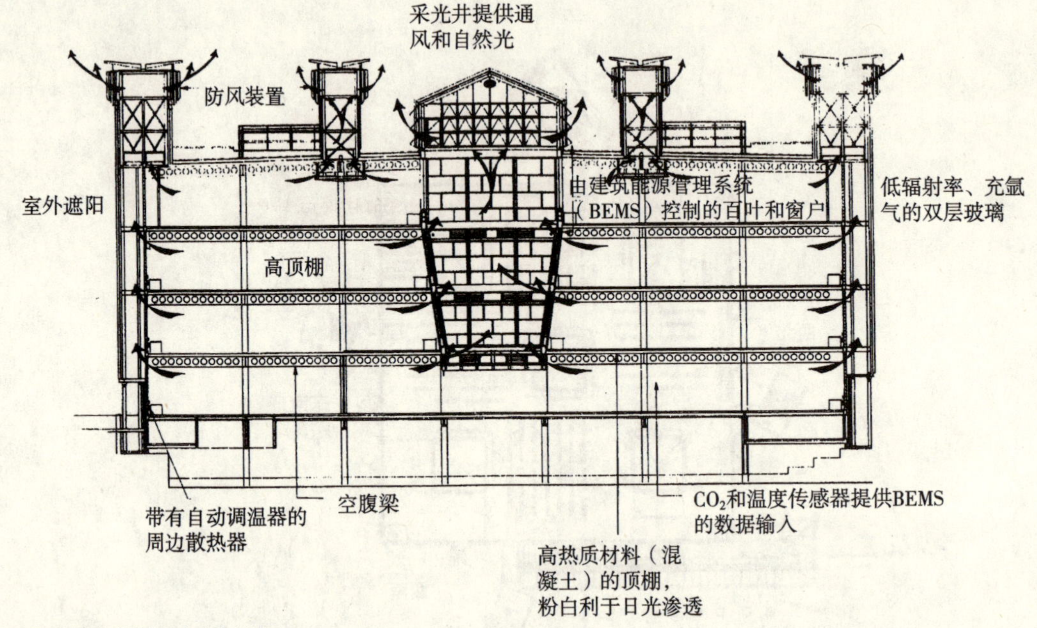

通过中央的中庭剖面（示出风）
·热的废气排出

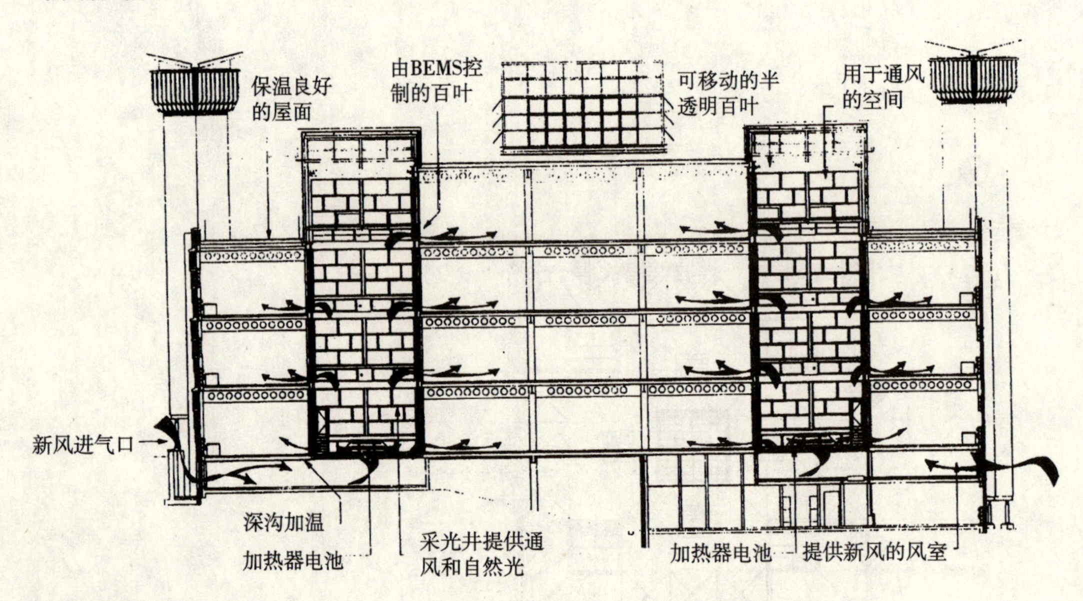

通过周边采光井的剖面（示进风）
·新风进入室内

图 12.4
空气循环路径

在一座完全依靠自然通风产生的空气浮力作用的建筑中，控制是至关重要的。建筑能源管理系统（Building Energy Management System-BEMS）根据建筑每一个分区的室外温度、CO_2 和温度的读数来调节排气开口的大小。系统的微调使优化新风需求与尽量减小通风速率相匹配（图12.4）。

BEMS控制着气流调节器，在夏季，使夜晚的空气进入建筑内部，给露明的热质构件降温。在这个建筑中运用的BEMS是由一种能够自我学习的运算法则驱动的，意味着能够逐步优化系统，通过纠正所犯的错误来学习和调整程序。

建筑构造热损失通过良好的保温性能被控制在最低限度，即墙体U值为0.26W/m^2k，窗户的U值小于2.0W/m^2k。窗户采用充氩气的中空Low E双层玻璃。

避免使用机械通风和最大限度地利用自然采光的结果是，估计每年能源需求为64kWh/m^2，这意味着 CO_2 排放量是20kg/m^2，比采用全空调系统的标准建筑减少了大约85%。

对于所有忠实于自然通风的人来说，代表着最艰巨的挑战的建筑类型就是剧场。肖特·福特联合事务所以惊人的时尚方式接受了挑战。舞台灯光加上观众所发出的热量，会产生很高的热负荷，然而曼彻斯特大学的康塔克特剧院（Contact Theater）无需空调辅助就实现了舒适的室内环境。这是艾伦·肖特、布赖恩·福特和马克斯·福德姆在未知的领域独有创举的又一座建筑（图12.5）。

图12.5
曼彻斯特大学Contact剧院

这个剧场建筑突出的特征是观众席上方一簇簇高达40米的H形筒状通风管。这种H形通风筒的设计在标高上高于邻近建筑，以避免主导的西南风的倒灌气流。通风筒的体积通过计算来确定，可以加快空气浮力效应，在排除雨水的同时可以抽出足够的热空气。这个项目是针对建于1963年的剧院的翻修改造工程，所以情况变得复杂许多，老剧院的大部分被保留下来。在剧院中，通风和降温是两种主要的能耗方式。最终，这个建筑的能源负荷只有规范所规定的一小部分（图12.6）。

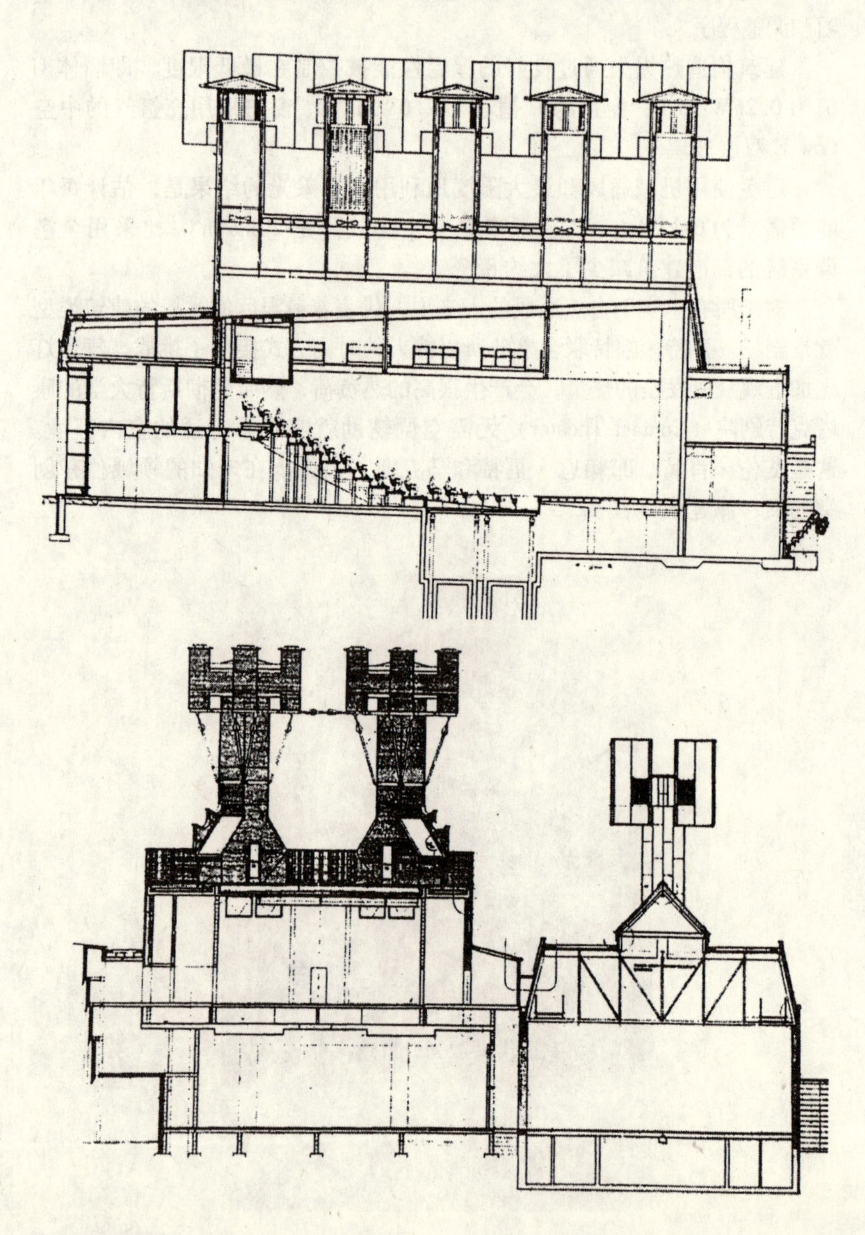

图12.6
Contact剧院，纵向剖面和横向剖面

在剧院的环境下，有必要在通风系统中设置消声器，以最大限度地减少室外噪声。

烟囱效应或重力置换作用依赖于室内外空气的温差和空气柱的高度。一日之内的温度有很大差异，温度的季节性差异也很可观。在夏季，可以通过将大量新风引入建筑中来进行夜间降温。当室外温度低于室内温度时，重力作用驱使凉爽的空气下沉，进入建筑内部，从而实现夜间降温。在夏季的白天，当室内温度低于室外温度时，有必要使新风降温，这也许可以通过蒸发式冷却或热泵来实现。如果进风管所带来的热量可以传导给排气管，就进一步有助于空气浮力效应的实现。

在英国，这种烟囱系统能够在六层及以下的建筑中达到经济型的运行。超过这一高度的话，为适应排气体积的需求，可能会过度加大通风管的尺寸。

对于建筑采用自然通风方式的一个反对意见是污染的空气有可能被抽吸入建筑内部。为了在污染高发地区减少这种情况发生的可能性，应当从高空将新风抽吸入建筑内部，这个高度必须在柴油颗粒物质区的标高之上。同时，通过烟囱效应而上升的废气也必须在高空排放出去，所以，必须找到解决办法来保证废气不会污染新风。

有一个方法就是采用可以根据风向旋转的端头风帽设计。在图12.7中所示的端头设计保证了新风总是从上风向吸入，而废气从下风向排出。风向标保证了端头风帽总是朝向正确的方向。机翼形状的风向端头装置可以在下风向产生负压，有助于废气排出。

如图12.8所示的剖面中，新风通过建筑周边的空气通道传送，以提供置换式通风。废气可以通过周边的空气通道排出，或通过气候立面排出。

机械辅助通风

迈克尔·霍普金斯及合伙人事务所和阿鲁普及合伙人工程顾问公司在诺丁汉大学朱比利校区（Nottingham University Jubilee Campus）建筑中采用的是旋转风帽系统（图12.9）。这种通风系统是霍普金斯事务所和阿鲁普工程顾问公司沿用同样位于诺丁汉的国内税务局总部大楼（Inland Revenue HQ）和伦敦威斯敏斯特区新议会大厦中所采用的创新通风原理。这些建筑采用与热回收装置相连的低压机械通风系统，通过滚动式热交换器实现热量回收，可以从排出的废气中回收84%的热量。

这种机械通风系统每年需要消耗51000 kWh的电能，由450平方米单晶硅光伏电池提供。通风系统在全年所有时段都使用百分之百的新风。空气被直接引入安装在屋顶的空气调节装置（air handling unit-AHU），

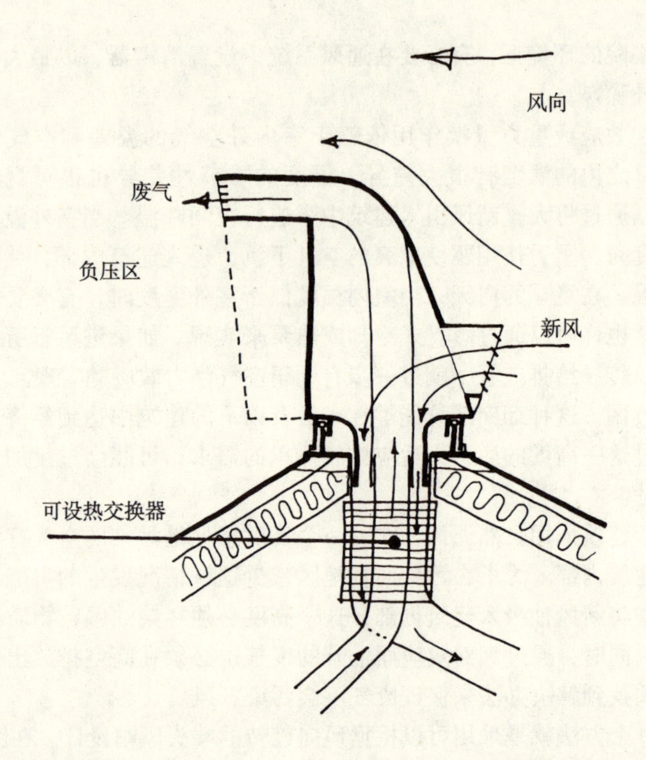

图 12.7
具有组合功能的旋转式端头风帽

在这里空气通过静电过滤器进行过滤。接着空气沿着垂直通风井被导入传统做法中的楼板架空层，然后通过楼板中的低压导流器进入教室。废气以走廊为排出通道，在低压作用下上升，通过楼梯间，进入屋顶的AHU 进行热量回收，最后通过风帽排出。风帽上的风向标可以根据风向调节排风口，以保证其始终面朝下风向，这与肯特郡传统的烘炉房的原理是一样的（图 12.10）。

在大多数商业建筑和机构建筑中，单纯依靠自然通风是不太可能完全满足需求的。一定程度的机械辅助通风对于获得建筑内部足够的空气运动速度是必要的。机械辅助通风系统不应与空调系统相混淆，后者是复杂得多的运行系统。

机械通风系统指通过风机引入空气，或许还有送风/出风管来提供气流和促进空气的运动。这种系统在冬季也能作为采暖系统使用。然而，在机械通风系统的基本形式中，并没有结合任何冷却系统，因此所能提供的最低的空气温度常常受到环境条件的限制。空调是指通过制冷系统将空气冷却。通过空气调节的方式，可以更精确地控制空气的温湿度，但是通常只能在密闭的建筑中才能实现这种控制。在许多气候温和的地区，建筑结构的热惯性，加上有控制的气流，足以避免夏季过热，每年仅有几个小时会感到热。在这种情况下，一旦在工程项目中指定采用空调系统，建筑的能耗可能会大幅增加。

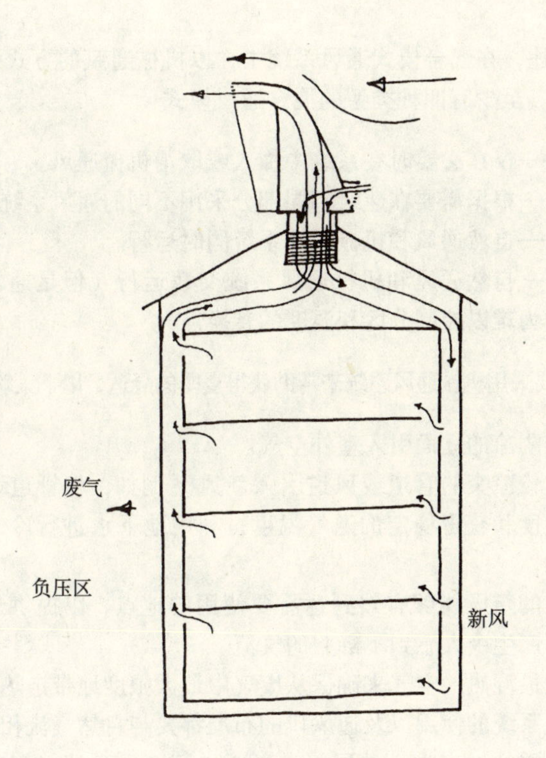

图 12.8
采用自然通风的办公建筑的典型系统

图 12.9
诺丁汉大学朱比利校区

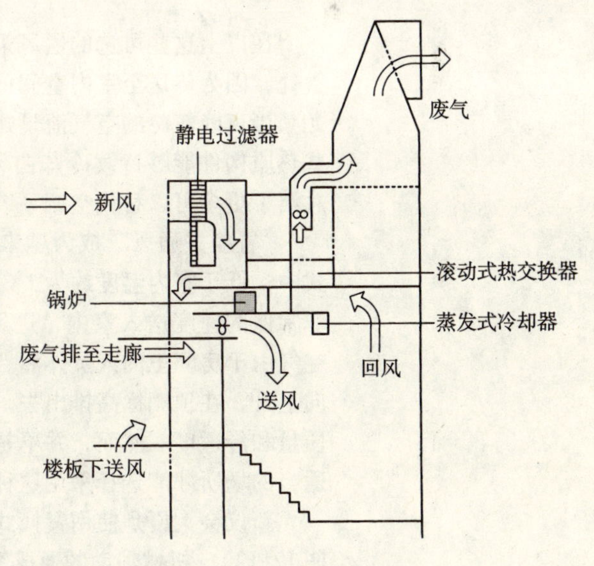

图 12.10
朱比利校区的空气调节装置（AHU）

如前所述，在混合模式通风系统中，以机械通风的方式强化自然通风是第一步。至少有四种类型的混合通风模式：

- 应急型——仅在必要时在系统中加入或取消机械通风。
- 分区型——根据需要在建筑不同部分采用不同的通风系统。
- 并行型——自然通风和机械通风系统同时运行。
- 转换型——自然通风和机械通风系统交替运行（但是通常会变成并行型，因为难以控制分区和温度的转换点）。

如果需要采用机械通风系统来帮助获得夏季的舒适，以下策略值得推荐：

- 从建筑较阴凉的立面引入室外空气。
- 考虑通过较凉爽的管道或风道引入新风（例如，将管道埋置地下），以降低温度和获得稳定的送气温度；利用地下水进行冷却的方式越来越常用。
- 确保送入的新风能够有效到达需要使用的地点，以提供最佳降温效果，而不产生令人感到不舒服的气流。
- 通过抽吸最湿热的空气来确保从废气中最大限度地带走热量。
- 机械通风系统的使用以及通风口的布局都要与自然气流相结合。
- 在污染严重的城市中心地段，有必要进行新风过滤，使其降到 PM5 等级（颗粒物质的粒径降至 5 微米）。
- 在夜晚，建筑空无一人的时间里，利用温度降至最低的环境空气来进行空间预冷。

在以上这些可选的通风策略中，夜间降温措施可以提供诸多潜在的益处，因为传送至室内空间的空气有可能达到比室外环境更低的温度，尤其当夜晚较冷的空气流过建筑的热质构件（通常是楼板）时，因为这些热质构件能够持续冷却白天送入的新风。在第 151 ~ 154 页中概括和总结了更多可以替代空调系统的“自然降温”方式。

“置换式通风”成为越来越常用的通风方式的选择。在这种通风模式中，低于室内温度约为 1℃ 的空气以机械通风的方式在楼面标高、以非常低的速度送入室内，送风速度大约为 0.2 米/秒。这种稍低温度的空气由于房间里的人员体温、电脑或照明设备的散热而获得加温，并且向上升，在顶棚标高排出去。使用置换式通风系统能更易于控制空气的质量和舒适度。然而，并不是所有房间都适合用这种方法，因此只有在适当的场所才能选择采用这种系统。

新议会大厦是使用置换式通风系统最著名的建筑之一（图 12.11 和图 12.12）。机械辅助的通风系统服务于互相连接的楼板送风网络，从位于立面上的空气通道中吸入空气，为所有房间提供 100% 的室外新风。

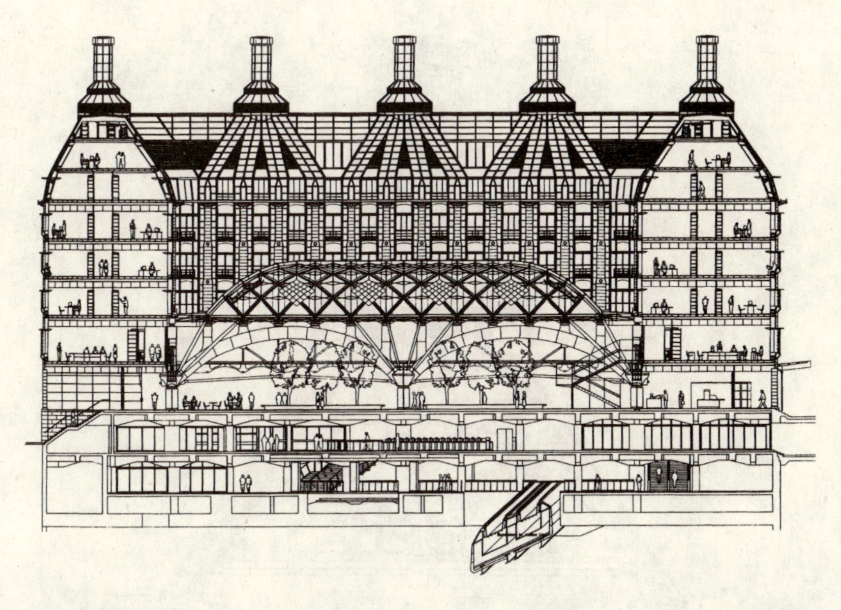

图 12.11
新议会大厦，剖面

这个通风系统还结合了高效的热回收装置，可以将太阳得热、人员发出的热量、电气设备和房间散热器所产生的热量进行回收。废气通过空气通道运送，这些管道直接外露在陡峭的屋顶上，然后通过一排排的烟囱排放出去，这些烟囱可以加强抽吸作用。热回收是通过安装在屋顶上、具有吸湿功能的旋转式热交换器、或“热交换轮”来实现的，其热回收效率为85%。热风沿着屋顶轮廓线的回风管道进入滚动式热交换器。这种热交换器也能够在冬季从废气中回收湿气，以减轻增湿器的负担（图12.13）。

新议会大厦（图12.1）位于威斯敏斯特桥附近，是伦敦污染最严重的地区之一。通风系统的新风是从尽可能高空的空气中引入的，进风口的标高大大高于机动车排放的废气所形成的颗粒物质的密集区。室外空气被引入地下风室，然后利用空气浮力效应，帮助实现置换式通风。建筑设计纲要中设定室内温度为22℃（±2℃）。在必要时，通风系统中的空气可以由两个地下钻孔中温度恒定在14℃的地下水进行冷却。低功率的风机进一步促进了空气浮力效应。这种全新风通风系统能够为所有的房间提供同等量的新风，尽管各个房间功能不同。这对一个生命周期较长的建筑来说是非常重要的，因为这类建筑可能会经历多次内部功能的改变。

在建筑改造中加入置换式通风系统的杰出案例是由德国国会大厦。德国议会投票中以微弱多数票赞成决定将国会迁往柏林，并且着手改造国会大厦。诺曼·福斯特受邀提交一份设计方案，并赢得了这次邀标竞赛。

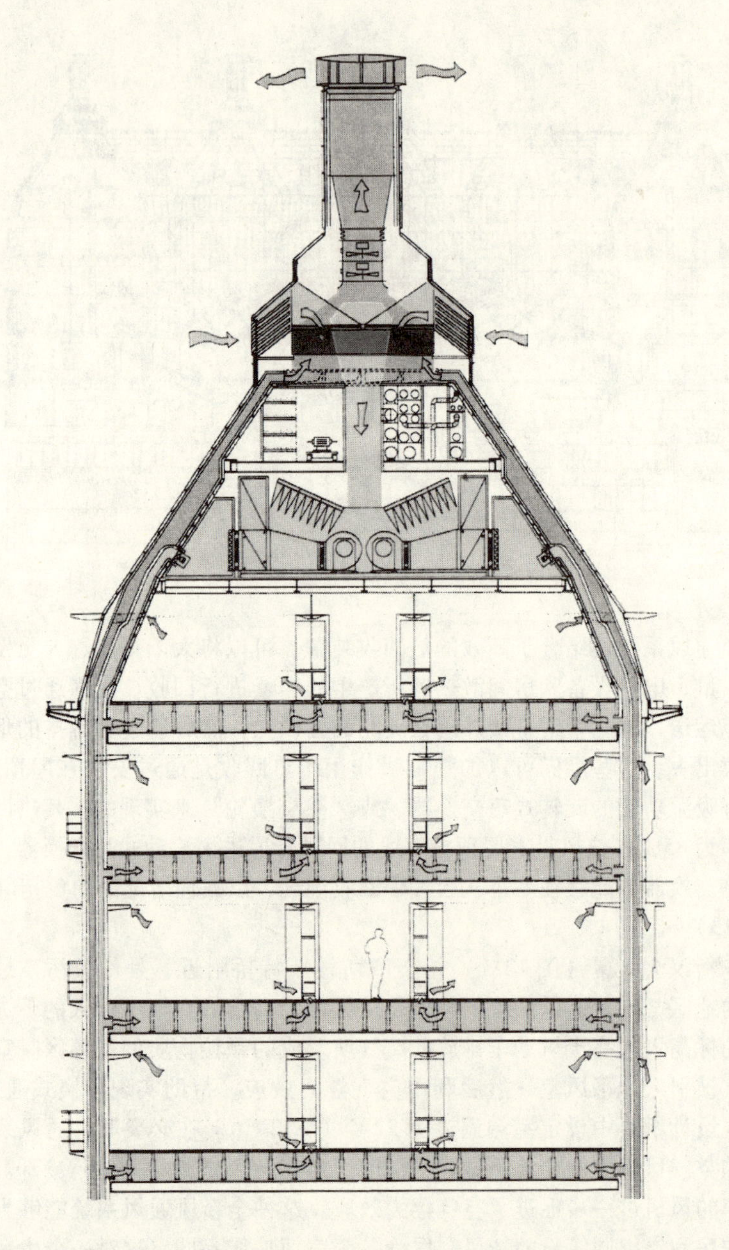

图 12.12
新议会大厦，置换式通风系统

在这个建筑中，国会议会大厅采用了置换式通风系统。系统从高空采集新风，进风口标高高于低空的污染区，例如 PM10 等级区（现在认为 PM5 等级应该成为健康新风的临界值）。议会大厅的地板由穿孔板组成，上面覆盖着透气的地毯。因此，整个地板就是一个通风格栅。位于地板下的大型风道使空气以低速流动，以减少噪声，并将风机的功率减少到最低限度（图 12.14）。

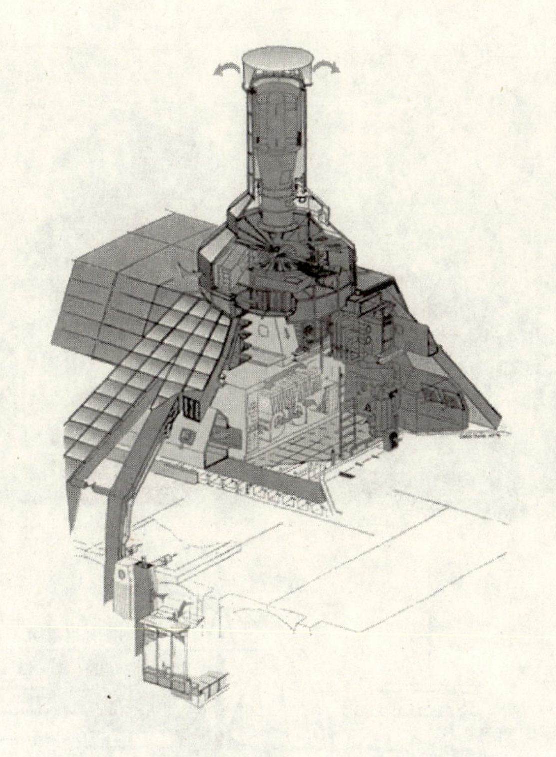

图 12.13
新议会大厦，通风路径和滚动式热交换器细部

最后一点，关于机械通风的关键的设计问题包括：

- 风道尺寸和路径的确定应尽量减小阻力，将风机尺寸也减小到最低限度。
- 根据房间的平面和剖面确定导流器的位置。
- 导流器尺寸的确定应尽量减少噪声。
- 加入消防设备以阻止火势蔓延。

降温策略

建筑的降温策略首先从环境场地开始。植被、特别是树木，不仅提供遮荫，还可以通过树叶的呼吸作用散发湿气，提供蒸发式降温。水池、喷泉、瀑布/跌水、喷水和其他形式的水景元素，都可以增加蒸发式降温的效用。在对建筑产生的“热岛效应”进行研究时，发现热岛内的树丛能够在局部降温2～3℃。

冷却式顶棚是降温的一种好方法，也不需要与送风系统结合使用。冷却式顶棚系统的优点首先在于房间的温度分层效应减少了，其次，冷却式顶棚抵消了热浮力效应，也就是暖空气的上升效应。顶棚可以通过使用制冷剂达到降温效果。更环保的方法是在夜间采用机械通风降温，

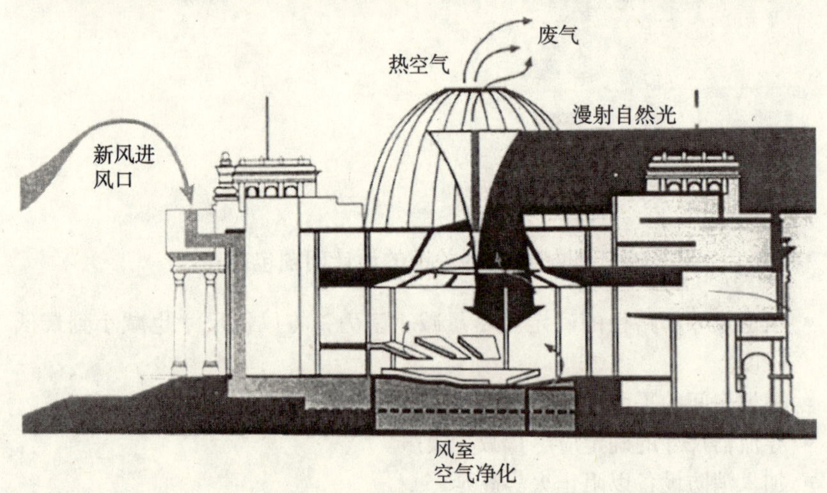

图 12.14
德国国会大厦的置换式通风和自然采光系统

对露明的楼板进行预降温。还有一种系统是在混凝土楼板中埋置管道，运送冷却水，通常是地源冷却水。

蒸发式降温

蒸发式降温可以说是“在太阳底下没什么新鲜的东西”方法。在建筑中结合这一方法的最早期案例之一是古罗马皇帝尼禄修建的庞大“金屋（Golden House）”，占据了罗马市中心的大部分地区。在这个巨型建筑的中心是带穹顶的八边形房间，房间的一个侧墙嵌入了引自高山溪流的瀑布。毫无疑问，这片流水墙扮演了建筑要素和降温装置的双重角色。

蒸发式降温依据的原则是：在蒸汽状态下的分子比液态的相同分子所含的能量多得多。将水转化为蒸汽所需的热量就是蒸发的潜热。这种热量从水中散发出来，所谓“蒸发式降温”，然后转化为蒸汽。所以，蒸发过程导致物体表面冷却［R·托马斯（编著），1996 年，《环境设计》（*Environmental Design*），E & FN Spon 出版社］。

蒸发技术包括：

- 对于不具有高湿成分的空气，可以通过使水在其中蒸发，达到降温的目的；
- 如前所述，当空气穿过树叶、喷泉和经过池塘时，直接式蒸发就会发生；
- 如果进入建筑的空气越过潮湿的表面，或穿越一阵喷雾或窗户上的潮湿材料时，就会产生蒸发式降温；
- 在干燥气候区，夏季正午的平均相对湿度不超过 40%，采用直接式蒸发降温是最佳选择；
- 在间接式蒸发的情形下，空气不直接与水气接触，而是通过外表面已经加湿的管子或管道进行降温。

在设计中结合蒸发式降温的一个案例是诺丁汉大学朱比利校区。空气预先通过宽敞的户外水池进行降温，然后由倾斜的玻璃引导，进入教学单元和办公单元之间的中庭。建筑朝向保证了正确的主导风向（图 12.15）。

图 12.15
朱比利校区导向性蒸发式降温

其他降温策略

- 遮阳应与自然采光和被动式太阳得热综合考虑，同时对室外视线的干扰降至最低限度。
- 使用吸热玻璃或热反射玻璃。
- 在地中海地区传统建筑中，外表面粉刷成浅色，以反射部分得热；可资借鉴。

生态塔楼

“生态”与“塔楼”真是自相矛盾的概念吗？正统的“绿色建筑”似乎排除了所有超过12层左右高度的建筑，因为这一高度据说是在西欧气候区中无法实现自然通风的临界值。塔楼通常需要庞大的设备管线系统。同时，大约每增加五层建筑高度，建造的能源成本会大幅上升。

然而，生态塔楼也有其倡导者，最著名的就是马来西亚吉隆坡的杨经文（Ken Yeang）。他率先引入带有自然通风的空中花园的概念。为了应付高空的风速（在第18层风速可达40米/秒），他利用翼状的引风墙和风斗，使风偏转方向进入建筑中心。

这些原则在西方的首次运用是在法兰克福的商业银行（Commerzbank）（图12.16）。这个项目初始是作为一个办公总部的邀标竞赛，包括办公空间90万平方英尺，以及50万平方英尺的其他用途空间。项目的纲要很明确，即该建筑应该成为生态建筑，其中节能和自然通风起到关键作用。那时由绿党掌管整个法兰克福。诺曼·福斯特联合事务所赢得了这次竞赛。在设计中，一幢60层高、三角形的建筑体量围绕着开放式中央核心筒，中庭达到整个建筑高度（图12.17）。这一设计最值得注意的是与开放花园的结合。建筑中共有9个花园，每个花园占据四个楼层，以120°的角度环绕塔楼，使所有的办公空间都有缘欣赏花园的美景。

花园也是社交空间，人们可以在花园中喝杯咖啡或享用午餐。每个花园隶属于一组办公空间，每组办公空间内可容纳240人。正如建筑师所说：“我们打算把建筑分解为许多乡村单元。”这在为场所使用者减小尺度方面极其重要。花园中的植物富有特色，依据其所在的楼层高度，分别来自北美、日本和地中海地区。

自然通风从花园顶部进入中庭。中庭每隔12层分为一个单元，在这12层高的空间里经由三个不同朝向的花园带来了穿堂风（图12.18）。空气质量很好，因为种植了绿化而更好。据估计，自然通风系统在一年中60%的时间段里是充足的。当环境过冷、过热、或风速过大时，建筑管理系统会启动备用通风系统。这个通风系统与运行在整个建筑内的顶棚式冷却系统相连。

图 12.16
法兰克福商业银行

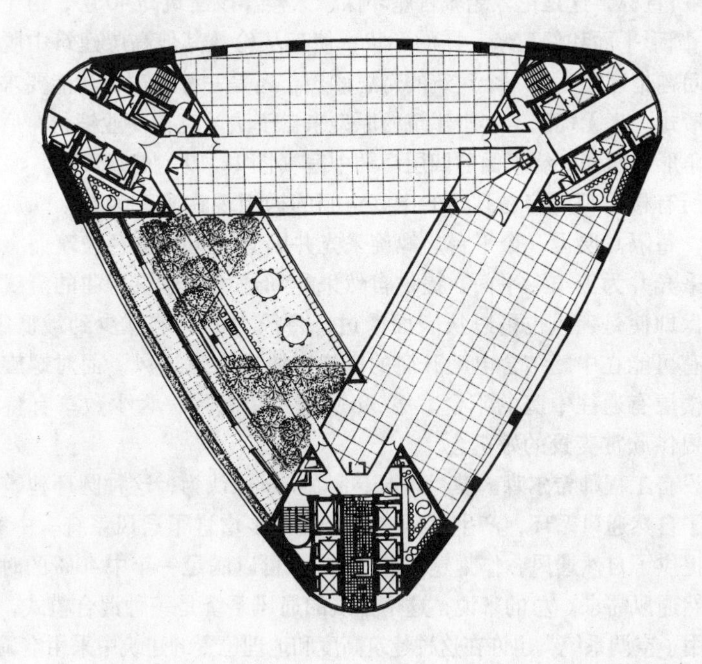

图 12.17
商业银行标准层平面

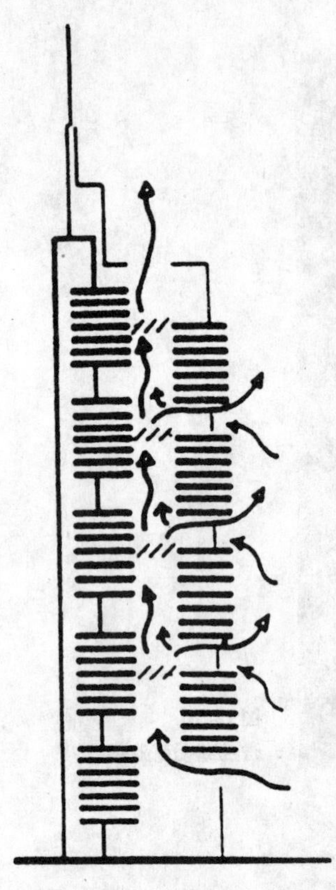

图 12.18
商业银行自然通风路径

幕墙的设计基于气候立面的原则。空气从每个楼层的立面进入一个200毫米的空气间层，空气在此得到加温，穿越整个空气层，然后从顶部排放出去，进入室内。这事实上就是一个热力烟囱。气候立面包含一层12毫米厚的玻璃外表皮，玻璃上有特殊的涂层，以接收雷达信号，假定是来自机场的雷达信号。立面的内表皮是Low E双层玻璃，使得整个立面系统具有节能的U值。外表皮有永久性通风口，而内表皮的双层玻璃构件有可开启的通风口，当周围环境需要时，由建筑管理系统（BMS）自动启动并进行控制。空气层中的电动铝制百叶在必要时提供遮阳。据计算，这种通风系统消耗的能源只有采用全空调系统的办公建筑的35%。

这是一次非比寻常的努力：建造超高层塔楼，并将其对环境的影响减少到最低限度，而且也为使用者提供最大限度的舒适和休闲设施。这也证明了遵循生物气候学原则的建筑如何受制于政治命运的变幻莫测。假设绿党没有经历其短暂的鼎盛时期，这一建筑可能永远都不会出现。

2004年，位于伦敦圣玛丽·阿科斯（St Mary Axe）街30号的国际性再保险集团——瑞士再保险（Swiss Re）公司伦敦总部大厦竣工（图12.19）。据该大厦的设计者——福斯特及合伙人建筑事务所宣称，这是伦敦老城首座环保摩天楼。该建筑高40层，由于采用圆形平面和像玉米一样的形状，使其从伦敦其他高层建筑中脱颖而出。问题是这究竟是一个建筑的奇思妙想，还是一种从逻辑功能要求中得出的形式。毫无疑问，这座建筑的原型来自于法兰克福商业银行，后者拥有三角形平面和环绕平面的四层高的中庭（图12.19～图12.21）。

所有楼层都能容易到达的中庭空间的构想现在演变为6个螺旋状采光井，每隔6层设一个平台。螺旋采光井因立面上的深色玻璃而突显出来。采光井为三角形平面，提供自然采光和通风。建筑弯曲的流线型体量确保即使是疾风也可以从表面滑过，将风力的影响减少到最低限度。这就有可能在中庭结合电动开启的窗户来协助自然通风。面对螺旋形空间的楼层有通往中庭的阳台。第39层是一个餐厅，为少数享有特权的人士提供欣赏美景的好机会。

设备工程师希尔森·莫兰（Hilson Moran）认为，这种圆环建筑形式驱动了自然通风循环，产生气压变化，进一步增进了通风系统。中庭/采光井提供了自然通风，作为建筑的"肺"，可以满足一年中40%的时间段的自然通风需求。总的来说，这个建筑的通风系统是一种混合模式，也结合采用了空调系统，也许在这种建筑高度和地理位置的建筑中采用空调系统是必不可少的。然而，由于采用了一系列热回收装置，减少了空调系统对能耗的影响。自然通风和机械通风系统都由智能化的建筑管理系统进行控制。

图 12.19
位于伦敦的瑞士再保险集团总部

建筑的外表皮运用了气候立面，由外层的双层玻璃外遮阳和内层的单层玻璃组成。内外表皮之间成为通风的空气间层，在夏季带走热量，在冬季提供保温。在空气间层中安装了由太阳能控制的百叶帘。

圆形平面的优点在于尽可能满足办公空间的天然采光。办公楼层位于建筑周边，交通流线则利用建筑的核心筒。

这种设计的环保特质是每年能耗估计只需 $150kWh/m^2$，这意味着与常规的、设计优良的、类似规模的完全依赖机电设备工程的办公建筑相比，节约 50% 的能源。

这个大厦也突显了遵循生物气候学原则建筑的一个窘境，那就是名义上的业主可能仅仅使用这种量身定做的建筑的一部分。在这一案例

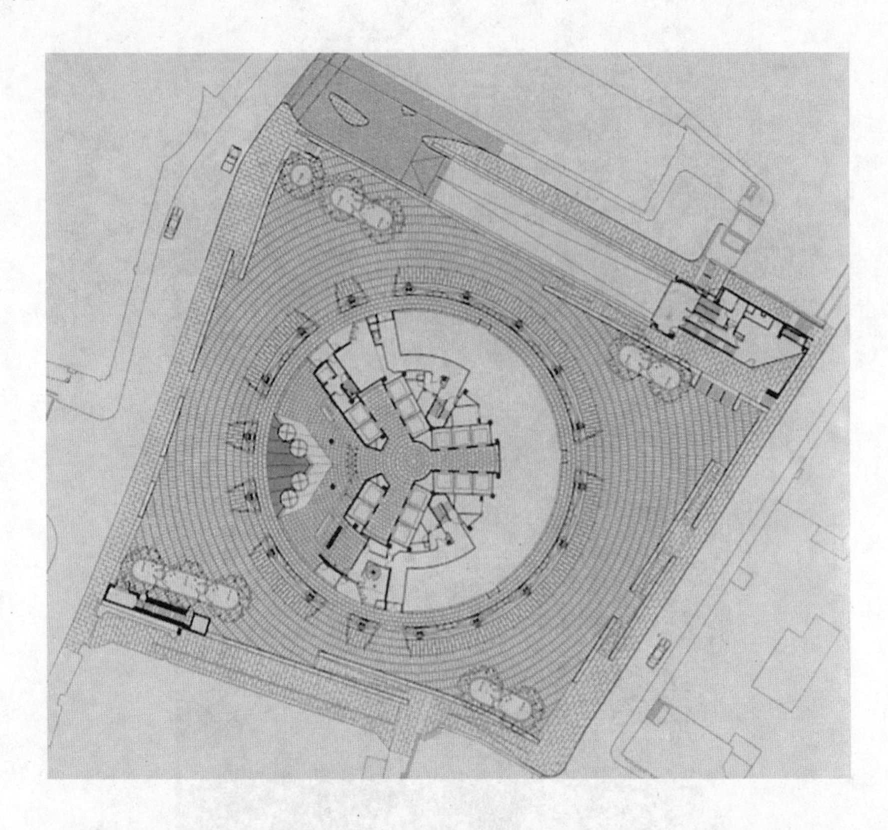

图 12.20
底层平面和广场

中，瑞士再保险公司会进行严格的能源管理。但是，这一塔楼的大部分办公用房将出租，根本无法保证在能源管理方面达到再保险公司所要求的质量。最糟糕的情况可能是，系统允许在默认状态下转为空调系统，这就会使设计者精心制定的节能目标付诸流水。

在附近的奥尔德盖特（Aldgate）地区，尼古拉斯·格里姆肖（Nicholas Grimshaw）及合伙人公司正在建造一幢高 49 层的办公楼，即密涅瓦大厦（Minerva Tower）（图 12.22）。

图 12.21
带有三角形中庭的上部楼层

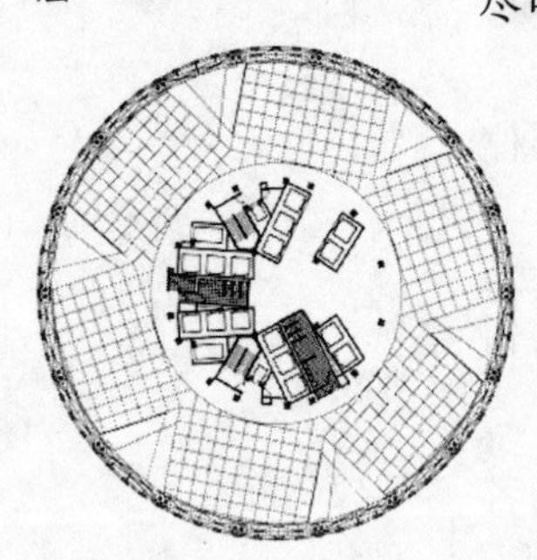

与本书前述的案例一样，这一建筑也是在高层建筑的限制条件下，尽可能采用自然通风策略，并将自然通风系统作为混合型通风策略的一个组成部分。担任设备工程设计的罗杰·普雷斯顿（Roger Preston）及合伙人公司估计，如果自然通风的使用达到最大容量，这一建筑应比常规的、同等规模的密闭式全空调建筑节省三分之二的能源。同时该大厦的设计也最大限度地运用了气候立面原则，增加了 3% 的造价，同时也减小了楼板面积。如果将这些节约的能源成本进行货币化，那么，显然这些额外的成本会迅速回收。在资金回收之后，这些设计措施将提供更多的节能收益。

图 12.22
密涅瓦大厦

在七层楼以下，使用者可以打开玻璃遮阳屏后的窗户。在七层的高度以上，气候立面可以解决所有的问题。这就缓解了与高层建筑相关的一些问题：风速大、污染和噪声。使用者可以手动操作双层玻璃窗来实现自然通风，双层窗开向650毫米厚的空气间层，单层玻璃表皮从外侧封闭了这个空气层。位于空气间层顶部和底部的通风口可以使新鲜空气进入，这意味着即使在200米高空，也可以通过通风口来调节气流的速度，使气流以适当的速度进入办公空间。设计师们乐观地认为，在每年三分之二的时间段里，大厦都能在自然通风的模式下运行，只有在极热、极冷或强风的情况下，才需要使用机械通风系统。

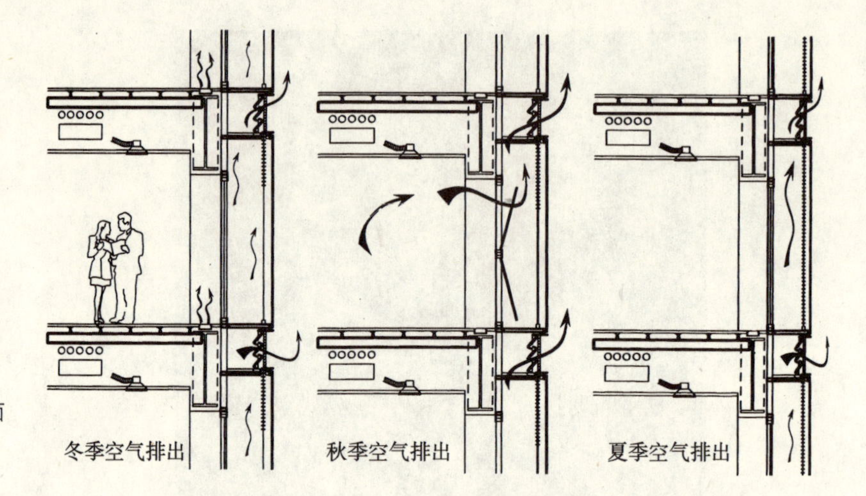

图 12.23
密涅瓦大厦 2，气候立面的自然通风系统

总结

通风和空气流动——针对建筑设计的建议

- 在白天通过增进空气流动，给使用者带来凉爽的空气。
- 利用较冷的空气冷却建筑结构，这通常在夜晚才可行。
- 建筑门窗洞口的位置设定必须有利于增进自然通风。
- 研究翼墙的使用，并通过门窗洞口改善空气流动。
- 设计烟囱效应的气流路径，以产生通风气流。
- 考虑利用太阳能烟囱，以增加烟囱式气流。
- 可以利用风塔和捕风器获得更多气流。
- 在自然通风导致的空气流动不足时，室内风扇——台扇、摇头扇和吊扇等类型——可以派上用场。

热的吸收

- 吸收式冷却利用天然热源来驱动简单的吸收式制冷系统。
- 最常用的制冷剂是溴化锂和氨基冷却剂。
- 吸收式制冷系统通过将空气或液体冷却，将热量从建筑中带走。

辐射散热

- 通过考虑建筑与天空和其他构筑物的几何关系，以增进建筑表面的辐射散热。
- 在适宜的气候条件下，露明的屋顶表面可实现夜间降温。

覆土降温策略

- 地面以下泥土的温度通常比地面上的空气更凉爽和稳定。
- 可以将建筑全部埋置于地下，或部分埋置于地下来利用泥土吸热；也可以通过将空气输送到管道和空气通道进行降温，（这些管道的标高通常是地面以下 1 ~ 3 米），然后输送到建筑中。

空调系统

空调系统用于采暖时能耗很高，用于制冷时能耗更高。此外，空调系统中气流速度通常大大高于简单的机械通风系统的送风速度，这就需要大量耗能的重型风机。能耗增加的部分与舒适度的小幅增加是无法匹配的。空调系统通常在白天运行，而这个时间对于设计合理的建筑，加上适当的环境控制策略，是完全可以避免使用空调的。在英国这种温和的气候条件下，空调系统的过度使用尤其值得注意。

当然在某些情况下，使用空调系统是必要的。然而，是否使用空调也需要根据特定的环境条件来决定。总的来说，可以认为如果采用气候敏感的设计，在大多数情况下可以避免使用空调。

如果确认空调系统是必需的，很有可能只是整个建筑的一小部分需要空调系统起主要作用。因此，设计者应当对建筑的各个部分区别对待，分别设计通风系统，并且将采用空调系统的区域密闭起来，和建筑的其余部分隔开。

第13章 能源的选择

电是最便利的能源形式。但是，这种能源形式掩盖了这样一个事实：即以目前的生产方式和燃料混合的比例，电能是非常不具有能源效益的。在用电方面，即所谓的输出能量（delivered energy）大约只有30%的能效。能量可分为“初始能量（primary energy）”和“输出能量”两种。初始能量是指以自然的状态存在于燃料中的能量；而输出能量是指在使用点存在于燃料中的能量。

目前，基于矿物的能源价格相对便宜，因为如前所述，没有计算其外部成本，例如对健康、森林、建筑，以及最重要的是对气候造成的危害。也许很快就会出现政治上的需求，将这些外部成本计入矿物燃料的价格中，为此将带来严重的经济后果。同时，人们也会意识到能够为消除环境中二氧化碳（CO_2）起最大作用的，是减少对矿物燃料的需求。即使以目前的能源价格，绿色建筑也是具有成本效益的。

值得提及的是，对于不同形式的基于矿物的能源，相应二氧化碳（CO_2）的排放量如下：

	输出能量（千克/千瓦时）
电	0.75
煤	0.31
燃油	0.28
天然气	0.21

英国已采取了很多措施转向燃气发电的方式，然而，每出产1度电，仍会向大气层排放750克二氧化碳。

在商业和办公建筑中，越来越普遍采用的供能方式是热电联供（CHP），这是更有效地使用能源的方式之一。CHP系统总的能源输出的典型分配比例如下：

电能	25%
高温热能（High grade heat）	55%
中温热能（Medium grade heat）	10%
低温热能（Low grade heat）	10%

这就是所谓的热电联供“输出能量分配（energy balance）”。由于以下两种原因，热电联供系统是具有吸引力的能源系统。

- 燃料中的大部分能量是可以利用的。
- 可以被改造为低碳排放或无碳排放的设备。

热电联供系统的适应性很强。目前，大部分 CHP 装置依靠天然气或柴油往复式发动机驱动运行；对于大型 CHP 设备，则以涡轮机驱动。然而，即便是相对小型的热电联供设备也将很快转向由燃气式微型涡轮机驱动。在未来的十年里，燃料电池的使用可能会有大幅增长。这才真正是未来的技术。

燃料电池

燃料电池是一种电化学装置，可以像电池一样产生直流电。与常规电池不同的是，燃料从连续的燃料供应（通常是氢）中获取能量。尽管燃料电池不是能源储备装置，但可以被认为是一种电化学内燃机。燃料电池是通过将氢和氧结合而产生电、热和水的反应堆，因此，在环保方面是无懈可击的。目前面临的问题是这种产能方式极其昂贵。每安装 1 千瓦燃料电池需花费 3000～4000 美元，而联合循环燃气轮机系统（combined cycle gas turbine system）每千瓦却只需花费 400 美元。造成成本差异的原因是燃料电池采用铂作催化剂。然而，专家认为铂的使用量可以减少五分之一，这将带来成本的锐减。当批量生产开始起作用时，成本也会大大降低。最新的预测指出，燃料电池的成本应该有可能降至每千瓦 600～1000 美元。

燃料电池高效、清洁、安静，没有任何运动机件，尤其适合用于热电联供系统。对于在建筑中运用的静态电池（static cell）来说，最有发展潜力的技术是固态氧燃料电池，运行温度为大约 800℃。大多数燃料电池以氢为燃料。目前获取氢的最具有成本效益的方式是天然气重整。阿莫里·洛文斯（Amory Lovins）认为，“像家用热水器大小的天然气重整装置可以产生足够的氢，供几十辆汽车的燃料电池使用”（《新科学家》，2000 年 11 月 25 日，第 41 页）。这样，在不久的将来，就有可能购买家用燃料电池和天然气重整的成套设备。如此一来，住宅就不再依赖于电网。而到那时燃料电池所产生的热能和电力比目前的价格要便宜得多。目前，大量的科学研究正在致力于提高燃料电池的效率和降低成本，因为这是面向 21 世纪的技术；无论谁取得突破性进展，都将获得巨大的荣耀。帝国学院（Imperial College）的戴维·哈特（David Hart）说：“如果燃料电池能充分实现其潜力，就没有理由不取而代之世界上所有的电池和内燃机”［《新科学家》，科学内幕（Inside Science）“点燃未来（Fuelling the Future）”，2001 年 6 月 16 日]。

目前有五种燃料电池技术。质子交换膜系统（proton exchange membrane system）是其中最简单的，可以用来解释燃料电池的基本原理。

质子交换膜燃料电池

质子交换膜燃料电池有时也被称为聚合物电解质膜燃料电池（polymer electrolyte membrane fuel cell-PEMFC），或固态聚合物燃料电池（solid polymer fuel cell）。这是最常见的燃料电池之一，适用于机动车和静态设备。在目前投入生产的所有燃料电池中，质子交换膜燃料电池的运行温度最低为 80℃。这种燃料电池由一个正极和一个负极组成，正负极之间由电解质分开，电解质通常采用特氟隆（Teflon）。在正极和负极上都涂有铂，作为催化剂。氢注入正极，而氧化剂（空气中的氧）注入负极。正极中的催化剂导致氢分解成其组成成分：质子和电子。电解膜只允许质子通过负极，并在此过程中形成电荷分离。电子经过外部电流产生大约 0.7 伏的有用能量，然后在负极与质子重新结合而产生水和热（图 13.1）。

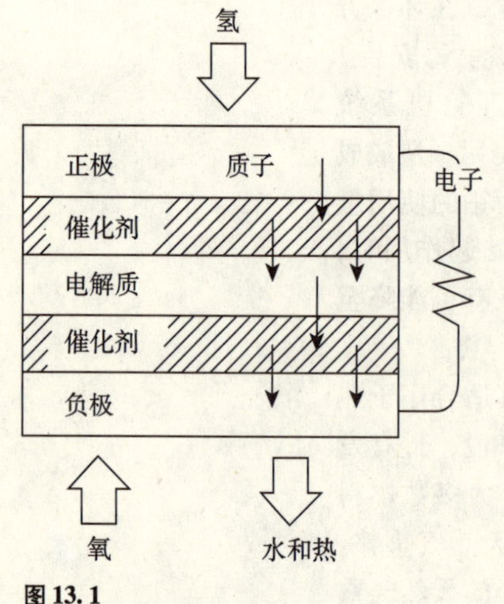

图 13.1
质子交换膜燃料电池的基本结构和功能

为了形成有用的电压，燃料电池可以堆叠起来，中间是导电双极板，通常是石墨板，板上内嵌沟槽，允许氢和氧在其中自由地流动（图 13.2）。

质子交换膜燃料电池的发电效率是 35%，今后的目标是达到 45%。其能量密度是 0.3 千瓦/千克，相比较而言，内燃机的能量密度是 1.0 千瓦/千克。

质子交换膜燃料电池所面临的一个问题是，要求氢具有很高的纯度。目前，科学研究正在关注于寻找更便宜和更强的催化剂，以及更有效的离子交换聚合物电解质（ion exchange polymer electrolyte）。

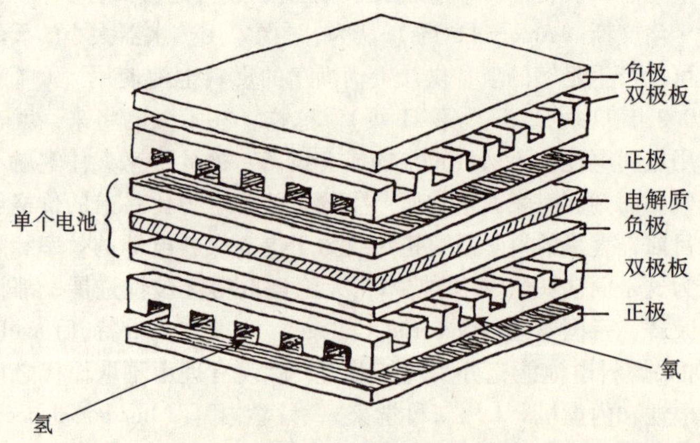

图 13.2
燃料电池堆栈

磷酸型燃料电池（Phosphoric acid fuel cell-PAFC）

与质子交换膜燃料电池相似的是，磷酸型燃料电池也在中等温度范围内运行，大约 200℃，这意味着允许氢含有一些杂质。这种燃料电池利用磷酸质子通过电解质和铂或铂铑电极导电。与 PEMFC 的主要区别是 PAFC 使用液态电解质。

目前磷酸燃料型电池的系统的效率在 37% ~43%，还有待进一步提高。这种技术在日本似乎尤其受欢迎，因为日本的电价昂贵，更倾向于采用分散式发电方式。在横滨，一个 200 千瓦的燃料电池机组利用沼气为该市污水处理厂提供热能和电力。东京电力公司迄今为止最大规模的燃料电池机组在服役期内能产生 11 兆瓦的电力输出。

磷酸型燃料电池已试验性地用于公共汽车。然而，其前景可能还是更适用于静态系统。

《新科学家》的社论在提到上述预测时说："更大规模的、静态燃料电池将会吸引宾馆和体育中心，而电力公司将会将这种燃料电池机组作为延伸电网的替代方式。"磷酸型燃料电池应用的一个案例是位于纽约中央公园的警察局，他们发现在公园中安装一个容量为 200 千瓦的磷酸型燃料电池机组要比连接电网更便宜，因为使用电网需要在公园中开挖敷设新的电缆（戴维·哈特，引文同前）。在这样的预测出台一年后，英国萨里郡的沃金自治区安装了第一台商用磷酸型燃料电池机组，拥有 200 千瓦容量，用于为公园娱乐中心的游泳池供热、制冷、提供照明和除湿。燃料电池机组成为沃金公园更大规模的热电联供系统的一部分。

固态氧燃料电池（Solid oxide fuel cell-SOFC）

固态氧燃料电池是一种仅适合于静态设备的燃料电池，需要数小时才能达到运行温度。这也是一种高温燃料电池，运行温度在 800 ~ 1000℃之间。固态氧燃料电池最大的优点是能以多种燃料来运行，包含天然气和甲醇。这些燃料可以在电池内进行重整。如此高的运行温度也能使杂质分解，不需要利用像铂这样的贵金属作为催化剂。

固态氧燃料电池未来可达到的电力输出范围非常之广，从 2 ~ 1000 千瓦不等。

与质子交换膜燃料电池不同的是，固态氧燃料电池的电解质从负极流动到正极传导氧离子而不是氢离子。电解质是陶瓷制品，在 800℃的温度状态下传导氧离子。固态氧燃料电池通常为管状结构，而不是平面结构（如质子交换膜燃料电池），以减少高温膨胀时密封失效的可能性。

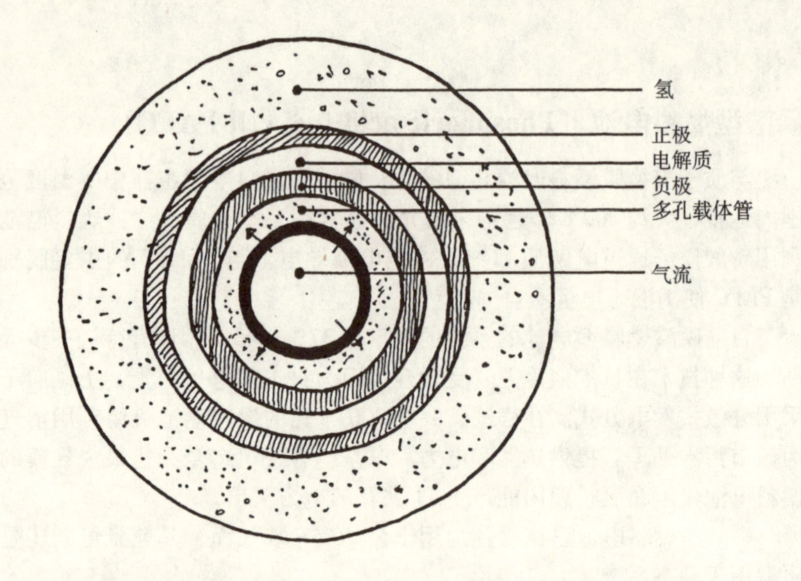

图 13.3
固态氧燃料电池的管状结构

空气（氧）流过中心管子，而燃料在管状结构的外周流动（图 13.3）。

帝国学院的戴维·哈特认为："固态氧燃料电池具有最广泛的应用范围。大型机组可以用于工业发电和产热。小型机组可用于住宅。"

碱性燃料电池（Alkaline fuel cell-AFC）

磷酸燃料电池的研发始于 20 世纪 40 年代，也是在 60 年代得到全面发展的第一代燃料电池，曾经用于阿波罗航天计划。这种燃料电池采用碱性电解质，例如氢氧化钾。电解质放置在镍电极或贵金属电极之间。碱性燃料电池的运行温度是 60～80℃，所带来的好处是预热时间较短。然而，碱性燃料电池的能量密度仅有质子交换膜燃料电池的十分之一，因此在同样的输出功率下，碱性燃料电池机组的体积更加笨重。

熔融碳酸盐燃料电池（Molten carbonate fuel cell-MCFC）

熔融碳酸盐燃料电池是一种在大约 650℃ 温度运行的高温燃料电池。这种燃料电池中的电解质是碳酸锂和碳酸钾的碱性混合物，在 650℃ 时呈液态，以陶瓷基为基底材料。正负两个电极是镍基的。熔融碳酸盐燃料电池的运行方式与其他燃料电池的区别在于碳酸盐离子穿越电解质。这使得它能够同时耐受一氧化物和二氧化碳。这种燃料电池能够消耗碳氢化合物燃料，在电池内部重整为氢。

熔融碳酸盐燃料电池的发电效率可达 55%。如果利用发电过程产生的蒸汽和二氧化碳驱动涡轮发电机（联合发电），可将总能效提升至

80%——接近标准燃油或燃气的发电厂能效的两倍。因此，这种技术特别适合于城市发电厂，可以同时发电和产热。位于美国康涅狄格州丹伯里的能源研究公司（Energy Research Corporation-ERC）已经为加利福尼亚州圣克拉拉市建设了一个 2 兆瓦的燃料电池机组。这家公司目前正在研发一座 2. 85 兆瓦的燃料电池发电站。

日本和美国的研发计划已经制造出 5 ~ 20 千瓦的小型燃料电池机组的样机。如果能够成功生产的话，对家庭热电联供将是非常有吸引力的。

熔融碳酸盐燃料电池的主要缺陷是由于使用具有高腐蚀性的熔盐作为电解质而产生的设计和维护的双重问题，而各项研究正在侧重解决此问题。

2000 年 3 月，费城宾夕法尼亚大学的研究人员宣称研发出利用天然气或甲醇直接运行的燃料电池，而不需要重整产生氢。其他燃料电池是不能够直接以碳氢化合物来运行的，这样会在几分钟内使催化剂结块。研发出的这种创新性燃料电池使用铜和氧化铈作催化剂，而不采用镍。研究人员认为小汽车将成为这种技术最主要的受益者。然而，基尔（Keele）大学的化学家凯文·肯德尔（Kevin Kendall）却有着不同的看法。他认为，“在欧洲，每年有数以百万计的房主更换家里的燃气式集中供热系统。在五年之内，他们有可能安装使用天然气的燃料电池……每家都将有一个使用管道天然气的热电联供设备”（《新科学家》，2000 年 3 月 18 日）。这一预测的状况可能会在 2010 年出现。

国际燃料电池协会（International Fuel Cells）（美国）正在测试一种新型燃料电池，其发电功率为 5 ~ 10 千瓦，并能提供 120 ~ 160℃ 的热水。这是一种可以应用在住宅中的燃料电池系统，美国插电电力公司（Plug Power）（与通用电气公司（GE）合作）以商品名“通用电气家用发电机 7000 型（GE HomeGen 7000）”将这种家用燃料电池推向市场。

托尼·马尔蒙特教授是西塔农场的经营者，也是燃料电池的创导者。他考虑了一种可能性，即将小汽车的车载燃料电池与家庭或办公室的能源供应联系起来。他估计小汽车 96% 的时间是静止在车库的，这就可以将小汽车与一幢建筑连接，以提供空间采暖和家用热水。所发的电也可以卖给电网。小汽车将以氢为燃料，其补给来源于氢的供应网。在这种补给网络建立之前，汽车将从城市管网中获取甲醇、甚至是天然气，然后用车载催化剂将其重整，产生氢的供应。

最近大量的研究集中于燃料电池的原因，是因为相信燃料电池是未来的能源技术，因为它能够满足多种能源需求，而不仅仅因为它是真正二氧化碳零排放的能源资源。利用燃料电池发电还能使我们不再依赖国家电网的电力供应；在很多国家，电网是不可靠的。也许最大的受益者最初将是发展中国家的乡村社区，他们从来没有寄希望于有朝一日能够连接电网供电。在全世界范围内，能否获取能源从来都是区分贫富的主要因素。由光伏电池、太阳热电或小型水电设施提供电力、由电解氢驱动的、廉价的燃料电池，也许是解决这个令人难以接受的能源不平等问题的最终方案。

毋庸置疑，我们正在走向基于氢的新经济的开端。氢的获取最终可以通过管道网络实现“打开龙头”就得到的便捷。同时，重整天然气、石油、丙烷和其他碳氢化合物产生氢的方式，仍然可以大量减少二氧化碳和污染物质的排放，如硫和氮的氧化物。家用规模的燃料电池将有内置的处理单元以重整碳氢化合燃料，而整个系统所占据的空间将会与中央采暖锅炉大致相当。

当燃料电池所需的氢燃料由再生能源资源提供时，就可以真正获得巨大的发展。这些再生能源资源包括太阳能电池、风能和开发海洋的再生能源。如果潮汐能的潜力得到充分发掘，将会出现高潮电力盈余，这就可以用来通过电解作用产生氢。

第一组家用规模的燃料电池于1994年，由弗劳恩霍夫太阳能系统研究所安装在位于弗赖堡的实验性的能源自给太阳能住宅（Self-Sufficient Solar House）中。燃料电池所需的氢的电解作用由安装在屋顶的光电电池驱动，氢存储在一个室外储罐中（图5.6）。

在美国，有些地区能源供应的可靠性越来越成问题，这就使燃料电池越来越具吸引力。在俄勒冈州的波特兰市，从污水处理厂的沼气中获得的氢足以为100户住宅提供电力照明。在加利福尼亚州也是如此，卡拉巴萨斯市的维尔吉尼斯市政污水处理区（Virgenes Municipal Water District）将污水中的沼气重整为氢，以驱动燃料电池，所出产的电力能够提供90%的运行污水处理厂所需的电能。假使这些电力能够输送到电网，则可以为300户家庭提供电力。

美国能源部（US Department of Energy）计划在2010年利用氢和燃料电池为200万到400万住户提供电力，到2030年，用户将达到1000万。如果能从污水、家畜粪便、地下沼气，以及PV或风能驱动的电解反应中获取氢，那么这一计划必将为所有发达国家竞相效仿。

由再生能源驱动的燃料电池将严重依赖有效的电力存储系统。目前，这是构建无污染未来的主要绊脚石之一。

燃料电池获得广泛应用的主要障碍在于成本。据美国能源部估计，燃料电池目前的成本是大约每千瓦3000美元。一家英国公司——位于剑桥的ITM电力公司声称，能够将这一成本减少至大约每千瓦100美元，其方法是通过研发一种简化的燃料电池体系。这是基于拥有专利的、独特的离子导电聚合物族系，并且可以廉价生产。这种拥有专利的、一站式生产过程将使生产成本大幅度降低。一个完整的燃料电池堆栈可以从一个反应过程中制造出。ITM公司预计在2005年将家用规模的燃料电池推向市场。

能源储存——电力

飞轮储能技术

使用飞轮技术存储能量的科技首先运用于交通工具中。机动车制动的能量用来驱动调速轮，然后利用飞轮补充加速所需的能量。然而，这一技术获得发展的推动力来源于空间技术。一旦摩擦造成的能量损耗问题得以解决，飞轮储能技术真正的潜力在于可以将能量储存更长的时间，而且储存更多的能量。一个实验性项目正在伊斯雷岛上进行，这个岛也是试验性海浪能发电项目的基地（见第 3 章）。

日本将飞轮储能技术推上了新的高度。他们研发了一种磁悬浮飞轮（levitating flywheel），利用高温超导陶瓷以抵消磁场。通过电磁感应使飞轮转速达到每分钟 3600 转，这意味着储能的容量为 10 千瓦时。可以通过磁盘中的永久磁铁在线圈中感应电流而获得能量。如果系统处于真空状态，24 小时内的能量损失可以忽略不计（《新科学家》，1991 年 7 月 13 日，第 28 页）。

氢的储存

由于兴登堡飞船失事①的悲剧重复上演，人们对氢的安全使用印象不佳。传统的储氢方法是置于压力罐中（见弗赖堡住宅，图 5.6）。体积在 50 升以下的氢气可以储存在 200～250 帕的压力下。大规模氢气设备的运行需要的储存压力是 500～600 帕。

此外，可以将氢气进行液化以便于储存，但需要冷却至 −253℃。这一过程需要大量地使用能源。氢的液态形式具有很高的能量质量比（energy to mass ratio）——是石油的 3 倍。但是，液态氢的储存需要绝热性能极佳的储罐。

以化学键的形式存在的氢是更好的储存方式之一。金属氢化物可以用来储存氢，如铁钛化合物，这是通过化学反应将氢结合到金属表面的工艺。在高压下将氢注入充满小粒子的容器中使金属通电。在这一过程中，氢与金属材料结合而释放热量。当热量和压力消失时，氢气就释放出来。

再生燃料电池（Regenerative fuel cell）

一种即将获得首次大规模实证应用的技术，是基于一种叫做“再生系统（Regenesys）”的技术。这一技术将电能转化为化学能，并能够储

① 1937 年 5 月 6 日，兴登堡号飞船在一次例行飞行中，行将着陆时起火，船体内的氢气与易燃的蒙皮导致飞船内大火迅速蔓延，在 34 秒内将飞船焚毁。——译者注

存大量的电能。这一过程也是可逆的。

英国国家电力局（National Power）正在建造一座360千兆焦耳的机组，额定电力输出功率为15兆瓦，直接输送至电网。

根据英国环境污染皇家委员会的观点，到本世纪中叶，氢燃料电池和再生燃料电池将会得到广泛的应用。如果全球变暖和能源供应的安全问题同时变得严峻，那么切实可行的大规模储能技术将更快问世。

光电技术的应用

商业建筑也许能够成为光伏发电技术与玻璃一体化最具潜力的市场，当然也包括光伏电池安装在屋顶的方式。即使按照PV技术的现有水平，阿鲁普及合伙人工程顾问公司估计，营运一幢办公综合楼所需的三分之一电力都可以由PV电池供给，而建筑造价只需增加2%。光伏电池应用于商业建筑的主要优势是，办公室主要在白天使用能源。东英吉利大学的朱克曼联合环境研究所建筑可以作为一个案例（见第18章）。

未来几十年将面临的挑战之一是将PV技术与改造既有建筑相结合。位于纽卡斯尔的诺森布里亚大学的诺森伯兰建筑就是一个试验性案例，光电电池应用在连续窗下墙上［见P·史密斯和A·C·皮茨合著（1997年）的《实践概念——能源》（*Concepts in Practice-Energy*），Batsford出版社］。

假使设计师们能够得到关于PV技术的丰富资讯和建议，现在应当可以抓住由此带来的机遇，充分发掘建筑外围护结构的众多新的美学构成方式。

PV技术最广泛的应用一直是在商业和办公建筑领域。本书早先提到的位于Doxford的太阳能办公楼，整个南立面上安装了40万个PV电池。

最近PV技术已经成功地在诺丁汉大学朱比利校区建筑的中庭内实现了与屋顶的一体化（图13.4）。

然而，规模更大的PV安装计划已在欧洲大陆实施。本书第11章引用了德国Mont Cenis培训中心作为PV技术大规模运用的案例。这是一个多功能综合设施，主要包括继续教育学院、宾馆、办公空间和图书馆。这些功能都容纳在一个180米×72米、高16米的玻璃外围护结构内。在12000平方米的屋顶面积中有10000平方米用于安装PV电池，所产生的电力超过建筑所需的两倍（图13.5）。

PV市场正在快速增长——2002年PV市场的43.8%份额在日本、德国和美国加利福尼亚州，所产生的电能绝大部分输入电网。目前已经证明PV技术拥有巨大的潜力，因此正吸引着大量的研究人员和经费。太阳能电力公司（Sunpower Corporation）正在制造一种新型太阳能电池，

图 13.4
诺丁汉大学朱比利校区，光伏电池

可以达到 20% 以上的能效，并且已得到美国国家再生能源实验室（US National Renewable Energy Laboratory）的验证。这个实验室也证实了分光实验室（Spectrolab）的"改进型三结太阳能电池（Improved Triple Junction）"的实验室能效可以达到 39.6%。我们充满信心地预测，PV 电池的能效可能超过 40%。由于规模经济而越发降低的 PV 单元的成本对电力市场的影响将是巨大的，其潜力是每家每户都成为一个微型发电站。不算上这些 PV 技术的改进，赫尔曼·希尔通过计算指出，德国每年 500 万亿瓦时的能源总需求也可以通过在 10% 的既有建筑屋顶和立面以及高速公路隔声屏上安装 PV 电池就能得到满足［《太阳能经济》（*The Solar Economy*），第 64 页，Earthscan 出版社，1999 年］。

热泵技术

热泵技术是制冷技术的分支，但是热泵既能供热又能制冷。热泵的工作原理是某些化学物质在冷凝成为液体时吸收热量，在蒸发成为气体时释放热量。

目前有数种不同类型的制冷剂用于空间采暖和制冷，它们的全球变

图 13.5
德国黑尔纳·索丁根，Mont Cenis 综合楼的 PV 屋顶

暖潜值（global warming potential-GWP①）也不尽相同。有可能造成臭氧层耗尽的制冷剂现在已经禁用。目前，在制冷剂中真正达到所排放的物质完全为零 GWP 的包括氨，这是应用最广泛的冷却剂之一。

从外部媒介，如土地、空气或水中提取热量或冷量，可以增强冷却剂供热和制冷的能力。

最有效率的热泵是地源热泵源（ground source heat pump-GSHP），这一技术最早产生于20世纪40年代。这又是一种可以追溯到遥远的过去的技术，但是直到现在才实现其技术潜力，并且意识到这是面向未来的技术。

地源热泵技术利用了土壤的热稳定性来采暖和制冷。地源热泵的原则之一是它本身并不产热；二是热泵将热量从一处运输到另一处。地源热泵技术的主要益处在于，相比常规的电加热和制冷的方式，只消耗不到50%的电力。

目前，地源热泵的性能指数（coefficient of performance-COP）在3~4之间，这意味着每千瓦的电力可产生3~4千瓦的可用热量。热泵 COP 的理论最高值为14。未来 COP 达到6也是有可能的。

---

① 表示物质使地球环境变暖的能力。以二氧化碳或 CFC-12 为基准，将 1kg 二氧化碳或 1kg CFC-12 的使地球变暖能力作为1，其他物质均以其相对数值来表示。——译者注

大多数地源热泵采用封闭式环路系统，将一根高密度聚乙烯管埋于地下，管内充满水和防冻剂的混合液，作为传热媒。这种系统在垂直方向置于一个U形结构中，水平方向呈环路。垂直管向地下埋深100米；水平环路至少埋于地面以下2米深。

水平式地源热泵系统是居住建筑中最常见的系统类型，由于住宅附近通常有足够的开敞空间，而且因为与垂直式相比，水平式热泵系统大大减少了土地开挖费用。唯一的问题在于，即使在地下2米深处，系统的水平回路也会受到太阳得热和降水蒸发的影响。在所有的情况下，如果在场地内有流动的地下水，系统的性能都会得到改善。

在热泵系统中，通常成本最低的选择是利用池塘、湖泊或河流里的水作为传热媒介。供水管从建筑的地下开始铺设，在地表以下至少2米深处盘绕成圈状。

有将热泵类比于充电电池的说法，并且热泵是永久性地连接到点滴式充电器上。这个充电电池就是地下的环路阵列，而阵列的体积必须足够大，再加上匹配的压缩机，足以满足一幢建筑的采暖/制冷负荷。点滴式充电的能量来源是周围环境的土地，能够为紧邻环路周边的土壤充电。如果从地面获得的能量超出了地面能量再生的能力，那么系统就会停止运行，所以，能量需求与地面供热（冷）的能力相配是重要的［来自罗宾·柯蒂斯（Robin Curtis）博士，地源科学有限公司（GeoScience Ltd）］。

位于康沃尔郡的彭科伊斯（Pencoys）小学是阿特金斯公司（W. S. Atkins）PFI[①] 项目的一个案例，用地源热泵来补充建筑的能源供给。这个建筑的地源热泵系统有15个井状通道沉入地下45米的深度。热泵产生45～50℃的热水，储存在两个700升的保温缓冲水箱中。第二个回路用来产生大约50℃的热水用于楼板采暖系统。这个地源热泵系统的性能指数是4。热泵主要在晚上使用谷电运行，最大限度地减少成本。储存的热量加上内部得热，以及建筑的热质构件提供了大部分时间的空间采暖。在真正寒冷的天气，储存水箱中的浸没式加热器可以增加热量输出。

以目前的能源价格，这种地源热泵系统的运行比常规的锅炉设备昂贵。然而，天然气的价格将有可能因供应的安全性问题而持续上涨。再加上征收气候变化税，将使地源热泵系统在不久的将来，在运行费用的节约方面超过标准锅炉设备。这一建筑中的地源热泵系统由地源科学公司设计。

地源科学公司也参与了英国第一批技术产业园的设计，这是专门运用地源热泵技术、位于康沃尔郡的托尔瓦顿（Tolvaddon）能源产业园项目。园中共利用19个热泵，在地下70米深处钻孔，泵出地热资源。这个产业园项目因为有了区域开发署（Regional Development Agency-RDA）

① Private Finance Initiative-私人募集资金的创新项目。——译者注

图 13.6
伦敦，“未来的建筑”

对西南部地区的支持才能得以实施，RDA 要求这个产业园成为热泵技术的示范项目。

当建筑需要桩基础时，经济性的选择是将地源热泵与桩基结合，如理查德·帕克斯顿（Richard Paxton）建筑师事务所设计的伦敦普里姆罗斯山（Primrose Hill）“未来的建筑（Building of the Future）”（图 13.6）。这是一个办公和居住综合的开发项目，总面积为 1000 平方米。地源热泵系统采用了与桩基础的钢筋相连的四个塑料管环路，根据不同的季节为楼层的办公或居住空间供热或制冷。屋顶还装有一个二级盘管系统，并与中心总管相连，在需要的时候补充采暖的热量，但是在夏季也可以通过释放热量成为夜间降温系统。一个燃气锅炉和蒸发（隔热）式机械制冷系统成为热泵的补充。

此外，安装在屋顶的 PV 板能满足建筑大部分的电力需求。总之，与采用常规的采暖制冷设备相比，这一建筑的预期能源成本将会降低大约 30%（图 13.6）。

能源储存——采暖和制冷

天然能源资源具有间歇性的特点。为了在利用这类资源时能够获得持续的能源，需要储能系统。如前所述，这已经不是一个新概念，因为早在中世纪，潮汐磨坊就一个储能系统。其基本运作原理是，在高潮时储存水，在退潮时以适当的速度将水释放，来驱动水车转动磨面粉。

储存能源可以在两个方面提高效率和节约成本。首先，在最大限度获取太阳得热的建筑中，富余的太阳能可以在储能构件中储存起来，以便晚间用于空间采暖。其次，储能有助于减少峰电费用的支出。通过利用谷电为储能设备充电，然后使用储存的电力来减少用电高峰的电力需求。

能源的储存潜力有三种用途：用于采暖或制冷，以及储存电力。

储热

最简单的储热方式就是利用管网携带着被太阳能加热的空气，通过具有相当密度的媒介，如砖、混凝土砌块或水。储存容器必须严格保温。如果建筑的地下部分有充足的空间，就可以储存足够的热量，在整个采暖季节补充空间采暖，这就是所谓的“季节性储能（seasonal storage）”。还有一种方法是利用谷电或PV发电用于采暖。更复杂的方法是利用相变材料，如硫酸钠。相变材料的工作原理是利用熔化过程的潜热。这种媒介叫做共晶体或“芒硝”，在大约30℃时从固体转化为液体，然后在凝固时释放热量。

储冷

在建筑项目设计中，将全空调系统自动纳入建筑机电设备系统的做法越来越受到质疑，空间制冷的问题进入了崭新的维度。同样，制冷的原则还是利用闲置的能源、谷电和PV发电来使媒介冷却。最天然的冷媒可能就是建筑地下的土壤。更实际的办法是利用上文所述的相变材料和熔化过程的潜热来提供高密度的能量储存。还有一种选择是叫做STL的储能系统。这是由含有聚乙烯小球体的储能容器组成的，其间充满了共熔/共晶盐（eutectic salts）和氢氧化物的溶液。这种系统非常适合于周期性能源需求的场所，因为它可以在能源价格最低时、或机电设备关闭时促进制冷（或加热）的过程。如果将这种系统与空调系统结合，可以大大减少对制冷机组容量的需求。通过使用热泵，这种系统的能效可以得到大大提升，因为热泵是依据冰箱的原理提供制冷或热量。

如前所述，建筑构造如果含有较高的热质，可以成为重要的储热系统。由结构构件吸收的热量平缓了温度峰谷值的波动。露明的混凝土楼板可以作为有效的对流传热和辐射传热的储存媒介。值得再次重申的是，只有构造材料外层的100毫米厚度才包含有效的热质。如果使用了吊顶，就必须忽略不计楼板底侧的有效储能热质。然而，还有折中的解决办法，即选用带有42%开口面积的穿孔瓷砖，这足以保证实现楼板中96%的总体热传递，同时也能隐藏各种管线。

季节性储能

将太阳能的利用与土壤的热稳定性相结合，有可能大幅减少建筑运行产生的采暖和制冷负荷。这一原则叫做“蓄水层储能（aquifer storage）”。在夏季，建筑吸收了大量的剩余热量，这些热量既可以利用通风的方式排入大气，也可以用来储存在蓄水池中，为冬季提供采暖所需的热量。这种储能系统包括在建筑地下的两个钻井，井深达到地下水位。其中一个是温水井，一个是冷水井。这种系统的成功运作必须依赖于恒定的地下水温（在英国是10~12℃）。

这种储能系统必须与前文叙述过的位于腓特烈港的水箱式季节性储能系统区别开来，那是由太阳能集热板提供热量的。

在夏季，从冷水井出来的水被泵入建筑中，通过热交换器使通风系统降温。当冷水流经建筑时吸收热量，温度最终达到15~20℃，再回流到温水井中。在冬季，系统的运作正好反向，温水使通风系统的空气加温，向建筑释放热量，回流到冷水井中的水温为大约8℃，储存起来用于夏季制冷（图13.7）。

图13.7
季节性储能原理［图片蒙能源示范技术传播中心（CADDET）提供］

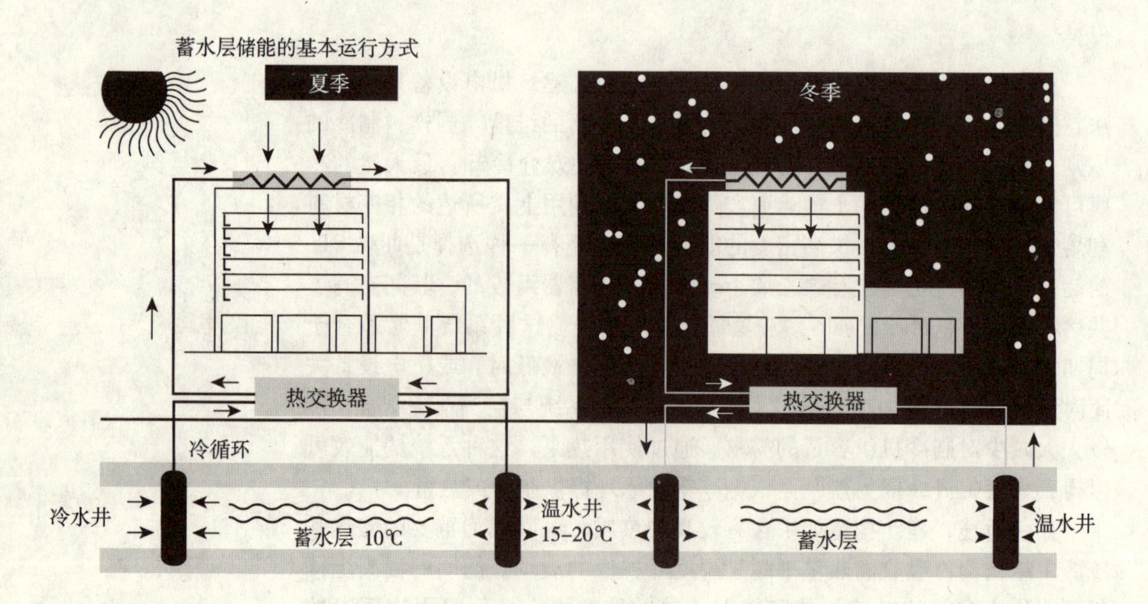

荷兰在季节性储能技术方面处于领先地位，已有 19 个完成或在建项目，预计每年节约的初始能源相当于 150 万立方米天然气。近来采用这一技术并获益的建筑包括柏林德国国会大厦，以及荷兰海牙市政厅和希普霍尔（Schiphol）机场办公楼。

在德国国会大厦的案例中，富余的热量储存在地下 400 米处的一个天然蓄水层中，根据季节转换提供采暖所需的热能。另外一个地下 40 米深的蓄水层用于夏季降温。

于 1999 年 9 月建成的伦敦格林威治半岛的塞恩斯伯里（Sainsbury）超级市场采用了覆土墙来调节商场楼层的温度。在这个建筑中，通风系统中的空气通过地下管道以保持凉爽的温度。在这一案例中也有两个 75 米深的钻孔，一个用来吸收制冷设备产生的热量，另一个用来提供地源制冷。

储电

蓄电池

蓄电池技术仍然是储电最常用的方法，但是这一技术令人期待的突破性进展还未实现。通常使用的仍是传统的铅酸电池，不仅体积笨重、价格昂贵而且使用寿命有限。即使是位于弗赖堡、首创性的非联网住宅也得依赖于铅酸电池，以备不时之需。PV 驱动的氢为燃料电池提供燃料，为建筑在全年大部分时间段提供电力（图 13.8）。

图 13.8
弗赖堡太阳能住宅的铅酸蓄电池组储放间

较轻便但更昂贵的蓄电池是镍镉电池，其优点是可以快速充电，这是由于内部电阻较低。汽车工业对这种形式的储电技术尤其感兴趣。当然，由于使用了镉，这种电池会造成严重的环境危害。

最有发展前途的一种蓄电池是奥沃尼克镍氢电池（Ovonic nickel-metal hydride battery），能够充放电达1万次。从能效的比较而言，一块普通的铅酸电池能使机动车行驶190公里，而Ovonic蓄电池能够达到480公里。这种电能储备量的提高幅度使其成为利用PV技术发电的建筑中可采用的具有吸引力的储电方案［P·鲍尔（P. Ball）著（1997年），《*Made to Measure*》，普林斯顿出版社，第258页］。

建筑管理系统

自从20世纪70年代以来，数字控制原理和系统控制的可行性得到迅速发展。计算机、现代多参数优化技术和智能控制技术的结合为在建筑中提供非常复杂的环境控制系统增加了可能性。通常，环境数据的采集和控制系统都结合在一个全面的建筑管理系统（building management system-BMS）中，该系统管理着通讯网络、安全保卫、火灾消防、电梯运行、与使用人数和模式相关的系统自动控制和调度，以及许多其他的功能。这种系统经常由一个设备管理员来控制。在这个庞大的系统中，管理能源的部分叫做建筑能源管理系统（building energy management system-BEMS），在某些情况下可以自治运行。系统控制室的位置不一定位于建筑基地，城市多功能建筑综合体中，建筑管理系统的监控装置可以布置在建筑体的中心位置；在郊区一组功能类似的建筑群中，系统监控设备可以设置在建筑群的中心位置。

BMS/BEMS的设计是用来运行建筑内各系统，并控制采暖、照明、通风和空调系统，管理建筑室内环境的参数状态。这种管理系统也能用来控制更被动的建筑构件功能，例如窗户的开启和遮阳设备的定位。

所有的建筑系统控制都结合在一起通常意味着决策权的集中。因此，尽管建筑作为一个整体，有潜力优化其能源和环境性能，以达到某些经过集中化设定的目标，但是，使用者影响周边环境的能力却降低了。这就使得人们感觉如果他们所处的状态不是典型的使用模式，就不得不接受不舒适的环境。进一步而言，有证据显示，如果使用者能对身边的环境有所控制的话，就更能接受不太完美的环境条件。

使用者对环境控制系统的不满也与对建筑综合症的抱怨相关。如果设备管理员没有时间，或没有专业知识去理解建筑管理系统中各种分析参数的复杂性，因而不能明了系统的微妙性、或不知如何进行系统微调以产生最佳节能效果，麻烦就更大了。

控制建筑室内环境条件在降低建筑能耗和影响使用者健康和工作效率方面，当然是非常重要的。过分复杂的系统操作也会影响使用者，那么他们可能转而选择需要最少操作的系统，而这种系统可能也是最不节能的。如前所述，使用者不能充分控制环境管理系统，或者不够全面的集中式管理，都将会使整个系统的益处化为乌有。

环境设计工具

被动式太阳能设计的三个主要范畴及次要范畴，通常用于居住规模的建筑设计。然而，类似的原则也可以用于商业建筑开发的分析。英国研发的“LT 方法”是致力于分析商业建筑领域的一种评估方法，即玻璃的采光和热工值方法（Lighting and Thermal Value of Glazing Method）。这种方法将建筑简化为正交平面，分为核心区和外围区。外围区就是在采光、采暖和制冷需求方面都严重受制于室外气候条件影响的地带。外围区根据朝向和进深来划分，定义为被动区。这种技术手段可以估算出年度节能数据，便于比较和分析，使用起来相当便捷。

到目前为止，LT 方法都是基于欧洲的气候条件而研发的，适用于欧洲地区的建筑设计分析，可以简单地预测每年用于照明、采暖和（如果设定的话）制冷的能源消耗。这种方法尽管有点过分简单化，但是，通过在最初的设计阶段指定最佳的窗户大小和朝向，的确能够快速提供各项节能指标。所以，这种方法在决定基本的平面形式方面是有价值的。现在已经研发出 LT 方法的许多变体，以解决多种建筑类型的能耗预测。这个系统在剑桥大学马丁中心（The Martin Center）的剑桥建筑研究有限公司（Cambridge Architectural Research Ltd）的 N·V·贝克（N. V. Baker）（2000 年）出版的《非居住建筑的能源与环境》（*Energy and Environment in Non-domestic Buildings*）一书中有详细论述。

现在已经研发出许多计算机程序软件包来进行更复杂的分析。作为欧洲参考模型（European Reference Model）而获得应用的一款软件是环境系统性能模型（Environmental Systems Performance Model），这是由环境一体化解决方案公司（Integrated Environmental Solutions-IES）生产的，能够与 Autocad 制图软件配合使用。这个模型软件可能更适合于研究生水平的人使用。

笔者撰写此书时，一种最复杂和最全面的电脑模拟系统也由 IES 研发出来（www. ies4d. com）。这种软件程序有助于建立一幢建筑的完整的动态热工模型，以及接下来的能耗估算。

在本书前几个章节提到 IES 公司的“太阳投影（Suncast）”程序，可以为任意角度的太阳位置计算并生成投影。这个程序的优点是可以根据软件的复杂程度分为不同等级，因此可以为大学本科程度的人使用。

在非居住建筑领域，太阳辐射带给建筑的益处以及可能带来的问题在剑桥大学马丁中心的剑桥建筑研究有限公司的 N·V·贝克（2000年）出版的《非居住建筑的能源与环境》一书中有详细论述。

作为本章的后记，汇总并摘录阿鲁普工程顾问公司提出的报告是有益的，这就是本书先前提到的关于到 2080 年在气候变化的环境下建筑性能的报告。

阿鲁普工程顾问公司研发部为英国贸工部合伙人所做的 2004 年创新计划报告

关于办公建筑的报告

这份研究报告的数据来源是 1989 年的气象资料，以此推展到 2020 年、2050 年和 2080 年，所使用的数据来源于英国气候影响计划（UK Climate Impacts Programme-UKCIP）。该研究选取了四个 UKCIP 关于气候变化的预景的中值，这是基于 CO_2 排放量逐步减少的预景。结果预测到 2080 年英格兰南部的气温可能上升近 8℃，达到 40℃。而超过 28℃时，建筑使用者会感到越来越不舒服。

根据这份报告的预计，到 2080 年，一幢建于 20 世纪 60 年代、采用自然通风的办公楼将在夏季的 6 月至 8 月期间无法使用，因为室内温度将达到 39℃。这比目前开罗街头 7 月的平均温度还要高 3℃。英国 70% 的建筑是采用自然通风的。随着室外温度越来越高，目前推荐的办公建筑利用夜间降温的措施也遭到质疑。报告认为即使采用空调系统的办公楼能够应付目前的极端气候，到将来也是不够的。

这一报告建议空调系统应当由再生能源发电来驱动——如 PV 发电等等。“空调系统必须与被动式降温系统结合，以提供更为绿色环保的、更节能的解决方案”［该研究的项目负责人杰克·哈克（Jack Hacker）］。这种混合模式的解决方案是未来之路。

该报告还做出了并不夸大的评论，即从 2020 年开始，甚至位于沃特福德的建筑研究公司（BRE）的低能耗办公楼也不能满足 BRE 自己制定的室内舒适度标准。

照明——天然采光设计

第14章

照明是商业和工业建筑的能耗大户，这一点应当引起重视。此外，随着建筑在空间采暖方面越来越节能，照明负荷就变得更为重要。发光二极管的发展将带来一场照明革命，但是离实现尚有待时日。

目前我们所能做到的就是在办公建筑的设计中充分运用自然采光。理由之一是照明通常是能源成本中最大的单项，尤其是在开放式办公空间里。另一个因素是使用者往往更喜欢自然光，尤其是因为现在发现某种形式的人工照明光源可能是健康问题的根源。

节能建筑应该尽可能多地利用自然采光。照明条件因对使用者的感受会产生影响而显得非常重要。在大约50年以前，窗户的选用和建筑平面形式还大大受制于获取自然光的条件。荧光管灯的发展使大进深办公室成为可能，但是付出的代价是噪声污染和发光频率波段造成的不适感觉。由于缺乏日光照射和户外视线，也给使用者带来了更甚的心理问题。只有到最近，天然采光的益处的重要性才获得认可。

影响天然采光水平的主要因素是：

- 窗户的朝向。
- 窗户的倾斜角度。
- 影响光线进入房间的遮挡物（如邻近的建筑物）。
- 周围物体表面的反射率。

利用天然采光的要素包括：

- 窗户为使用者提供户外视线，并且得以感受时间的流逝。
- 当自然光成为光源时，使用者更易接受照度的变化。
- 自然光提供物体真实的色彩还原。

然而，在非居住建筑中期望由自然采光提供全部照明需求是很困难的。

设计注意事项

为实现成功的天然采光设计，应考虑如下各方面：

- 窗户玻璃的面积对可获取的天然采光量有明显的影响，但是窗户并不总是越多越好，过多的窗户面积只会增加室内对比度。
- 大尺寸的窗户有利于获取自然光，但是也会成为得热和失热的途径，因此可能导致温度方面的不舒适，特别是靠近窗户时的冷气流。
- 在建筑布局中，房间与立面的关系应该适应于室内活动——要成功做到这一点，需要在建筑的方案阶段就考虑这些问题。
- 从室内能看到的天空面积大小是决定天然采光满意度的重要因素。
- 窗户上槛设置得比较高时，可以允许更多的光线进入，因为有更多的可视天空。
- 水平对角小于25°的室外遮挡物/建筑物通常不会影响天然采光。
- 如果室外遮挡物很多，房间进深必须减小。
- 自然光通常通过窗户进入房间的进深大约在4~6米。
- 房间进深大约为窗上槛高度的2.5倍时，是获得充足的自然采光的上限。
- 屋顶采光可以提供更宽范围的光线照射，而且照度分布得更均匀，但是也会导致得热，从而引起夏季过热。
- 一般说来，天窗可以提供相当于同样面积的垂直窗户3倍的光照量。
- 天窗的间距应该是顶棚高度的1~1.5倍。
- 如果必须设计单侧采光，以下公式给出了对于房间进深（L）的限制：

$$(L/W)+(L/H)\leqslant 2/(1-R_b)$$

其中，L——房间进深，米；

W——房间宽度，米；

H——窗户上槛的高度，米；

R_b——室内各表面的平均反射系数。

［亚德里安·皮茨在P·史密斯和A·C·皮茨撰写的书（1997年）《实践概念——能源》，Batsford出版社］

- 在非居住建筑中，窗户面积应该是地板面积的大约20%，则可以提供充足的自然光线，光线达到的进深为房间高度的1.5倍。
- 室内表面的反射系数应尽可能提高。

案例分析

诺曼·福斯特联合事务所设计的德国国会大厦建筑采用了最富戏剧性的设计手法将天然光引入建筑室内深处。

福斯特考虑的最初阶段的设计是把整个建筑群环绕起来的天篷，但是造价太昂贵了。开始的时候，诺曼·福斯特反对恢复穹顶的想法，因

图 14.1
德国国会大厦穹顶内反射光线的锥形漏斗

为这是某个时代的象征①，而人们宁可将对这个时期的回忆尘封起来。然而，他最终屈服于压力，并且利用穹顶来创造一些戏剧性。

这实际上是一个双层穹顶，底下的部分与上部的空间是完全隔开的（就像雷恩设计的伦敦圣保罗大教堂）。上层的圆屋顶是一个公共空间，可以看到议会大厅。这个穹顶最壮观的特征是由克劳德·恩格尔（Claude Engel）设计的锥形漏斗，外层贴着360面镜子，将自然光反射到较低处的议会大厅。自动跟踪式遮阳装置阻止直射光进入大厅。锥形漏斗内设有排气设备和热交换装置。电动遮阳和热交换装置是由光电电池驱动的（图 14.1）。

中庭

中庭已经几乎成为商业建筑的普遍特征。有时候加入一个中庭，可以彻底改变现有建筑群，例如设菲尔德哈勒姆大学（Sheffield Hallam University）市中心校区的建筑群中采用的中庭（图 14.2）。毫无疑问，中庭的吸引力主要在于美学特性。然而，实践证明了中庭的运用创造了机会，使自然采光和自然通风能够到达建筑的深处。

---

① 1933 年 2 月 27 日，国会纵火案发生于此，成为纳粹迫害反对派和推行法西斯统治的借口，人民的议会从此沦为法西斯的独裁议会。1945 年，中央穹顶完全毁于战火。1961～1971 年的重建省去了中央穹顶。——译者注

图 14.2
现有建筑之间的中庭，设菲尔德哈勒姆大学

中庭的形状和形式对邻近空间的天然采光也有重要的作用。以下因素需要在设计中加以考虑。

- 中庭屋顶的结构构件会将屋顶的透光性减少20%~50%。如果地面层打算以天然采光为主的话，这就是一个重要的考虑因素。
- 围绕中庭的办公空间将获得一定量的自然光线和室外视线。如果中庭两侧的建筑逐步向后退进，那么可获得的自然采光量将会大大增加。
- 中庭墙面饰材的色彩和反射系数将影响到达下部楼层的自然光照水平。

采光架

采光架的运用由来已久，既可以提供遮阳，也可以反射光线。光线从采光架的上表面反射到室内，尤其是反射到顶棚时，提供了更多的漫射光，有助于均衡照度。在阴天则不能利用采光架来提高光照水平。只有在阳光直射时采光架才能发挥最佳的反射效果。根据这种情况，顶棚通常比常规设计得更高，以获得最佳的光照效果（图 14.3）。

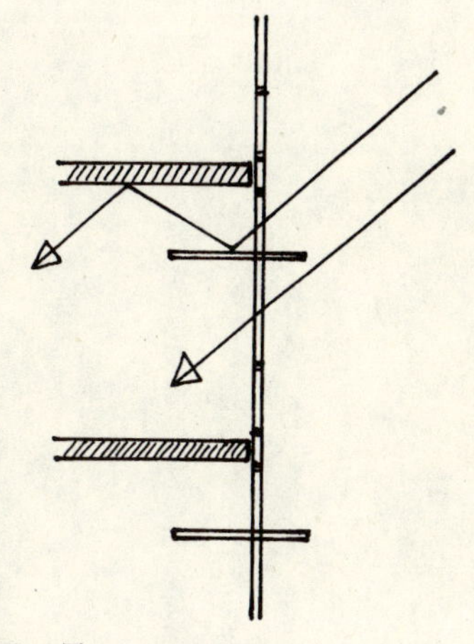

图 14.3
采光架的基本原理

采光架的角度可以调整，以获得一定程度的光线控制；既可以在室内调节角度，也可以从室外调节，或室内外双重调节。冬季直射阳光的入射角比较低，有可能产生眩光问题。采光架的清洁有一定的难度，尤其是室外的部分。

前文述及的英国新议会大厦采用了相当复杂的采光架装置，可以用来阐释采光架的特性。这一建筑的采光架带有波浪形的反射表面，最大限度地获取来自于太阳高度角比较高的光线反射，而阻挡太阳高度角比较低的短波太阳辐射。这种措施将朝北房间的自然光照水平几乎翻了一倍。

棱镜玻璃

目前我们所讨论的系统都是基于光线反射的原理，而棱镜玻璃则是通过对入射光线进行折射而起作用的。这种系统由直线形棱镜（楔状三角形）组成的玻璃板构成，入射光线穿越玻璃板发生折射，产生更多的漫射光。尽管朝向室外的视线大大受到限制，但是这种系统可以代替反射型百叶系统，而避免其缺点，在某种程度上也减少了眩光。如果这种系统安装于双层玻璃单元的玻璃板之间，还可省去可观的维护费用。

图 14.4
光导管的剖面

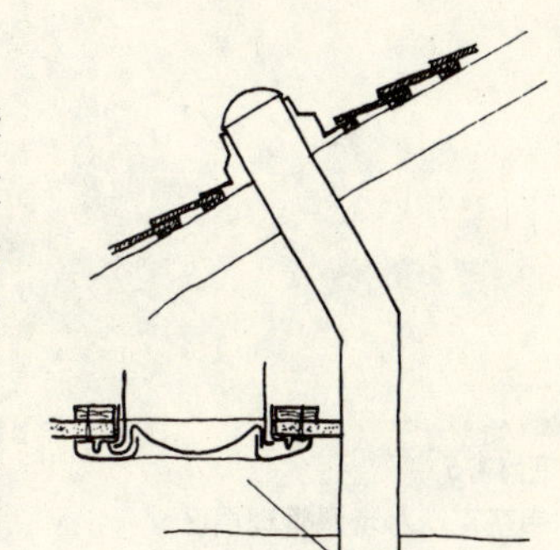

光导管

光导管可以汇聚入射阳光，有时候还可利用太阳跟踪系统进一步在长时间聚集光线。光线经过透镜或反射镜汇聚，然后通过“导管”进入建筑室内。光导管的结构可以是内表面带有反射涂层的中空采光井或采光管，也可以利用光导纤维技术。此外，还需要专门的照明设备将光线均匀地分布到建筑室内。

光导管系统严重依赖于可获得的太阳光，对于重要的任务或区域，还需要设置人工光源以备不时之需。采用光导管技术的案例有英国曼彻斯特机场中央大厅的顶棚，以及诺丁汉大学的实验性低能耗住宅（图 14.4）。

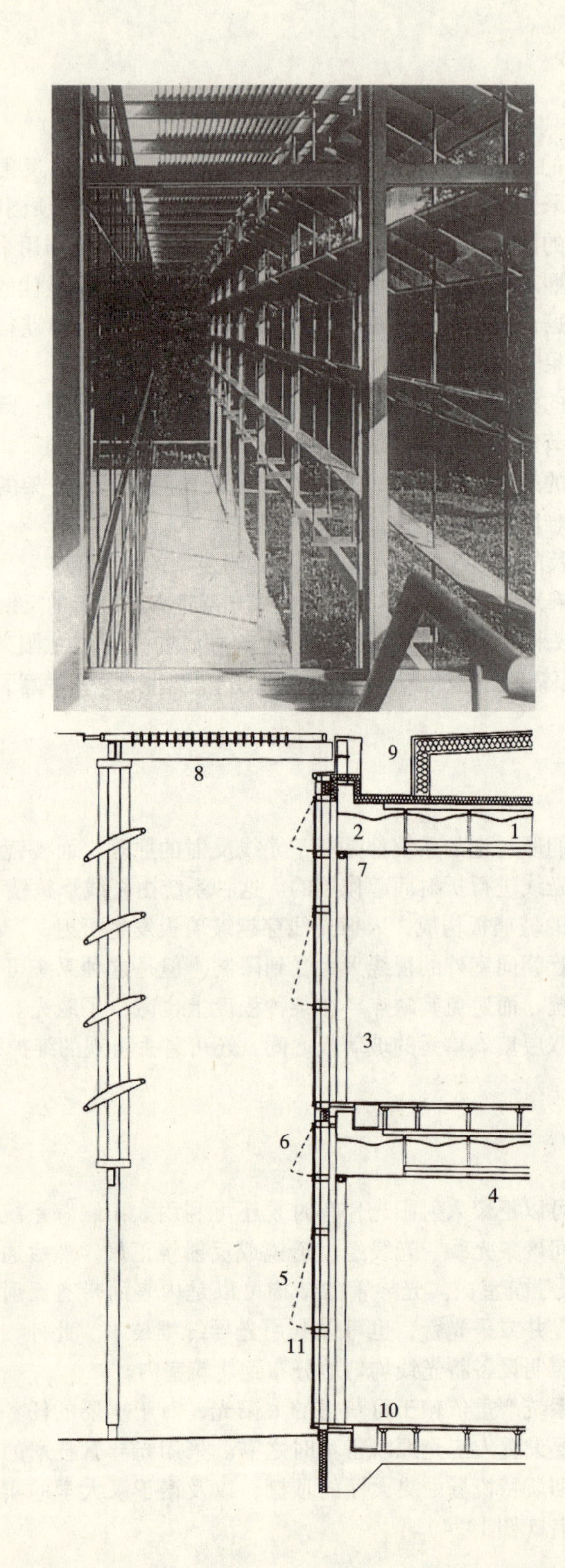

图 14.5
韦塞克斯水资源管理局区域总部建筑的遮阳装置

全息玻璃

全息玻璃技术目前仍处于研发阶段，但是比棱镜玻璃具有更多的潜在优势。光线也需要经过衍射过程，但是由于利用全息玻璃技术，光线的输出可以进行更细微的调整，以产生特定的室内光源模式。全息光源模式的调整对入射光线的角度有一定限制。

遮阳

在设计气候立面时，遮阳成为在三层玻璃系统的不可分割的组成部分。外遮阳装置更为常用，通常安装在南立面。这种遮阳系统成为英国新议会大厦的特色。最近的案例是韦塞克斯水资源管理局建筑，由于安装了迄今为止最复杂的遮阳装置而使建筑独具特色（图 14.5）。

于 2001 年在设菲尔德开幕的千年美术馆拥有最精巧的遮阳装置，在 90°的范围内可以任意旋转，达到多种遮阳效果，直到室内完全没有阳光入射（图 14.6）。

图 14.6
设菲尔德千年美术馆建筑可变的遮阳装置

第15章 照明——及人为失误

人工照明是决定办公空间室内环境质量的一个主要因素，也是产生大量二氧化碳（CO_2）的重要来源，例如，在美国，人工照明已占全部用电量的30%（《科学美国人》，2001年3月）。正因如此，这是一个需要特别关注的课题。

设计研究的结果表明，最大限度地利用自然光可以节约相当可观的能源，特别是，如果能源系统与自动控制系统联动时，则更加节能。被动式太阳能研究的结果也表明，有效且控制良好的照明系统可以减少能源/二氧化碳的成本，所降低的成本比任何单纯采用被动式太阳能技术措施带来的成本节约还要多。

尽管有着显著的增收前景，人们还是不情愿接受任何额外的资金成本投入，来实现可持续设计。即便仅仅考虑资金成本这一项，节能就能产生节约。举例来说，高频光源、具有良好反射性的灯具和红外照明控制等都可以节约资金，因为这些措施减少了设备的需求量和照明设备的散热，从而导致制冷负荷的下降。同时，也能够减少开关引线的数量，从而减少布线和简化电气装置。这种在照明工程方面节约的策略也可以缩短工程承包的合同期，其显著的益处是建筑可以更早投入使用。

使用后分析对这些假设提出了质疑［W. Bordass，“建筑工程设备的使用后回顾”研究（PROBE studies①）］。办公空间的设计和工作时间表的改变已经引发对最大化原则（maximization philosophy）的重新评价。此外，使用者评估的逐渐累积表明，在许多情况下，尽量采用自然光照明体现的优点已经变成了明显的缺点。结果，最近的使用研究已经显示人工照明始终不关的情况比预期的多。这其中有许多原因，本章将回顾一些最突出的因素。

当最初研究如何取消办公室永久性人工照明时，办公室的工作模式大部分还是纸面办公。同时，过去的设计研究和纲要太过单纯化，对人

---

① Post-occupancy Review of Building Engineering-建筑工程设备的使用后回顾项目为期两年，对CIBSE期刊中刊载的建筑实例进行实地性能研究，以便比较建筑设计的预期目标与实际达到的性能指标。——译者注

们在真实环境中决策的关注不够充分。例如，有可能某个人的单独决策就把整个系统变成了耗能的状态。而且也没有充分考虑到这一事实：即不当行为通常很难纠正，采用“惰性解决法”则更容易。

现在计算机是普遍使用的办公工具，而且由于视频显示装置（VDU）屏幕的反射，过多的日光已经成为严重的麻烦。如果照明控制不能做到每个工作站都可以自主调节，就会导致比常规办公室使用更多的能源。例如，已经发现因为有一个人为了避免显示器的眩光而拉下了百叶，房间所有的灯不得不打开。甚至当照明是根据日光照射强度来分区时，这些灯具通常也没有与工作站相连，结果是电灯开一整天来弥补局部光照的不足。

越来越多的教训指出人们总是在付出努力方面做出最低成本的选择。并不是人们天生懒惰，而是他们往往不愿意在认为应该属于管理职责的事情上费力。例如，打开电灯通常比调节百叶更容易；尤其是当自然光照水平波动的时候，人们更是情愿打开电灯。常见的“惰性反应”是关上百叶，然后开灯。如果太阳光造成眩光时，人们都会采取调节百叶和打开人工照明的做法，以避免不舒适的感觉，而且为达到照度的均匀分布而不顾及能源的消耗。

在格子式写字间里，个人有更多的责任来调节光照水平，将人工照明和自然采光的关系调节到最佳效果。在开放式办公空间里，则无人负责这些事项，如果前一天百叶就拉上了，那么就一直保持这样的状态，也不顾及室外光线的变化。

光电控制

在根据自然光照水平实现照明线路的电子控制时，控制系统可以是闭式回路，也可以是开式回路。闭式回路系统控制照明光源，以补充自然光，达到设定的、可接受的最低照度水平。开式回路则通过测量室外的入射光照水平，来减弱人工照明的光度，但是对实际达到的照度水平不进行反馈调节。

对百叶的控制优先于对开式回路和闭式回路系统的控制。人们对于这些系统的调节状态不够精密多少产生了抱怨，这可能导致在管理上完全放弃光电控制系统。如果闭式回路系统的传感器靠近窗户，常常会发现使用者刻意关上百叶以启动人工照明系统。此外，在许多情况下没有设置足够的传感器和照明分区来考虑由于朝向或遮挡造成的局部自然光线的变化。凭经验估计，为避免小范围调节的麻烦，人们总是在人工照明的照度水平达到设计值的两倍时才会关闭电灯。

眩光

另一个经验之谈是由设计者观察到的，即“如果你看不见天空，那么自然光照水平是不够的”。结果是设计了高大的窗户以提供最多的自然光照射。这导致了随之而来的眩光危险，除非计算机工作站的布局与窗户的关系是恰当的。在绝大多数情况下，这意味着办公桌必须与外墙成直角，而显示器的视线轴与窗户平面平行。

一种办法是诉诸于自动控制百叶。使用者有时抱怨百叶的自动开启或关闭常常吓人一跳，这也代表了系统设计忽略了个人选择的机会。最佳答案是局部手动控制优先。

前文提及的在电致变色方面的玻璃技术的最新进展，为解决这些问题提供了答案，尤其是如果能够基于每一块窗格来进行控制的话。

另一个出现的问题是人工照明和百叶的控制并不协调。人工照明总是不顾百叶是否开启而始终打开。同时，操作室外百叶也会受制于恶劣的天气条件，尤其是在刮大风时。

调光控制和人员使用感应

闭式回路的设计目标是提供恒定的工作面照度。然而，由于室外自然光照水平是波动的，人们可能希望调整工作面采光水平，以尽量减少明暗反差。在晴朗的天气，采用人工照明且设定恒定照度的工作面反而显得光线暗淡。

能够感应人体存在的照明开关有许多明显的优点，但是采用这种技术也不是没有问题。传感器的调节属于微调范畴。例如，它们也许不能充分感应高强度任务中人群的走动。相反，传感器也可能太过敏感，以至于有人路过时也会触发开关，而引起对正常工作的干扰。在实际操作中，常常很难给确定传感器的安装位置，以适应使用模式和工作的特殊需求，尤其是在开放平面的办公空间里，工作站也许频繁地搬来搬去。理想的解决方案是依靠手动开关来“开启”人工照明，而自动开关则负责“关闭”。

人员使用感应器在服务区和交通空间能够充分实现其价值。这些领域是常常被忽略的区域，然而按比例计算，服务和交通空间比办公空间使用更多的能源。一个普遍的失误是开关和传感器的位置设计并没有考虑自然光所提供的照度，尤其在带有中庭的办公空间里。在一些最糟糕的情况中，启动一个办公区域的照明，就打开了沿着出口路线的所有电灯；在极端情况下，甚至会打开整个交通区的照明。应该试图在最大限度地提供安全照明和奢侈用电之间找到平衡点。

开关

关于开关布置的一个普遍失误是没有根据开关与设备及使用者行为模式的逻辑关系来布局。开关远离照明装置会导致难以确定灯具的状态。解决的方法是在开关中设置红色的“激活”指示灯。

如果远红外开关的控制区域是根据个人工作站的范围而设定的，那么这种控制系统就是一种有效而不费力的系统。如果开关的设计没有依照人体功效学的原则，那么人们再次倾向于电灯永远在开启状态。

系统管理

有些高效节能的建筑并没有达到预期的节能效果，其中主要的原因是系统管理水平的不足，也许是因为工作人员没有完全理解系统界面。即便是设备管理人员和供应商有时也没有充分获知应有的信息。此外，如果最初设定的软件资源已经无法使用，问题将会变得更加严重。

系统的复杂性是另一个问题。如果设备管理人员对于系统错综复杂的结构不熟悉的话，他们往往倾向于让系统接近满负荷状态运行，或干脆满载运行。这背后的原因是管理人员考虑到过犹不及，还不如保住自己的职位。同样，过于复杂的系统往往不鼓励人为的干涉和手动调节系统的设置，以防止造成更糟的结果而难以补救。请专业人员出马调整设备会非常昂贵，所以担当风险的管理人员更愿意将系统降低到设计功效以下来运行。

复杂的系统也有可能不够灵活机动。在有些情况下，系统程序已经不适应于建筑功能。在极端的情况下，这将导致整个系统废弃不用。

在有些情况下系统性能没有充分发挥，这种失误的责任在于办公室管理者，他们没有告知职员所采用的建筑管理系统的运行特征、成本及能耗方面的问题。例如，在某种情形下，职员并不知道连续按下开关两次，将会打开其他的电灯。人为因素是最为重要的。管理者和职员间良好的沟通，可以使一个并不完美的系统运行得令人满意；而不充分的交流也可以破坏本来设计最优的系统。

还有一种情况，办公室管理人员有时不能妥善应对职员比较敏感的需求，把系统调节在粗放的平均水平来运转，其结果是每个人都不满意。

弹性工作制越来越普及，这引发了照明管理的困难，因为照明控制系统是为固定工作时间（含设定的午餐时间）而设计的。在这种情况下，更改系统以适应新的工作时间安排的复杂性和昂贵的成本有可能难以接受，这是系统废弃不用的又一例证。还有一种情况是，办公室的所有照明系统是由一个中央控制台来操作的。控制台的工作时间是从09:00到17:30。既然职员可以弹性工作，这就意味着17:30以后工作的人不得不让人工照明整晚开启。

照明设计和实际运作之间产生矛盾的另一个可能的原因是本来单个业主的办公楼改变为多业主的办公室空间。一般来说，由主要租户来全面控制设备服务系统，但是不同的工作模式和不一致的使用需求常常意味着照明设备始终处于开启状态，毫无必要地浪费着能源。

建筑行业最近的趋势是把设计与室内装修分离。建筑师和设备工程师也许提出了完美的节能概念，却被装修承包商完全破坏了，因为装修人员不知道原设计的节能特征以及相关的运行限制条件。更糟的情况是分包商为了缩减成本而有意忽略建筑师和工程师的设计目标。设计意图和装修环节之间的不一致问题，在旧房改造中体现地特别明显。

全空调办公室

全空调办公室给设计师带来了完全不同的一系列问题。与外界隔绝的空间带来的心理暗示是，这个环境的设计目的是超越自然，形成与之完全不同的环境。结果，使用者很自然地认为所有设备应该全天候满负荷运行。此外，如果立面采用的是根据太阳光线变化的着色玻璃（solar tinted glass），将不得不开启更多的照明设备来补偿一直是昏暗的室内照度。

照明——成功设计的条件

在开放式平面布局的办公空间里，设计令使用者满意并节能的照明设备通常要满足以下四个条件：

- 设计简单明确、易于理解，避免过于复杂。
- 局部控制智能化，用户操作界面简洁。
- 系统稳定可靠。
- 办公室管理者和设备管理人员负责而明智。

目前在开放式平面的办公空间中，仍然很难看到将低耗能照明设备与大量采用自然光相结合，并具有较高用户满意度的案例。

能够达到低耗能照明标准的设计项目表现出如下特征：

- 业主必须果断而坚定地采取节能措施，能够清晰地阐明系统的要求，而且从项目设计的开始阶段就坚持要求采用有效的照明控制系统。
- 建筑启用后，必须配备明智的系统管理人员以及负责任的办公层面的管理人员。

- 通过采光架、大进深悬挑、倾斜的窗侧墙和大退进的开窗，把产生眩光的可能性降到最低。
- 在室内布局中，大多数办公桌与窗户成直角布置。
- 控制系统能够回应个别需求，开关和控制系统设计良好（通常是红外控制），并且易于使用，能够根据自然光线强度和工作站布局进行系统调节。
- 整个办公室应该设置节能的照明设备，并配有高频控制和光敏控制装置。
- 设计照度应该为大约400勒克斯，交通区可以设定得更低。
- 光源多样性是有利的，但要保证不会形成过强的光线对比，或者因安装了100%的系列1①光源而产生“压抑感”。
- 建筑室内沿外墙的工作区应具有良好的自然采光，但不应引起室内过度的眩光。
- 百叶易于操作，有比较大的调节范围，而且能够在特殊情况下完全关闭。
- 室内家具和饰面材料的用色宜浅而明亮，尽量减少高大的家具。
- 视频装置易于搬动以避免产生眩光的位置。
- 交通区照明应采用低耗能设备，在充分考虑优先利用自然采光的前提下进行优化设计和控制。走廊等交通区域还有一个优点是，人们可以偶尔瞥见户外的景色。
- 在交通空间中利用自然采光，可以不时打断办公区的人工照明环境所产生的呆板的印象。
- 系统具有高度的内在适应性，能够根据使用者需求进行微调，以及完全由使用者进行手动控制。

设计注意事项总结

- 人工照明系统的设计不应该过度，在满足标准的前提下，设计应在许可范围内尽量降低照度。
- 工作面照明应该用于特殊的工作场所，以降低一般的背景照度。
- 在设计中应指定采用节能灯——通常是高频荧光灯或交流放电灯（alternative discharge lamp）；适当处应指定采用紧凑式荧光灯（compact fluorescent lamp）。

---

① 系列1灯具——指专用于计算机设备组的光源。这一系列要求照度为450勒克斯，并且以百叶遮蔽光源，使照亮范围控制在与垂直线呈55°的角度范围内（参考CIBSE Lighting Guide LG3）。这种灯具使光线非常集中，推荐用于长时间高密度使用计算机、要求精细工作的场所。——译者注

- 应当选择合适的光源，使光线分布合理并且节能。
- 灯具所需的控制装置（镇流器）应该选节能产品，例如高频电子镇流器比普通镇流器节能20%。

需要仔细考虑以“开启/关闭”方式来控制的开关装置的性能优化。目前有四种类型的控制系统。

定时控制

- 根据设定的时间表自动关闭人工照明；手动开启人工照明。
- 靠近窗户的灯具应该设置单独控制的开关；这在两人以上使用的办公室中能够达到节能效果。

人员使用控制

- （超声波、红外线、微波或声控）传感器可以侦测是否有人员出现。
- 人工照明开启的时间是设定的，如果侦测到无人则会关闭。
- 这种系统控制类型尤其适合于人员较少的办公室。

根据自然光控制

- 这种控制系统可以结合定时控制和人员使用控制系统。
- 在这种系统中装备了光电池，当探测到自然光线充足时，则关闭人工照明。
- 最近照明控制系统的发展强调使用调光控制，以避免灯光骤然熄灭时办公空间光环境的急剧变化。

局部控制

- 在大面积办公空间中，如果仅使用局部办公区，允许局部启动人工照明。
- 使用者可以单独控制。
- 必须设置某种形式的优先控制系统，当建筑空无一人时，可以启动优先系统关闭所有人工照明。

总之，在设计者能够控制的所有因素中，照明也许对人的情绪和行为有着最大的影响，因为室内光环境与情绪有着直接的联系。由此看来，在照明系统的设计布局方面，照明控制系统的质量和方法是决定建筑中的使用者身心健康与否的关键因素。撇开伦理方面的争论，照明系统的设计对底线①有着直接的影响。

---

① 伦理问题涉及人类的健康与安宁，而“底线”指的纯经济利益。——译者注

警戒事项 第16章

上一章简要介绍了在办公建筑的营运中如何最大限度地利用自然资源的技术，现在很有必要对激起的热情泼点冷水，谈谈有关的警戒事项。注册建筑设备工程师协会（Charted Institute of Building Services Engineers-CIBSE）已经大量展开了针对采用先进环境设计的建筑的使用后研究（post-occupancy study）。这些“建筑工程设备的使用后回顾（Probe）”研究项目揭示出大量问题，导致有些建筑比设计预期的环境性能低很多。以下是一些研究成果。

为什么会出现问题？

有证据表明，许多近年竣工的办公建筑采用了节能设计措施，但是在使用中不如预期的有效，有时节能效率相差25%。常常被忽视的一个因素是能源价格相对便宜，只占包括工资在内的总使用成本的1%～2%。这意味着没有什么刺激因素使业主愿意增加费用，以调整设备系统来满足最初设计文件中节能说明书的要求。

但是必须澄清，这种情况只是针对相对低廉的能源价格来说的。因而，当能源价格与占总成本10%～20%的利润相关时，情况就改变了。具有环境效能的建筑真正的益处在于员工的身心健康领域。例如，美国能源部（US Department of Energy）和落基山研究所（Rocky Mountain Institute）联手对一些改造翻新的办公建筑展开了调研，发现在采光和通风方面的改进导致了生产效率的显著提高。仅仅1%的生产率增长就可以支付公司一年的平均能源账单。

来自美国的报道讲述了一个特殊的案例，当洛克赫德（Lockheed）公司委托建造一座60000平方米的新办公综合楼时，被建筑师说服额外投入了4%的资金用于节能设计。结果是缺勤率比从前的总部办公机构降低15%。这些节能措施创造了每年50万美元的价值。

并不是所有的过错都在业主方面。许多专业人员不愿涉及新的设计领域，因为害怕充当不成熟技术的牺牲品，或者因为他们不愿意学习新的建造技术。所有建造专业人员都在"专业保护"的阴影下工作，导致他们倾向于过度谨慎，在建筑竣工之后就不闻不问了。

尽管设计专业人员应当进行团队合作，但在实际中常显得困难重重。设计价格的竞争使得一体化设计程式难以推广，有时价格战还会减少设计工作的回报，甚至设计费用会低于成本费用。在竞争日趋白热化的社会中，所有学科领域的设计人员更多是竞争对手而非伙伴关系，结果是设备设计人员通常在最后阶段才会加入到项目的设计中。此外，在工程承包或者分包合同中规定设计费用的这种取费结构无法激励设备工程师进行节能设计。他们不太愿意采用低能耗设计，因为这种设计会采用不包含在承包合同中的工程硬件，而这会导致费用的增加。

高调/低调设计

在降低能耗的各种举措中，已经开始关注保温标准的提高和采暖/制冷设备的设计。既然《建筑规范》已经提升了保温标准，其他设施在节能措施中的地位就显得更为重要了，比如通风管尺寸的确定和风扇电机的功率指定。在很多情况下（假设并不是大多数情况），风扇电机的设计尺寸都偏大，导致大量的能源浪费。计算机待机不仅直接导致能源浪费，也增加了建筑的制冷负荷。照明是另一个能耗来源，我们在后面要详细讨论。

在许多情况下，节能方面的实质性改进体现在充分注意低调而有节制的细部设计（W. Bordass，参照"建筑工程设备的使用后回顾"研究项目）。

"高科技需求"

一些设计者受到先进技术意象的诱惑，在设计中配备了大大超出建筑及其使用者真实需求的硬件设备。设计者的目标应当是尽量避免技术堆砌造成的困境、仅仅配置最重要的技术。而且这些技术系统也不应过于复杂，要便于使用和维修。需要仔细保养维护的、过于复杂的设备系统常常很快就失效了，这是因为设备管理人员不能胜任这种尖端技术带来的维护要求。在极端的案例中，整个技术系统废弃不用了。

业主面对的一个问题是提供给非专业人士的技术信息相对短缺。即使专业人员在这方面也面临技术资讯的问题，尽管节能最佳实践项目（Energy Efficiency Best Practice Programme）［现在叫做"节能行动"（Action Energy）］出版了《2003年办公建筑能源使用手册》（Energy Use in Offices' 2003）这一实用指南。

操作性困难

令人遗憾的是，指南/安装手册通常编写得很糟糕，并且提供的信息也不充分。这是指导手册的通病，因为这些手册通常都是由某方面系统的专家编写的。他们不可能设身处地为不具备专业知识的安装和操作人员着想，也无法设想知识差距到底有多大。这个问题在建筑设备技术领域显得尤为突出。

另一个同样普遍存在的问题是，总是希望安装工作能在几乎不可能实现的短时间内完成。建筑匆匆竣工就宣布正式营运，往往是为了规避合同中的处罚条款。在实际竣工后再测试设备系统是否正常运作，可能会减少经济上的风险。如果由于时间紧迫而匆忙将设备系统安装就位，致使系统处于一种低水平的运作状态，那么设备管理者和办公室工作人员从一开始就处于不利状态。这种投机取巧的方法只会带来设备运作的高耗能，而非创造完美舒适的办公条件。

与建筑相关的疾病

近年来人们已经注意到“楼宇综合症”（sick building syndrome）这一现象，更准确地说是“建筑导致的疾病”。已经发现的起因有从塑料家具和装修材料中释放的气体、荧光灯的频闪等。设计不良的采暖和通风系统也是罪魁祸首，当然还有最臭名昭著的军团菌。还有大量耸人听闻的故事是关于维护不善的设备系统成为各种细菌和微生物的温床，以及在封闭的设备系统中循环繁衍的细菌和病毒导致办公室中缺勤一大片。

最近的研究表明，楼宇综合症与对工作的满意程度也有关系。在愉悦舒适的环境中更容易获得工作满意度。在这样的环境中，员工可以在一定程度上控制小范围的舒适度。当节能设计建立了良好的环境基础条件时，多花一些精力使员工可以根据个体偏好微调小范围的舒适度，很快就会有更大的回报。

固有的无效率

设计完备的节能系统假使仅仅用来满足少量的能源需求，那么整个系统的节能效率就无从谈起。例如在小型建筑中，在夏季将整个采暖系统打开仅仅是为水龙头提供热水，这样的事并非罕见。系统容量设计不合理，取值过大是另一个问题。例如，精巧昂贵的制冷器的安装只是为一年中少数几天的制冷需求，或者只是为少数贵宾房提供冷气。这些系统没有效率的程度可能由于缺乏适当的监控系统而被忽略。管理中没有意识到这些问题的存在可能导致系统能效的显著下降。通常直到发生灾难性的失误时，才第一次意识到一定有什么地方出了错。

复杂的控制系统和电子管理系统、加上分区计量的措施可以确保及时发现系统的缺陷，以及侦查到系统的低能效。在这些设备方面的资金投入相对较少，并且很快能够带来回报。这些系统的操作还必须有赖于具备专业知识的管理人员的充分监控和对情报的仔细分析。

普遍存在的建筑设计问题

- 过多应用玻璃的负面影响被低估。最大限度地获取自然光可能对视频显示器的操作带来问题。
- 窗户设计不当，缺乏精细的设计、而且不易控制开启。
- 设备系统控制性差，以及用户界面不够友好。
- 装修工程与建筑设计的初衷相背，导致系统运行性能不良。
- 在设计中倾向于强调积极因素，弱化负面因素。不利因素带来的风险没有得到应有的重视，而仅仅强调有利因素的积极意向。

普遍存在的工程设计问题

- 在气候控制、照明系统和管线配置等方面采用不恰当的标准和规范。
- 优选出的工程解决方案可能并不牢靠，也缺乏灵活性。
- 对技术的盲从导致对人为因素的低估倾向，从而无法进一步针对使用者需求进行系统微调。
- 在设计机械通风系统时，对通风率、通风效率、运行时间以及通风分区等方面设定不当，尤其是在夜间通风方面存在问题。

避免采用空调系统——存在的问题

- 尽管不使用空调系统可以减少设备用房，导致每平方米造价的降低，但是因为制冷和通风管线的分布问题有可能造成在整个建筑场地中“可使用”面积的减少。
- 不安装空调的确有可能降低能耗，但这一点并不容易量化。
- 不采用空调系统所减少的建筑运行费用可能会以牺牲员工满意度为代价。改用自然通风与机械通风配合恰当的混合通风模式需要复杂的设计技术，这会给设备系统设计人员带来更多的挑战。
- 据称自然通风系统更具有灵活性与适应性，但是设计人员并不是都能掌握达成这种适应性的方法。
- 据称采用自然通风系统的建筑具有较高的用户满意度。这种建筑在任何时候都可以创造不同的气候条件，而用户满意度是很难进行常规测量的。
- 在强调绿色设计的同时，也会导致采用未经充分检测和研究的技术方案来替代全空调系统。
- 在设计自然通风系统时，设计者过分迷信软件中显示的空气流动的箭头——很有必要采用严谨的方法显示空气运动流场。
- 自然通风系统较不易控制。
- 不使用空调系统可以减少设备间的维护工作量。但因为替代方案有多种运行模式，系统可能会更为复杂。

导致能源浪费的常见失误

- 设计者往往宁可失之谨慎。设计中放大设备系统的容量总比设计不足的风险小。因而，设备系统经常是设计得过于庞大，而造成浪费。
- 通常最省事的策略莫过于将开关默认设置为开启，然而，在能够保证安全的前提下，更为节能的方案是默认设置手动开启和自动关闭。
- 像家用热水这样的少量能源需求也要启动整个采暖系统，正如前文所述。
- 不够完备的监控系统可能无法甄别系统效率的逐渐下降。
- 系统固有的错误可能是隐性的，但是可能会对能源使用造成负面影响，而对于管线系统的影响却侦测不到。

人为因素

- 在自然通风状态下的建筑里，人对环境的耐受力比在封闭的全空调办公楼盒子里更强，例如可接受的温度波动范围更大，更易于接受空气流动的感觉。其中的原因是人们喜欢控制感，因此有必要避免过度设置自动控制系统；还有一个原因是人们在适宜的环境中能够更长久地进行无意识调节。
- 使用者一般都缺乏耐心对建筑环境不断进行微调，人们总是采取最便捷的方法。简洁明了、易于操作的系统是解决问题的答案。
- 作为一般原则，人们发现开启系统比关闭更容易，因此手动开启、自动关闭的默认设置应当成为常规。同时，当人们身处群体中时，惰性因素会增强。人们不愿意抛头露面去调节设备系统的开关，因为这样做要冒着被批评的风险。
- 环境状态的突然改变是对正常工作的干扰，因此自动气候调节应当尽可能地使人察觉不到。

- 意识到外部世界是工作环境满意度的重要组成部分。在大多数时间里，人们对外部景观的察觉都是无意识的，但心理学研究表明心智在无意识状态下对视觉环境也可以做出非常充分的反应。

设计建议摘要

- 在设计中应当抵制选择大量复杂的工程技术的诱惑，而改为选用适度的工程技术，通过恰当的、对气候敏感的建筑设计尽量减少 HVAC（采暖、通风和空调）系统的使用。
- 应当充分发掘被动式建筑设计的潜力，在设计中通过仔细考虑将建筑形式、控制系统、通风、百叶、窗户等要素都设计成支持自然通风系统的元素。
- 最佳策略是混合模式的通风和制冷系统，并且根据使用模式和需求进行多种设备分区。如果自然通风和机械通风系统的设计采用的是共生关系，那就有必要确保在切换时，系统不会默认进入机械系统和自然系统同时运行的状态。
- 对系统的监控至关重要，这决定了建筑的运行费用。并且系统的设计应当有可能侦测到关键性故障发生的路径，避免引起灾难性的全系统失效。

结论

现在，有许多因素导致设计人员不再倾向于采用全自动化系统，即：

- 目前认为在办公室中希望达成的最适宜的环境是复杂而难以预测的，这使得设计人员不可能根据平均需求标准而设计。通常平均化也意味着“最小公分母”的解决方案。即便如此，设计人员和进行系统模拟的技术人员依然不愿意放弃对全自动控制的信念。目前，仍然没有仔细分析过系统控制究竟能达到何种程度，以及工作人员在操作和保养这些系统方面到底应具备多少专业知识。
- 过于复杂的系统可能会产生不可预见的故障，甚至产生阶段性完全失效。在这种情况下，人们通常认为废除整个系统比纠正故障来得容易。
- 如果办公室工作模式和布局设计发生改变，就会发现最大限度地利用自然采光也会产生令人不愉快的结果，例如在计算机显示屏上的眩光。况且，最大限度利用自然采光的设计有赖于遮阳百叶的可靠性和易于操作，而这一点往往被忽略。

- 再次重申：我们的目标是设计简洁明了的设备系统，使设备管理人员和办公管理者能够理解其运行原理、便于使用者操作，这可以确保使用者不再倾向于选择简单的、浪费能源的操作模式。

设计团队的目标应当是最大限度地节约能源，同时确保操作的现实可行。这就是可持续设计的方法。

第17章 生命周期评估和循环利用

废弃物处置

“地球的资源取之不尽、用之不竭”，生态怀疑论者如是说。现实情况是人类社会已经不能再按当前的速度继续消耗自然资源了，例如，生态足迹（ecological footprint）是指用来满足个体或社会需求的土地（和海洋）的面积。一个美国公民需要34英亩，在英国人均需要14英亩，巴基斯坦为人均1.6英亩。世界平均需要4.5英亩，这主要是由于工业国家的消费造成的。从生态学角度说，地球已经入不敷出了。在1962年，当年生物作物的再生（biological harvest）需要0.7年，目前则需要1.25年，这意味着自然资产的账户正逐渐出现“赤字”［马蒂斯·瓦克纳格尔（Mathis Wackernagel）在2003年2月召开的“重新定义进步”（Refining Progress）会议上的报告，《卫报》，2003年2月20日］。

由于工业国家日益增长的消费主义风气而产生的废弃物导致四方面的恶果：

- 自然资源的耗竭。
- 在废弃物处置中消耗能源。
- 用于废弃物处置的土地压力日益增长。
- 土地填埋处置方式造成的污染。

人们总是认为只要把垃圾扔掉就没事了。远不止如此！垃圾不再是我们的麻烦，就成了别人的麻烦。同时，我们可能扔掉的是宝贵的可循环利用的资源。由于地球的自然资产越来越多地受到蚕食，废弃物的处置既成为伦理问题，也是经济问题。土地是地球上最宝贵的财产，正逐渐因建筑开发和土地填埋而越来越稀有。

市场经济驱动着越演越烈的消费主义，加快了商品更新换代的速度。包装和时尚风格的升级推波助澜，驱动人们对时尚高度的追求。具有讽刺意味的是，在拥有住房之后，我们向往的最昂贵的人工造物竟然是行驶寿命越来越长的小汽车。越来越多的小汽车厂商声称已经创下百万英里行驶里程的记录。因此，各商家必须追求时尚风格的不断变化，在技术上不断打补丁，才能跟上市场的上升趋势，而实用功能和效率的改进却被弃之脑后。在国家和政府层面，人均 GDP 水平和经济年增长率成为衡量成功与否的标准。这些指标意味着一个国家与其他国家相比的实力，至少是在国际货币基金和世界银行等这样有影响力的组织内的排名。

这一局面带来的结果促使人们逐渐关注如何处理数量剧增的垃圾问题。解决办法还是从家庭开始。地方政府迫于日益增加的压力，开始提倡采用分类垃圾筒收集垃圾，以便于回收利用。这应当成为地方政府竞选的主要议题。同时，住户还可以通过大量的工作来促进垃圾回收：

- 尽可能再利用物品，尤其是塑料袋和包装。
- 对于厨房有机垃圾和大多数花园废料进行堆肥处理（有些植物不适合堆肥处理）。有些城市政府以优惠的价格提供堆肥垃圾筒。
- 从源头上对废弃物进行分类，如果政府没有提供垃圾分类回收的家用设施，可以将废弃物送到合适的公共垃圾筒中。

还有一项激励机制可以减少家庭垃圾的数量。现在政府已经在筹划对每次家庭垃圾收集按筒征收费用。

循环利用

我们正缓慢地步入未来不产垃圾的境地，所有的物品不断转变成为新的产品，这就是循环利用的主旨。

建筑领域正是循环利用大显身手的领域，既适用于建筑翻新改造，也适用于新建建筑。建筑物至少在三个方面可以进行循环利用：

- 将建筑制品用于相同的或用于其他用途的再利用项目。
- 翻新的材料。
- 再造的材料。

再利用

建筑物的拆除提供了无穷的建筑制品的来源，这些都是几乎不需要改造就可以再利用的制品。建筑废品的收集已经成为一项重要的产业。在这方面，首要参考的资讯是由赫顿和罗斯特伦（Hutton + Rostron）合作开设的建筑废品收集目录网站：www. handr. co. uk/salvage_ home. html；电子邮件：debi@ handr. co. uk。这个回收目录网站自 1997 年创办，旨在回收利用来自建筑拆除场地和建筑翻新改造工地的建筑材料和建筑构件。回收目录包括：

- 建筑材料：砖、板材、面砖、石材和木材。

- 室内构件：墙板、地板、壁炉、楼梯、窗、门和中央采暖制品。
- 室外构件：一系列花园构件和室外小品。
- 完整的建筑结构：车库、温室和凉亭。

还有一个叫做 N1 建筑废品回收的网站：www. salvoweb. com/dealers/n1architectural，专门回收建筑构件，以及 www. salvoweb. com/dealers/v-and-v/index. html 网站，专门经营再生砖、石板和其他重型材料。

建造行业是一个因贪婪地侵吞原材料、却不愿削减废弃物数量而背负罪名最多的产业，导致建筑业面临越来越大的压力诉求使用再循环材料。达特福德医院（Dartford Hospital）就是一个最佳例证。这家医院在建造时估计有 20% 的石膏板是利用边角料加工而成的。经制造商同意后，所有现场切割下来的边角料都保存在单独的箱子里，以保持清洁，然后运回工厂重新制成新的石膏板。

减少废弃物的首要条件是对材料进行分类——木材、金属、石膏板、集料、硬塑料——以便尽可能就地循环利用。如果无法就地利用，当地的市场也许会为它们找到用武之地。

翻新的材料

随着经济变迁步伐的加快，相对来说还是半新的建筑就被拆除，为密度更高、利润更高的项目开发腾出基地。这就意味着许多建筑构配件在远未达到使用寿命时就被拆下来，为翻新改造提供了好机会。暖气片、水泵等显然就是这类可利用的材料，下文地球中心的案例研究将阐释这一实践。

再造的材料

在翻新改造项目中，可能有些构件需要用到混凝土。通常说来，混凝土是一种能源密集型的材料，这是由于集料的开采和水泥的生产过程需要大量消耗能源。普通混凝土的水泥用量大约是 $323kg/m^3$。通过采用研细的粒状高炉矿渣粉（ground granulated blast furnace slag-GGBS）提供额外的体积，这一比例可以减少到 $100kg/m^3$。在需要大量混凝土的基础工程中，这一方法可以减少 70% 的水泥用量。唯一不足的是养护时间从正常的 28 天增加到了 56 天。在许多情况这可能不构成问题，但在多层建筑的施工中则不适用。

铁路路轨的升级换代提供了大量枕木——优质再生木材的来源，可以用在许多场合，尤其适用于花园。

最近发现废旧玻璃摇身一变可以成为装饰面砖和砌块。将玻璃粉碎后与树脂混合，可以制成各种颜色和质地的产品。半透明玻璃配上灯光，可以作为发光地板或墙面的材料。这种玻璃制品也是理想的面层材料［请看位于设非尔德的艾克尔斯菲尔德（Ecclesfield Sheffield）水晶铺地有限公司（Crystal Paving Ltd）网址：http：//crystalpaving. co. uk，电子邮件：info@ crystalpaving. co. uk，电话：0870 770 6189］。

北威尔士有大量的废弃石板，正在逐渐地研磨加工成粉末，可以转变为树脂基的建筑材料。这种材料具有高度抛光的表面质感，制成墙砖时可以产生抛光花岗石的效果，成本却只有花岗石的几分之一。

生命周期评估

现在，越来越大的压力驱使有关部门制定建筑生命周期的环境性能标准，其目标在于关注建筑构件材料的环境影响。与此同时，从一幢建筑开始建设到拆除整个过程的经济成本核算的重要性也越来越获得认可。

1998 年建筑研究公司（BRE）研发了一套环境影响评分体系，即生态点（Ecopoints）体系。这是以 N · 霍华德（N. Howard）、S · 爱德华兹和J · 安德森（J. Anderson）于 1999 年出版的《建筑研究公司关于建造材料、构件和建筑的环境特征方法论》（*Methodology for Environmental Profiles of Construction Materials*，*Components and Buildings*，*BRE*）为基础而制定的。这一体系涉及一个建筑制品在生命周期的开采、加工、制造、运输、以及建筑中使用和废弃等各个环节的环境影响。

随后，这一体系分出 13 个类别，对这些不同的环境影响进行评估，其中包括气候改变、大气污染、水资源污染和原材料开采等等。显然有些类别相对其他而言具有更严重的总体影响，如气候改变，因此该体系设定了权重系统来表达这些影响力的差异。为了避免主观影响，建筑研究公司广泛咨询了许多建造专业人士和环境学者，以确定各种影响因素的权重。

最终的研发成果就是生态点体系，一幢建筑获得的点数越高，则其对环境的影响越大。生态点体系的基准点是将平均每个英国公民一年的环境影响设定为 100 点。有关这一体系的详细内容，参见 www. bre. co. uk/envest。

生命全周期成本计算

生命全周期成本计算关注于一幢建筑的经济特征和市场成本，与生命周期成本计算有共同点，不同之处在于排除了产品的生产过程。重要的是这种核算方法从纯资本成本的计算转向将资本成本和收益成本结合的方法，并且计入全生命周期的总体成本中。这是一种重要的范式转变，可能更适合于计算在环境设计方面非常先进的建筑，因为这种方法认识到环境投入方面附加的资本开支可能被高估，因为能源的价格一直在上涨。关于生命全周期成本计算的详细信息，请参考www. wlcf. org. uk。

生态材料

混凝土

混凝土作为一种也许是应用得最广泛的建筑材料而招致环保主义者的非议，这是由于混凝土采用了大量排放碳的生产技术，以及使用不可再生的自然资源——石灰石。水泥的生产过程是将黏土和石灰在回转炉里混合、并加热至大约1450℃。在这个过程中，每生产1吨水泥会排放3000千克二氧化碳（CO_2）。此外，加热过程中发生的碳酸钙转化为氧化钙的化学反应，还会释放2200千克二氧化碳。还有，在运输过程中的碳旅程、原材料开采对环境的影响等等，所有这些使混凝土这种材料在可持续方面得分太低。

地聚合物（geopolymer）技术的发展为混凝土这种材料提供了更为环保的前景。矿物聚合（geopolymerisation）是一种矿物合成反应（geo-eynthesis），即利用化学方法使矿物结合起来，所形成的分子在结构强度方面类似于岩石。位于圣昆廷的法国地聚合物研究所（French Geopolymer Institute）的让·达维多维茨（Jean Davidovits）认为这种地聚混凝土与传统混凝土相比可减少80%～90%的二氧化碳排放量。这是由于这种工艺避免了碳酸钙的高温煅烧，而窑温只需要750℃。据说这种材料投放市场至少还需要5年（www. geopolymer. org）。

混凝土技术的节能只是问题的一个方面；如何通过混凝土技术将建筑物作为碳的沉积器是问题的另一方面，而这将是建筑的终极任务。这一观点来自澳大利亚的塔斯马尼亚州霍巴特的技术专家约翰·哈里森（John Harrison）。他研制出一种碳酸镁基“生态水泥”。首先，这一工艺的加热过程只需要使用制造碳酸钙（波特兰）水泥的一半能源。煅烧过程虽然产生二氧化碳，但大多数二氧化碳又被使水泥硬化过程中的碳化作用重新吸收。将这种生态水泥用于混凝土砌块中，意味着几乎所有的材料最终将逐渐碳化，导致每吨混凝土吸收0.4吨二氧化碳。这种材料最重要的生态优势是碳螯合（carbon sequestration）。哈里森认为，“利用碳化作用将空气中的碳进行螯合的潜力是巨大的。生态水泥在几个月里吸收的碳对于传统水泥来说要吸收几个世纪或几千年”［“绿色基础”（Green Foundations），《新科学家》，2002年7月13日，第40页］。这意味着利用生态水泥建造的塔楼可以像生长中的树木一样，在较长的时期内持续地固定碳。据哈里森估计，如果将目前正在使用的波特兰水泥中的80%替换为生态水泥，最终二氧化碳减排将达到10亿吨。

这种材料还有另外一个特点。由于生态水泥比波特兰水泥的碱性小，在搅拌过程中可以比传统水泥多混入四倍的废弃物，从而提供体积但不失强度。这些添加物包括有机废料（如果不是掺入水泥就要进行焚烧或填埋的）、锯末、橡胶和飞尘。

生态水泥并非唯一具有吸收污染物特性的材料。三菱重工正在生产带有二氧化钛涂层的铺地材料，据称能够清除空气中的污染物。在日本，有 50 个城镇已经在使用这种光催化水泥（photocatalytic cements）；在香港，使用这种材料估计会消除 90% 的氮氧化物或氧化氮气体，这正是城市雾霾的来源。带有二氧化钛涂层的镁基混凝土有望构建未来的生态城市基础设施。

外饰面材料

在涂料中也可以运用类似的原理，即新型的吸收污染物质的涂料。目前这种涂料已经面世，称为“生态涂料（Ecopaint）”。这种材料可以用来减少大气层中的氮氧化物。涂料中含有二氧化钛和碳酸钙的纳米粒子。这些粒子吸收紫外线，并利用获得的能量将氮氧化物转化为硝酸。这种物质既可以被雨水冲刷，也可以被碳酸钙粒子中和。这种材料的制造商[英国格里姆斯比千年化学公司（Millennium Chemicals of Grimsby，UK）]宣称这种涂料的表面涂层在重型污染的城市可以保持 5 年的有效期。

涂料和油漆

油漆有三种组成部分：颜料、色粒粘合剂和溶剂。溶剂的作用是使混合物可以自由流动，而这正是主要的问题所在，因为溶剂的设计是为了让其蒸发。目前使用中的大多数溶剂都属于挥发性有机化合物（VOC）一类，属于强污染物质。据统计，每年有超过 500000 吨的溶剂被释放到全球大气中［E・哈兰德（E. Harland），1999，《生态革命》（*Eco-Renovation*），切尔西绿色出版公司（Chelsea Green Publishing Company］，佛蒙特州，美国，修订版）。其他方面的研究统计得出的结论是，有机溶剂是导致空气中 20% 碳氢化合物污染的来源，仅次于汽车交通导致的污染［B・伯杰（B. Berge），2000，《建筑材料生态学》（*Ecology of Building Materials*），Architectural Press 出版社，牛津］。

石化工业生产出来的溶剂最具有毒性，而且直接导致释放有毒气体这个问题。这种挥发性气体在空气中会保持相当长时间，有时会对健康产生严重的后果［表面处理材料和溶剂的清单可以从伯杰的书中找到，引文同前，第 405 页，此外，L・爱德华兹与 J・劳利斯（J. Lawless）

合著的《天然油漆手册》（*The Natural Paint Book*）中也有，罗代尔（Rodale）出版社，可以从 AECB 售书网站购买：www. aecb. net]。目前也有一些环保替代油漆产品，如含有自然树脂乳胶的油漆，它们与传统的石化乳胶作用相同，便于涂刷、无需溶剂、也没有化学涂料的弥漫性气味，并且是生态可降解的。

湿度

油漆和清漆的选择会影响建筑室内的湿度水平。大气的温度是决定空气中最多含有多少水蒸气的关键因素。在20℃时，空气的含水汽量可达14. 8g/m^3；在0℃时，只能达到3. 8g/m^3。一般的起居室平均含水汽量为5～10g/m^3。气温的波动会改变空气的含水汽率，并导致冷凝。重要的是，墙体材料必须能够吸收这些水蒸气中的大部分，也就是说，必须采用吸湿材料。这类材料起着稳定湿度的作用，以保持湿度水平的相对恒定。换句话说，吸湿材料在水蒸气波动方面起着调节作用，正如具有热质的材料可以调节温度的波动（伯杰，引文同前，第251～253页）。

一般建议内墙应该在抹灰外涂一层吸湿乳胶漆。这样可以保证室内过多的水蒸气可以被抹灰层和砖石墙体吸收；当室内湿度水平降低时，又可以将水蒸气释放出来。更大的益处在于水蒸气携带着一些一氧化氮和甲醛气体。当水蒸气进入吸湿材料后，这些化学物质可以沉淀下来并被分解，从而使这些材料具有一定程度的空气净化能力。但是，如果墙体表面采用的是不可渗透的外饰层，例如传统的油漆或清漆、塑料墙纸，甚至是以塑料基胶粘剂粘贴的墙纸等，则湿气的吸收和释放过程就不会发生。墙体内侧必须能够透气，否则最终不可避免地将会发生冷凝。

材料和物化能

除了建筑在使用周期内消耗能源以外，还有一个重要的能耗因素在于建造中所使用的材料。这类能耗分为五类：

- 从地球中开采原材料。
- 将原料加工为终端产品的过程。
- 运往供应商然后运到建筑工地的交通运输。
- 建造过程。
- 材料的拆除和再循环利用。

假设在英国，一幢办公楼的平均寿命为15～20年，大约7%的总能量消耗存在于材料中。然而，如果建筑的设计和建造更具适应性，那么就可以适应许多工作模式的变化，建筑的寿命将得到延长，从而减少了物化能在整体能源消耗中的百分比。举例来说，在英国，目前住宅的更新率意味着所有住宅的更新需要大约 1000 年[①]，这使得物化能成为一个不重要的因素。另一方面，由于建筑越来越节能，情况正好相反，物化能可能成为重要的因素。

物化能的问题在于难以确切地进行量化。例如，在前两个阶段中，即原材料开采和产品加工过程中，能源使用状况可能因为商业原因而不能披露。只有以法律手段要求对这部分能源使用情况进行公开化时，这个问题才能得到解决。

当这些用于开采和加工的能源中的一部分来自于再生资源时，情况会变得更为复杂，例如加拿大的铝加工业的能源来自水力发电，还有一个案例是英国诺丁汉郡烧制砖块所采用的能源来自垃圾填埋场的沼气。

在建造中使用木材有充足的环保理由，因为木材是一种再生资源，并且在其生长过程中固定了二氧化碳，这是木材建造的额外益处。然而，在英国大多数软木需要进口，这增加了交通运输方面消耗的能源。在金属加工中输入的能源，例如制铜和铝的行业，根据原料是来自金属矿还是循环利用的材料而有很大不同。

在这个阶段，随着物化能的透明化，最直接的环境影响可能表现为建筑材料的“碳的旅程”，即应当尽可能在建筑基地附近获取建筑材料。

以下通过一个案例研究来展示材料循环利用的整体建造方法。

唐卡斯特地球中心的低能耗会议中心

这是一幢符合超级保温标准的建筑，建筑师比尔·邓斯特的设计可谓登峰造极。建筑中由风力驱动的自然通风系统带有热回收装置，从排出的空气中回收热能，然后将其传导给新风。屋顶的太阳能集热器直接将热水导入地下 400 立方米保温水箱中的热发生器。在整个夏季，热量被储存起来，用于整个冬季的循环。还有一个烧木材的锅炉作为备用热源。风力发电机安装在锅炉的烟道中，所发的电能可以满足部分电力需求（图 17.1）。

会议中心的墙体采用石笼构筑，即将松散的石块垒起，装入镀锌钢网。在这个案例中，石笼墙中的填充物来自附近废弃的煤矿中压碎的混凝土。

---

① 原版中为 2000 年，这是以写作时的住宅更新率来估算的。作者在中文翻译版中根据目前的经济局面，改为 1000 年。这并不是指住宅可以保留如此之久，而是为作物化能的测算而作的假设。——译者注

图 17.1
地球中心的会议中心，在建中和竣工后

支撑主要结构的木材来自再生的路标塔，有可能是电信塔杆，都是在一个货车停车场里找到的。大多数的木材要么是再生材料，要么获得林业管理委员会（Forestry Stewardship Council）的证书。只有胶合层压的木梁采用了新木材，以满足建造商对结构性能的要求。

在建造过程中不可避免要使用水泥，尽管这种材料具有极高的物化能。在这个项目的基础等构件中都尽可能使用了研细的粒状高炉矿渣粉(见第 204 页)。

甚至在湿式采暖系统中使用的散热器也是从拆除的建筑中回收的，会议空间的圆锥形屋顶所使用的钢材则是循环利用的 I 型钢梁。入口的踏步则是废弃铁路的枕木（枕木的回收利用将是利好行业）构成的。这里提供一个有用的网址：www. salvo. co. uk。

再生材料也会引发一些问题。例如，分包商可能不愿意使用再生材料，因为存在着一些隐患，如木材中残存的钉子可能会损坏贵重的工具。在地球中心这一案例中，承包商同意承担因使用再生材料导致的额外费用。总承包商可能也会感到保障设计时间和质量的难度，并且签署固定价格的合同也难以执行。令人遗憾的是，地球中心在 2005 年关闭了。

循环利用策略总结

- 首先应当鼓励业主认可使用再生材料，这是一个项目得以实施的重要前提。在这方面，参照最佳实践进行案例研究是有益的。
- 设计实践中需要适应并容纳再生文化。同时设计者应当尽可能创造机会使建筑拆除后各种材料能够获得重新利用。从这个角度来说，可以被拆卸的建筑比必须推倒摧毁的建筑更好。
- 在造价决算中，材料的物化能和自然资源的损耗应当成为考虑因素。同时相比使用新材料，使用再生材料应该获得相当多的总体费用节约，因为这影响了整个生命周期成本的评估。
- 应当劝说承包商在利用可循环材料方面积极合作，并且愿意为分包商承担一定的责任。在会议中心这个案例中，总承包商是循环利用策略的热情倡导者。
- 尽可能将建筑工地所有的废弃物进行分类并循环利用，以节约运输成本和垃圾填埋费用。
- 对再生材料的供应方而言，零售商假如不能对再生材料的质量做出完全保障的话，也应当提供某些质量措施。

第18章 先进技术的案例研究

威尔士国民会议中心（The National Assembly for Wales）

理查德·罗杰斯合伙人事务所

威尔士公国在获得权力移交之后，被赋予更多的自治权，因此需要建造一个会议中心。负责这个项目的建筑师是理查德·罗杰斯合伙人事务所，而环境工程设计由 BDSP 担纲。威尔士国民会议中心成为建筑师和工程师在项目初始阶段携手工作的经典范例。设计任务书要求这一建筑体现政府的民主特性，并成为低能耗设计的标志性范例。会议中心建筑的预计寿命为 100 年。在如此长的生命周期中，建筑所包含的物化能只占生命周期能耗的极少部分，因此设计的首要目标便是降低使用能耗。这个项目的工程师自信地认为会议中心建筑所使用的能源不会超过在同一地区满足《建筑规范》的常规建筑所需的一半。

庞大的屋顶覆盖着整个建筑的公共空间，从俯瞰着加的夫海湾的入口开始到建筑综合体核心部位的议会大厅逐步退进，形成了对环境控制由最少到最严格的渐进空间。在设计阶段，利用了计算机流体动力学（CFD）软件来模拟建筑周围和越过建筑上方的气流。新鲜的空气从低标高处进入建筑，因为在低标高处的空气几乎没有经过污染，然后通过烟囱效应上升，穿过议会大厅和接待室。屋顶旋转着的风帽确保排气格栅总是位于背风方向（海湾地区的主导风向是西南风）。风帽顶部的曲线形构件具有飞机机翼的造型，可以在背面产生负压，有助于排除废气（图 18.1）。

在设计过程中，对于一天中不同时段和一年中不同季节的太阳辐射的穿透效应和自然采光进行了大量模拟，并将研究成果作为设计考虑因素。竣工后，这幢建筑将成为欧洲所有国家或公国中最亲民和最便于使用的议会建筑之一。

朱克曼联合环境研究所（ZICER）

RMJM 建筑师事务所

东英吉利大学在委托建造采用先进环境技术的建筑方面颇负盛名。

图 18.1
威尔士国民会议中心［由埃蒙·奥马霍尼(Eamonn O'Mahony 摄影)］

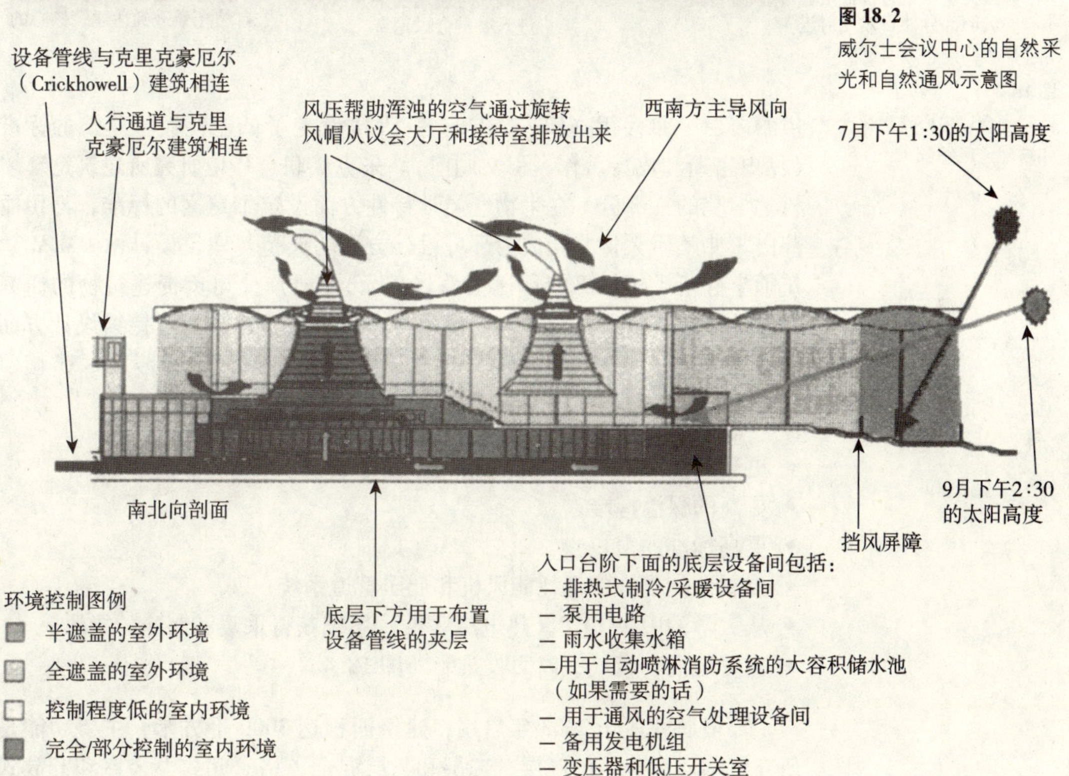

图 18.2
威尔士会议中心的自然采光和自然通风示意图

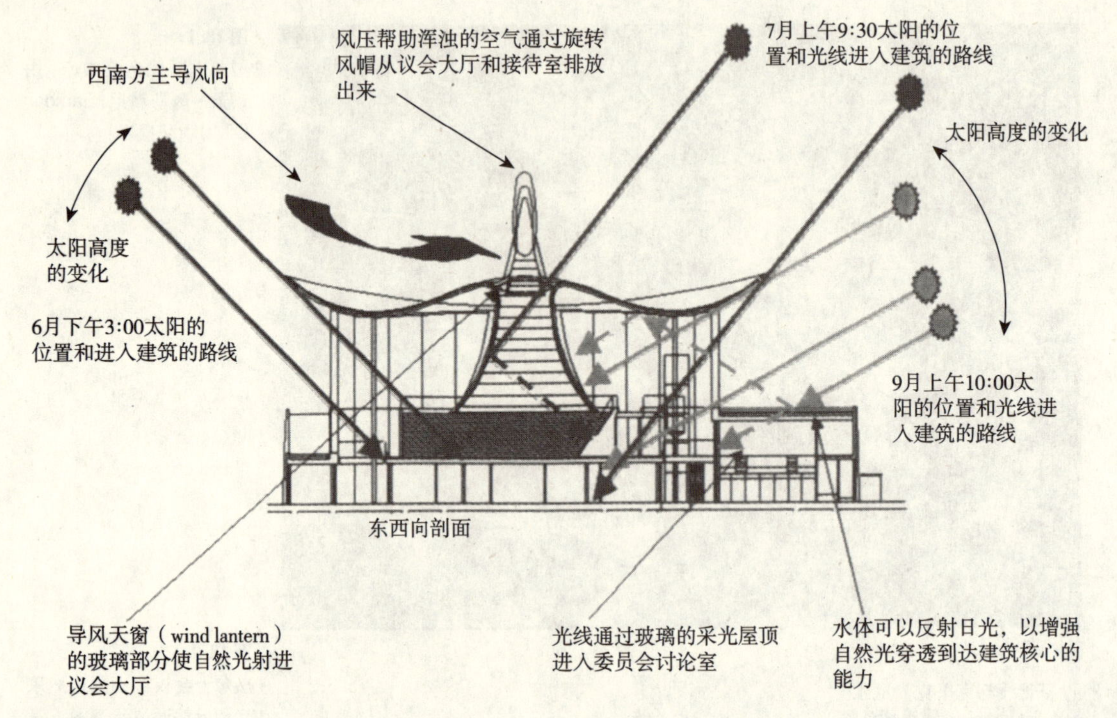

图 18.3

威尔士会议中心自然采光和自然通风细部

伊丽莎白·弗赖伊（Elizabeth Fry）大楼设定了低能耗大学建筑的标准（见史密斯和皮特著作，引文同前）。朱克曼联合环境研究所建筑是环境科学学院的一部分，在生物气候学特性方面设定了更高的标准，与伊丽莎白·弗赖伊大楼共同成为环境设计方面的典范。建筑设计由 RMJM 建筑师事务所承担，惠特拜比伯德（Whitbybird）公司负责建筑物的研究和设计。建筑师和工程师共同设想将这一研究所建成为可持续设计方面的有力的例证。这一建筑的设计在以下方面超越了伊丽莎白·弗赖伊大楼：

- 更高的建造标准，其中包括气密性标准；
- 更高的保温标准；
- 更高标准的窗户；
- 控制性能更好的低耗能风机和低压管道系统；
- 从大学的中央 CHP（热电冷联供）系统获得采暖和制冷的能源；
- 更好地混合废气，以回收热能（图 18.4）。

环境研究所于 2003 年启用，建筑面积达 3000 平方米，主要功能是研究机构。在建筑的底层、二层和三层混合了格子间式办公室和开放式空间办公室。顶层布置有一间大的研究室和一个展厅，自然光线透过墙面和屋顶的 PV 板进入室内空间，带来柔和的采光效果（图 18.5）。

图 18.4
朱克曼联合环境研究所建筑的南向立面，立面和屋顶上安装了 PV 板

建筑的地下室设有虚拟现实阶梯教室（Virtual Reality Theatre），这是环境社会科学学院、虚拟现实研究和实验室的核心设施，为在现实和假想的图景中做出环境决策提供了研究机会。

总体上来说，研究所建筑有望实现年能耗 $77kWh/m^2$，尽管实际上大楼内拥有至少 150 台电脑终端设备。通过将节能的建造方式与立面和屋顶的 PV 发电相结合，应该可以达成这一创纪录的环境性能指标。这一建筑在东部端头设有中庭，有一座带玻璃顶的人行桥从这里通往主要的教学大楼。

朱克曼（Zuckermann）联合环境研究所建筑拥有许多可持续性方面的特质。

第一，建筑设计必须达到高水平的气密性，设定的渗透率是在 50 帕斯卡（Pa）时为 $30m^3/h/m^2$。实际上的气密性已经超过了这一标准。

第二，建筑构件比现行《建筑规范》的要求大大改进了 U 值，例如：

墙	$0.10W/m^2/K$
楼地板	$0.16W/m^2/K$
屋顶	$0.13W/m^2/K$
窗	$1.0W/m^2/K$ 三层玻璃

第三，建筑热工性能模拟显示出这一设计充分利用了自然通风。新鲜空气从南立面的低标高处进入，通过热浮力作用上升，穿过研究室立面背部的 PV 板，以带走太阳得热和 PV 模块产生的热量。废气从北立面

图 18.5
朱克曼联合环境研究所建筑的研究室，立面和屋顶安装了 PV 板，悬吊式顶棚作为热质构件

上部排出。顶层悬吊式顶棚的热质作用确保了不需要另外增设制冷设备。建筑中采用的 TermoDeck 通风系统利用中空混凝土楼板为楼层的房间送风，楼板内的管道与垂直通风管相连。气流穿过百叶后释放到房间里，这些百叶由建筑管理系统控制。目前，通风系统仍在微调阶段。楼板中的高热质构件调和了温度波动的峰谷值。建筑使用者也可以自行控制窗户的开启。

第四，在顶层共设置 402.5 平方米的 PV 板，安装在屋顶的是双层玻璃层压单晶硅 PV 板，用于立面的是多晶硅 PV 板，总的额定输出功率为 33 kWp。PV 板与电网相连，以补充建筑的电力消耗（图 18.5）。

第五，在人工照明系统中使用低能耗光源，系统中的控制装置主要是根据侦测人员移动的传感器付出的信号进行调控，必要时局部手动控制开关优先。

最后一点，在该建筑的设计中，关注建造过程中所使用的材料的环境敏感性。建造中使用了可循环利用的集料和木材，这些材料都来源于获得认证的可持续资源。大部分混凝土、钢材、铝材和保温材料都可重复使用。

点睛之笔是设计了 70 多个有顶棚的自行车停车空间，以及更衣室和淋浴设施①。一个大型垃圾储藏间布置在底层的较低标高处，以便进行垃圾分类后放置在适当的回收容器中。

社会住宅

伦敦富勒姆区利利路（Lillie road）博福特住宅楼（Beaufort Court），2003 年

菲尔登·克莱格·布拉德利建筑师事务所（Feilden Clegg Bradley）

这是一个高密度的发展计划，成为英国政府“可负担得起的住房”（affordable housing）政策的典型。在这个社区中，提供共享所有权住宅，并且为产业工作人员提供出租房屋服务。住宅形式从单居室公寓到家庭式公寓。由于这个开发项目拿出一部分住房，作为协助无家可归的人的社会临时住所——在资金方面得到“协助街头露宿者倡议案（Rough Sleepers Initiative）”机构②的赞助——而得到社会学方面的好评。

使博福特住宅楼与众不同的是以下两个方面：

首先，这是一个施工质量优良的低能耗建筑，在节能方面超出了《建筑规范》的要求，完成了所设定的可持续发展目标，即超越目前最好的节能建筑实践，并为所有阶层的居民提供可负担的温暖之家。

这一住宅建筑的节能效率是通过以下方式达到的：

- 保温性能和气密性很高。
- 厨房和浴室采用机械辅助式被动通风方式，系统中带有节气阀，可以调控湿度。
- 六层通高的中庭的南立面为玻璃幕墙；在夏季，利用夜间自然通风降温。
- 整个建筑中配置低能耗的高效照明系统。
- 每个居住单元的设计都可以最大限度地利用自然采光。
- 基地上种植树木，以改善空气质量，并且对邻近道路的噪声起到部分屏蔽作用。
- 两个较低体量的建筑屋顶覆盖着景天属植物，为野生动植物提供了生存环境，并减少雨水的地表径流。

其次，这一建筑的建造方式涵盖了场外预制的三个方面：

---

① 目前英国鼓励员工骑自行车上下班，因此需要淋浴、更衣设备和停车设施。——译者注

② 该组织帮助无家可归的人找到住所。——译者注

图 18.6
利利路公寓，从庭院看去的景色［照片由曼迪·雷诺兹（Mandy Reynolds）拍摄］

- 预制钢结构承重系统，采用大尺度的冷轧钢板。
- 大尺度的热轧构件。
- 三维模数化的建造方式。

这是英国首次在单个社会住宅项目中结合三种场外预制技术的案例。建筑和建成环境委员会（Commission for Architecture and the Built Environment）将这个项目描述成“可以在英国任何地区建造的更加可持续发展的项目之一，因为它很好地解决了节能和生命周期内的维护费用问题，并提供了一系列空间布局舒展、精致、可负担的居住单元”［《满足生活黄金标准的建筑》（Building for Life Gold Standard）］（图 18.6）。

图 18.7
贝丁顿零能耗开发项目的西立面

贝丁顿零能耗开发项目（BedZED）

比尔·邓斯特（Bill Dunster）建筑师事务所

贝丁顿零能耗开发项目不仅仅是低能耗住宅项目的又一个案例，而且也是应对社会变革的一剂良方；假使我们要享受可持续的未来，那么这就是我们在 21 世纪生活方式的样板（图 18.7）。

设计团队由比尔·邓斯特建筑师事务所领衔，这是英国顶级的生态可持续建筑的传道者之一，设备和能源策略由阿鲁普联合工程顾问公司进行研究和设计。

这是位于伦敦萨顿自治区的超低能耗、混合用途的开发项目，由皮博迪创新技术信托公司（Innovative Peabody Trust）委托进行设计。开发项目中容纳了 82 户住家，共有 271 间房间用于居住、2500 平方米的空间用于办公、工场、工作室、商店以及公共设施，包括托儿所、有机食品和日用品商店，以及健康中心。这些功能都建在原先的污水处理厂的基地上——这是一块最终弃用的棕色地块。住宅区由单居室公寓、两居室公寓、复式公寓和 town houses 混合构成。

皮博迪信托公司根据从办公室和住户那里获得的收入多少，来赞助由于采用环境措施而产生的额外费用。尽管信托公司非常赞同贝丁顿项目的目标，但在资金方面还是要计较一番的。

图 18.8
北立面，工作空间位于底层，屋顶花园提供给对面的住宅

这个零能耗项目在所有的设计环节都结合了先进的环境技术，这个高密度住宅开发遵循“罗杰斯城市工作组（Rogers Urban Task Force）”倡导的理念。

贝丁顿居住区实现了总密度为每公顷 50 户加 120 个工作空间的目标。以这种密度，棕地①上可以提供近 300 万个家庭的住宅，并且住户还可以获得额外的工作空间，从根本上缩减了交通需求。在这一密度中，还包括提供4000 平方米的绿化空间（含运动设施）。如果不包括“村庄广场”下面的运动场和停车库，贝丁顿项目的密度将会达到每公顷 105 户和 200 个工作空间。

有些住户拥有地面花园，而朝北的工作空间的屋顶则作为相邻住户的花园（图 18.8）。

贝丁顿居住区内的建筑物的能效可以满足英国或欧洲大陆所有的规范要求。外墙由三部分组成：内层的混凝土砌块，300 毫米厚的岩棉保温层和外层的砖砌体，其 U 值达到了 0.11W/m^2K（图 18.9）。

屋顶带有 300 毫米厚的保温层，采用聚苯乙烯材料，U 值为 0.10。楼地板的保温层为 300 毫米膨胀聚苯乙烯，U 值同样是 0.10。窗户采用的是带有 Low-E 涂层的三层玻璃，中间充填氩气。窗框为木框架，U 值为 1.20。这些保温标准远远超出英国 2002 年颁布的《建筑规范》L 部

① 此处指英国全国范围内的棕地。——译者注

图 18.9
砖石墙构造

分的要求。砖石结构的外层墙和内层墙，以及混凝土楼地板提供了大量热质，在冬季能够保存热量，在夏季可以防止过热。在传统的房屋中，40% 的热量都从建筑的缝隙中散失了。贝丁顿零能耗开发项目极其重视最大限度地提高建筑的气密性，其设计值是在 50 帕斯卡的压强下，每小时空气置换两次（2ac50P）。

贝丁顿开发项目的首要目标之一就是充分利用可循环材料，这方面的主要成果是从一幢被拆除的建筑中获得了高规格的钢材以及木材。绝大部分材料来自半径 35 英里的范围。

在建筑设计中避免选用含挥发性有机成分（VOC）的材料，这成为使用低过敏危险性的材料策略的一部分。

由于气密性的提高，通风成为建筑面临的重要问题。在贝丁顿项目中，设计团队选择了被动式通风方式，系统中带有热回收装置，并且由屋顶的风帽来驱动。安装在风帽里的风向标使风帽一直旋转，确保新风总是在上风向，废气总是在下风向。这种热回收装置能获取废气中 70% 的热量。

追求节能的劲头还不止这些。南立面通过窗户利用太阳得热，玻璃加上窗框的面积几乎占据 100% 的墙面。日光间占据两层南立面，提高了居住生活的质量（图 18.10 和图 18.11）。

依照 1998 年制定的 SAP 级别评定标准，贝丁顿零能耗开发项目达到了 150。在 2002 年的《建筑规范》颁布之前，居住建筑的 SAP 等级要求是 75 左右。预计与 SAP 为 75 的住宅相比，BedZED 在空间采暖上的花费可以减少 90%，总能耗降低 60%。

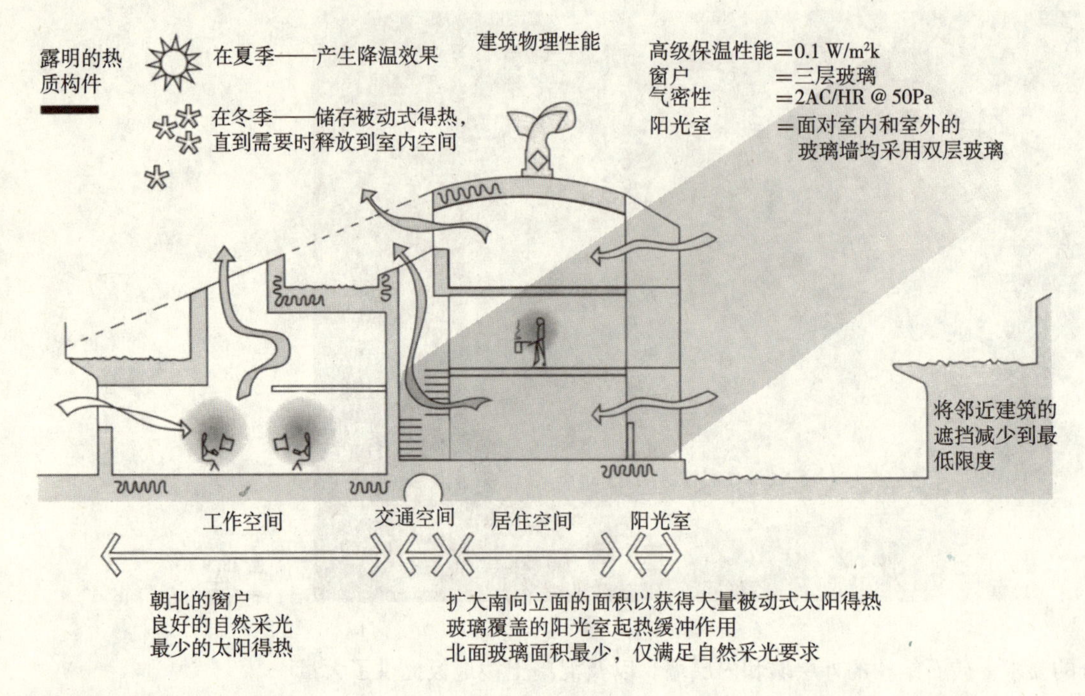

图 18.10

显示被动式节能特征的剖面（图片 Arup 和 BRE 提供）

图 18.11

南立面，PV 板与玻璃的结合

贝丁顿零能耗开发项目的目标是将家庭用水消费减少 33%。这一目标将会通过使用节水型的坐便器、洗碗机和洗衣机来实现。普通的坐便器每次冲洗需要 9 升水，现在的规范规定了不得超过 7.5 升。在这个项目中使用的是 3.5 升双流量坐便器，据估计，每户家庭每年能节省 55000 升水。此外，在水龙头中安装了限流器，在单居室公寓中，依靠重力的淋浴设施[①]取代了浴缸。由于在这个居住区中采用分户水表[②]计量方式，据估计，仅此项措施就能为每个家庭每年节约 48 英镑。按平均量估计，18% 的家庭用水能够由雨水来供应，回收的雨水储藏在与基础结合起来的大容量水箱中。

污水由安装在温室里的污水处理设备进行处理。这是一个基于生态原理的系统，将下水道淤泥中的营养物质作为植物的养料。经过这种处理的水质标准等同于雨水，因此可以补充贮存的雨水，用于冲洗坐便器。

在贝丁顿社区中，通常用作土地填埋的家庭生活垃圾相比普通社区的家庭减少了 80%。

能源综合方案

贝丁顿零能耗开发项目的主要能源供给来自热电联供设备（CHP），能够产生 130 千瓦的电能，可以满足居住区的电力需求。这一设备系统通过与区域采暖系统的结合，也能够满足空间采暖和家用热水的需求。在采暖系统采用了保温管网。CHP 设备的输出功率足够满足开发项目的能源需求，是由于建筑具有较好的保温性能和气密性，加上高热质材料均衡了温度的季节性变化和每日变化的峰谷值。

在贝丁顿项目的能源系统中，内燃机在发电的同时产生热能，每年发电 350000 千瓦时。燃料供给是氢气、一氧化碳和甲烷的混合物，这是通过对碎木片的就地气化过程产生的。碎木片来自附近一块经过管理的林地里木材加工的废料。如果这些废木料不是用来气化产生能源，就会送往填埋场进行填埋处理。这种气化设备每年需要 1100 吨的燃料，相当于每周运载两卡车的体积。今后可以通过对附近生态公园里快速轮作的柳树进行矮林作业，来补充林地废木料的供应。在整个伦敦，修剪树木产生的 51000 吨的废木料都可以用来气化产生能源。值得重申的是，这是真正的零碳排放的产能途径，因为在树木生长过程中吸收的碳，又回到了大气层中。碎木气化系统产生的过剩电力出售给电网，而所有用电短缺则由电网补充，这是以绿色电价购买的。预计贝丁顿零能

---

① 指水流由重力驱使，而不是由电力驱动水泵流出的。——译者注

② 英国早期住宅实行用水包干计费制，导致水资源的浪费。目前正在逐渐更新住户用水计量系统，采用分户水表计量收费制度。——译者注

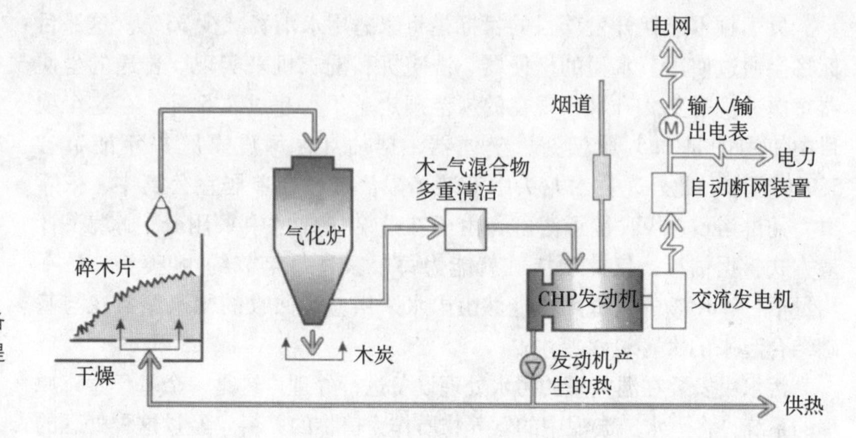

图 18.12
开发区的碎木片气化设备（图片蒙 Arup 和 BRE 提供）

耗开发项目的总体用电将会略有盈余，因此总体平衡上是向电网净输电的（参见第 8 章）（图 18.12）。

下文将专门讨论有关能源方案的来由。图 18.11 展示了 PV 板与南立面玻璃的一体化设计。PV 板也同时用在朝南的屋顶上。PV 发电主要用于电动交通工具的充电。PV 发电的这一用途究竟是怎样决策的值得一提。

最初的想法是利用 PV 电力为建筑提供电能，由真空式太阳能集热管提供采暖和家用热水所需的热能。经过计算发现，这种方式需要 70 年才能收回投资。如果利用 PV 发电来代替矿物燃料在交通工具中使用，加上矿物燃料的高税额，那么只需要 13 年左右的时间便可回收投资。因此，研究计算的结果表明，只要 777 平方米的高效单晶硅 PV 板，其峰值输出功率为 109 千瓦，就足够 40 辆轻型电动车每年行驶 8500 千米。必须记住，在贝丁顿零能耗开发这样的居住环境里，由常规小汽车所消耗的能源要远远大于住宅所消耗的。按照平均水平，一辆家用小汽车每年行驶 12000 英里（19000 千米）所排放的二氧化碳（CO_2），几乎相当于居住在典型的现代住宅中的四口之家的排放量。

这一措施的目的是将这 40 辆小汽车形成小汽车合用社，提供给住户和商业租户按小时租用。其他地区的小汽车合用计划表明，合租小汽车以每年行驶 13000 千米计算，每年可节约大约 1500 英镑的行驶费用。这还没有算上可避免的外部成本，例如治理污染的费用。在像伦敦这样的大城市中，由于交通拥挤、已经对车辆征收街道使用费。在这种情况下，电动机动车免征街道占用税这一举措将极大地激励电动小汽车的推广和使用。

贝丁顿社区的合作开发者——皮博迪信托公司和生态区域（Bioregional）组织达成协议，共同加入“绿色旅程计划（Green Travel Plan）”，并且将这一承诺写进规划议定书的条款，这意味着开发商承诺从出行的角度将住户对环境的影响降到最低限度。贝丁顿社区内可以实

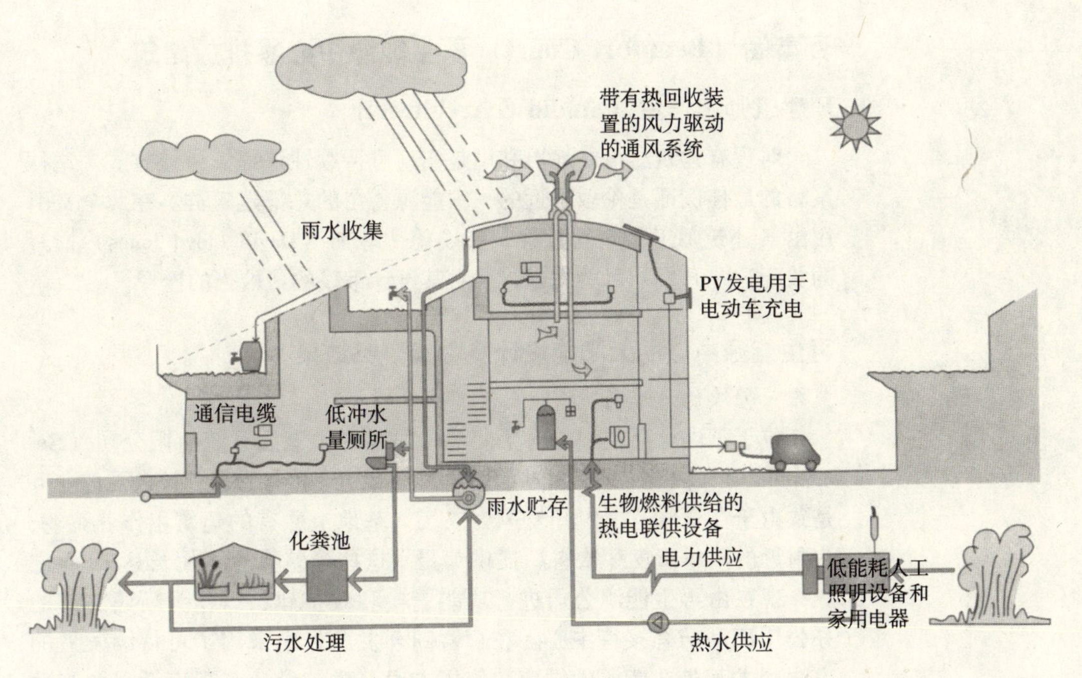

图 18.13
贝丁顿零能耗开发项目的生态创举（图片蒙 Arup 和 BRE 提供）

现就地工作的机会、近在咫尺的娱乐设施，以及电动车合用计划“零能耗开发区汽车（Zedcars）”，共同圆满地兑现了这一承诺。

一张由阿鲁普工程顾问公司提供的示意图概括了贝丁顿零能耗开发项目在生态方面的创新之举（图 18.13）。

这个开发计划能够成功是由于天时地利人和，有着共同追求的一群人在合适的时机走到了一起。项目最初的理念来自生态区域发展集团（Bioregional Development Group），这是一个总部在萨顿自治区的环境机构，他们力荐皮博迪信托公司成为贝丁顿项目的开发商。皮博迪公司是英国最富于环保意识的住宅协会之一。比尔·邓斯特凭借着“希望住宅”（Hope House）竞赛中表现突出而参与了贝丁顿项目。他为竞赛而设计的生态型生活兼工作环境，成为贝丁顿零能耗开发项目的原型。当比尔·邓斯特在迈克尔·霍普金斯及合伙人事务所工作时，曾经与阿鲁普及合伙人工程顾问公司的克里斯·特温（Chris Twinn）合作过，因此克里斯很自然地成为贝丁顿项目在建筑物理和设备方面的顾问。这个项目是由于共同信奉可持续发展原则的人们幸运地走到一起的偶然产物。将来，具有这种可持续性的建筑开发一定不能再依赖苍穹中最明亮的巨星的偶然碰撞。

关于这个项目更详细的叙述，请查阅“1989 年通用信息报告”（General Information Report 89），《BedZED——萨顿区贝丁顿零能耗开发项目（BedZED_ Beddington Zero Energy Development，Sutton）》，由建筑研究公司（BRECSU）出版，电子信箱：brecsuenq@ bre. co. uk。

百富阁（Beaufort Court）再生能源中心零排放建筑

E 建筑师工作室（Studio E Architects）

对现有建筑尽可能地再利用是实现可持续性议程的最佳方式。这种策略的最佳例证是伦敦附近的一家能源公司的总部建筑群。在此全文引用由 E 建筑师工作室的戴维·劳埃德·琼斯（David Lloyd Jones）撰写的关于这一开发项目的文献，是对其设计策略的最恰当的诠释。

再生能源中心的太阳能设计及中期研究结果

戴维·劳埃德·琼斯，E 建筑师工作室

位于英国金斯兰利的再生能源中心是再生能源系统有限公司（Renewable Energy Systems Ltd）的新建总部和访客接待中心。该公司的业务是致力于在全球范围内开发风力农场。基地上原有的建筑用作养鸡场，为附近的阿华田麦芽饮料厂提供鸡蛋。这些建筑弃置不用长达 10 年之久，现在由再生能源公司进行功能置换和改扩建，以作为新建总部的办公用房和访客接待中心。在百富阁开发项目中采用了可持续发展的方法，尤其是在能源的供应和使用方面。建筑设计基于广泛采取被动式和主动式太阳能措施，据信这是英国第一座零二氧化碳排放的商业建筑。这一项目于 2003 年 12 月竣工后对建筑的能源系统、气候设计系统和室内环境舒适性进行了为期 2 年的监测。欧共体 5 号框架计划（EC Framework 5）的补助基金用于太阳能电热联产系统（PVT）、季节性储热系统、空间采暖系统，以及相关的机械和电力系统的费用（图 18.14）。

设计原则

再生能源中心是首个符合零碳排放的标准，并且在能源方面完全自给自足的商业化开发的建筑。事实上，在未来无论哪一年，基地中各种一体化的再生能源系统都将产生富余的能源。这些能源将被输送到电网，以供社区使用。

在新建筑的设计中并没有可以效仿原有建筑的工艺美术运动风格。建筑的改造和更新采用了一种简洁而现代的表达方式，尽管这种建筑语汇不那么直截了当，但是回应了再生能源系统公司的当代理念和主旨，以及整个基地上或结合在建筑中的尖端能源技术。

百富阁项目的设计纲要诉求将从前的阿华田蛋鸡农场改造和扩建为拥有 2665 平方米面积的再生能源系统有限公司（RES）的办公总部。为了满足设计任务书的要求，在项目设计中将采用一系列经济可行的再生能源措施，并运用“最佳实践”中已采纳的可持续策略。再生能源有限公司得到欧共体 5 号框架计划的资助，来实现这一预期的目标。这项

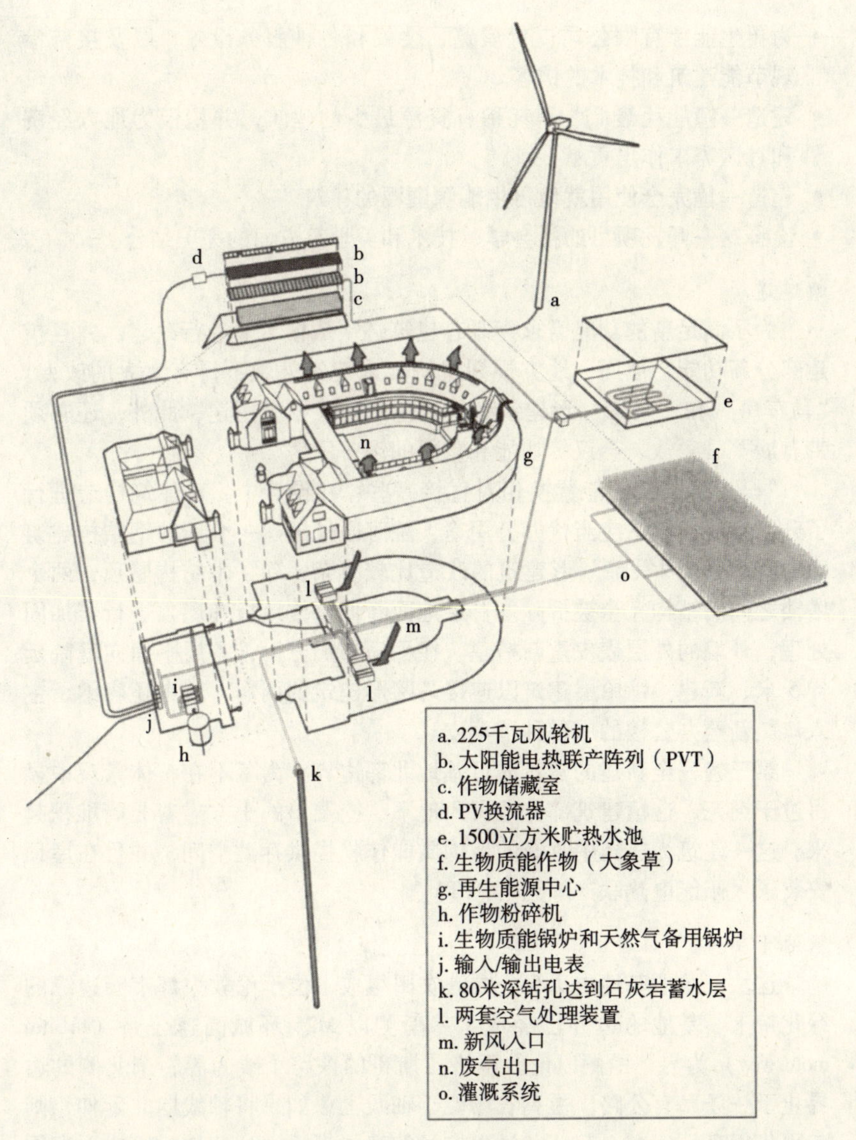

图 18.14
能源战略

基金的提供是有条件的，即要求采用全新的方法来解决可持续问题，并在项目的实施过程中组织来自欧洲各国的设计和研发团队。基于这种首创性合同条款，再生能源有限公司要求增设接待访客和团队参观的活动中心等附属设施，以便使参观者能够身临其境地了解百富阁建筑及相关的能源系统技术，并有机会从中学习和借鉴。

因此，百富阁开发项目遵循的设计原则如下：

- 提供一个业务运作全面的办公总部，即能够满足商业需求，也符合地产市场的条件。

- 为再生能源有限公司提供展览、会议和各种服务设施，以及接待参观节能建筑和技术的访客。
- 建造一幢能耗最低、消耗稀有资源最少的建筑，并积极为地方经济和社区需求作出贡献。
- 建造一幢完全使用就地再生能源资源的建筑。
- 诠释这一开发项目的社会学、技术和美学等方面的完美结合。

新建建筑

为了满足新的功能需求，既有建筑必须从根本上进行改建，并且扩建部分新功能。然而，地方规划机构要求建筑外观不得有太大的改变。“马车房”和“马蹄”形建筑必须改造成现代办公用途，此外，还必须带有展览、餐饮、会议等功能和重要的设备用房。

“马车房”的功能置换相对直接一些：在设计中，对建筑构造进行了升级换代，以适应当代办公用途，院落通过插建一个新的钢结构建筑而封闭起来。“马蹄”形建筑的改造比较复杂：除了木结构屋顶，两个塔楼之间的结构完全被拆除。首层地面降低，楼地板和屋顶进行了加固处理，外墙的外层表皮重新搭建。在平面布局方面，首层平面向庭院延伸5米，新建一幢单层建筑以连接马蹄形建筑的两翼，其中还容纳了主入口。新建办公楼的屋顶种植草皮。

第三幢完全新建的建筑靠近基地北部边界。为了不在整体景观中显得过于突兀，这幢建筑部分地沉入地下，挖掘出的土方靠着北墙堆积起来。这一建筑为庄园中收获的生物质能作物提供存贮空间，并且在屋顶安装了太阳能电热联产阵列（PVT）。

基地布局

这块三角形基地由7.5公顷的农田组成，位于伦敦大都市圈边缘的绿化带上。基地的边界已经成型：南侧以M25环城高速公路（orbital motorway）为界，西侧以伦敦至格拉斯哥的铁路干线为界，东北侧的边界止于一条私有公路。蛋鸡农场位于轴线上，如果将轴线向北延伸，则与阿华田工厂连在一起——过去农场的鸡蛋都运送到此地。组成百富阁开发项目的各种要素的布局都显示在基地平面图上。由于这块基地紧邻欧洲最繁忙的一条高速公路，建成后有望将可持续的概念栩栩如生地展现给千千万万使用这条高速公路的人。

能源策略

百富阁开发项目的设计意图是期望再生能源中心所使用的所有能源都由基地上的再生能源资源供给。这个项目展示了被动式太阳能技术与一系列再生能源系统的整合以及相互关联。能源供应来自：

- 优化利用自然通风、自然采光、加强保温措施、减少空气渗漏、遮阳控制、选用在制造和运输过程中耗能最少的材料（物化能低的材料）、可循环利用的材料、尽量减少自然资源的损耗、减少用水量、合用小汽车，以及鼓励使用公共交通工具。
- 生物质能作物储藏间的屋顶上安装的太阳能电热联产阵列（PVT）提供电力和热水，所产生的热能被传送到：
  ——季节性储热装置中，其中包括隐藏在地下的 1100 立方米的水体，用于辅助冬季的楼宇采暖（图 18.15）。
  ——生物质能作物（五节芒或“大象草”）储藏间，对作物进行干燥处理。这些能源作物就生长在周围的土地上，每年收获一次，经太阳能干燥处理后储存在 PVT 阵列下方的覆土空间中。
- 未来将要建设的生物质能工厂可以将五节芒粉碎并焚烧，为建筑提供采暖的热源［在将来可能的技术改造中，实现热电联供（CHP）］。
- 从 80 米深的钻孔中将水泵出，成为地源冷却水，在夏季使建筑降温（流经建筑后用于灌溉生物质能作物）。
- 功率为 225 千瓦的风轮机与 PVT 阵列共同提供基地内建筑群的所有电力需求，并且有大量的富余电力输入国家电网。

洁净和绿色

从土地使用、资源利用和改善区域生活的舒适性角度上讲，使废弃建筑获得新生，比新建一幢建筑更为有益。百富阁开发项目的建造基于最大限度地减少废弃物，并从现有可利用的资源中选用物化能低的材料和构件。

为减少能源需求，在这一项目的设计中将主动式系统（机械通风、人工制冷、采暖和照明、建筑管理系统）和被动式系统（太阳能采暖、自然通风和自然采光、遮阳、结合了热质构件的、且保温性能良好的外围护结构）明智地结合起来。

由于基地西边有火车穿行，南边是高速公路，百富阁项目的建筑群就暴露在恶劣的外部噪声环境中。为了消除噪声对建筑物内部的影响，建筑的外立面不得不封闭起来。加之现代办公建筑使用所产生的较高的热量，要求建筑在夏季的月份中进行人工制冷。冷源是抽取位于建筑地下的石灰岩蓄水层中的冷水。这一策略避免了能源的大量消耗，以及使用普通空调制冷剂所带来的潜在的环境污染。冷却水用于降低进入建筑的新风的温度，并且/或者在办公空间内的对流器中循环，给室内空气降温。

热能供应来自生物质能锅炉（在生物质能设备安装完毕之前采用天然气锅炉）和 PVT 阵列；供热方式为直接供热，或通过季节性地下储热装置供热。通过这些方式加热的热水也可以用于空间采暖，其原理类似于冷却水用于室内降温。电能来自于 PVT 阵列和风轮机。

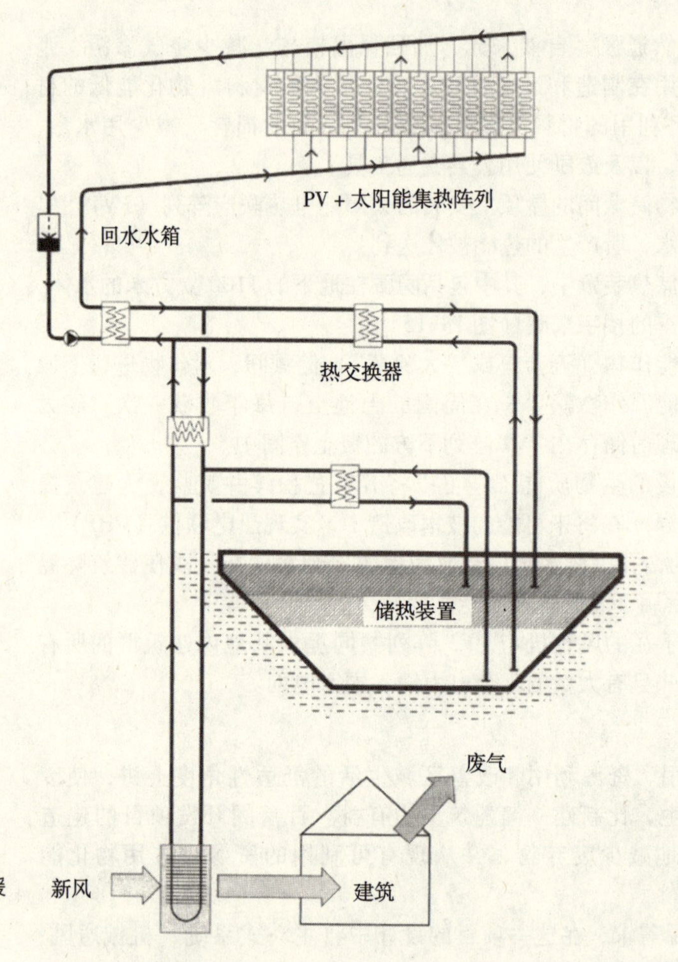

图 18.15
PVT/储热装置/空间采暖系统

温度合适的季节，远离高速公路和铁路的立面和屋顶的窗户、或者采取了音障措施的窗户都可以开启用于自然通风。通过固定式玻璃或铝质的遮阳板，以及种植阔叶落叶乔木的方式为窗户提供遮阳，减少过度的太阳辐射，以及相应的建筑制冷需求。同时，建筑的保温性能优良、密闭性很高。

下表显示了预计的能源使用和供应的情况。目前由计算机程序正在监控这一建筑的能源数据，以测定这些预计的目标是否能实现。

估计的基地能源数据一览表：

	电力	空间采暖
建筑年负荷（总建筑面积 2500 平方米）	115 兆瓦时	85 兆瓦时
PV/T 直接提供的能源	3.2 兆瓦时*	15 兆瓦时
储存的太阳热能		24 兆瓦时

续表

	电力	空间采暖
泵的能源负荷/储存中的热损失	-4.5 兆瓦时	-12 兆瓦时
风轮机	250 兆瓦时	
五节芒：峰值产量（60 烘干吨/年）		160 兆瓦时
净供给	248.7 兆瓦时	187 兆瓦时
可能的电力输出	133.7 兆瓦时	
未来可能富余的五节芒用于热能输出		102 兆瓦时

* PV 的安装面积为 48 平方米

在百富阁开发项目中设有建筑管理系统，以对所有的能源系统进行控制和优化，包括开启和关闭屋顶的天窗。这一系统还记录了所有来自多种能源系统的监控结果，然后将数据发送到丹麦，上传到网站。

再生能源公司积极鼓励员工使用公共交通工具、自行车，以及合用小汽车上下班。

7.5 公顷基地中的 5 公顷用于五节芒种植，此外还设有一个停车场和一个 5 人足球场，剩下的土地用于种植本地生乔木、灌木和草本植物。在这块基地中，还通过再造自然生境来吸引野生动物。

再生能源资源

风轮机

额定功率为 225 千瓦的风轮机轴心高度为 36 米，叶片直径为 29 米，这是以前在荷兰使用的 Vestas V29 型。风轮机连接到建筑的配电网络，并且和国家电网相连。预计年发电量为 250 兆瓦时，远远大于建筑的预期用电量，富余的电力（相当于大约 40 户家庭的用电需求）将输出到电网。

生物质能

建筑的供热需求主要由燃烧能源作物的生物质能锅炉来提供，这些作物就是基地上种植的 5 公顷五节芒或“大象草”。每年冬末用传统的收割设备收获这些作物，然后打包，储藏起来以备需求。成捆的作物经过粉碎后，送入生物质能锅炉。这些农田预计的年产量为 60 烘干吨，产热值为170 亿焦耳/吨。生物质能锅炉功率为 100 千瓦，由托尔伯特（Talbott）采暖公司提供，热效率为 80% ~85%，并且可以调节到满载效率的 25%。经粉碎的草捆通过机械传动的推运螺旋送入锅炉。生物质能是零碳排放的能源资源，因为燃烧过程中释放的二氧化碳被作物生长过程中所吸收的二氧化碳平衡了。基地上种植的大象草属于短期轮作的矮灌木林。锅炉的烟尘排放符合《清洁空气法案》（Clean Air Act）。预计生物质能锅炉将于2004～2005年安装并运行。

地下水制冷

在百富阁开发项目中充分利用了地下水资源，用于夏季的建筑降温。从当地75米深的蓄水层钻孔中抽取出水温为12℃。首先地下水在空气处理设备中用于对进入建筑的新风进行降温和除湿，然后地冷水被送往办公室内高标高处的冷却梁（chilled beam）（翼管）中循环，水温达到15℃。最后，从建筑中放出的水用于灌溉能源作物。

PVT阵列

170平方米的太阳能阵列由54平方米的太阳能电热联产系统（PVT）以及116平方米的太阳能集热板构成。PVT板由将光能转化为电能的光电模块，以及安装背面的、以获取剩余太阳能的铜质热交换器组成。这些太阳能板由荷兰的能源研究中心（ECN）开发，将壳牌（Shell）太阳能光电组件和禅牌（Zen）太阳能集热组件结合起来，同时进行发电和加热水（图18.16）。太阳能集热板与PVT板在外观上完全一致，只是在表面没有安装光电组件而已。

季节性地下储热

地下储热装置是1100立方米的水体，储存由太阳能电热联产（PVT）和太阳能集热板产生的热能，用于较冷月份的建筑采暖。储热池的屋顶设有500毫米厚膨胀聚苯乙烯活动盖板，以进行保温。盖板周围装上铰链，允许水的热胀冷缩。地下储热系统的设计还结合了一个悬吊系统，当水平面下降时可以用来支撑屋顶。储热库的倾斜面没有设

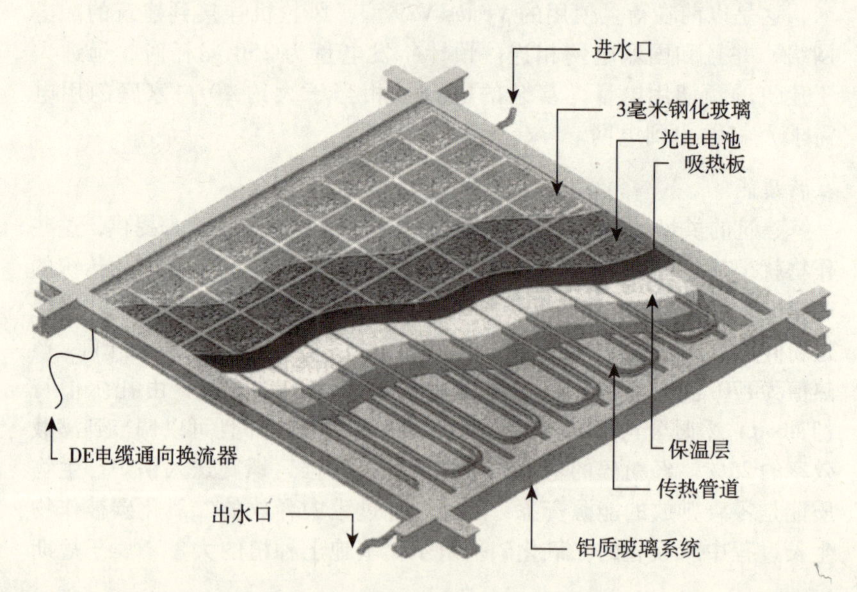

图18.16
太阳能电热联产系统（图片蒙E建筑师工作室提供）

保温层。只要储热库周围的地面保持干燥，就可以作为保温层，并且提供额外的热质。水的高比热（4.2 kJ/kg·℃）使之成为适合储存热量的载体。

在夏季，建筑几乎没有或完全没有采暖需求，所以由太阳能电热联产（PVT）阵列产生的热量将储存在储热水池中。秋季，部分的太阳热能直接用于建筑中，富余的部分将储存在热水库中。经过夏季和初秋，储热库中的水温将逐渐升高。在冬季，太阳能所产生的热量将小于建筑

图 18.17
百富阁全景

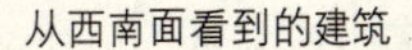
从西南面看到的建筑

PVT 阵列

安装盖板之前的贮热水池

图 18.18
百富阁入口院落

的热负荷，储热库的热量将释放出来，用于加热进入建筑的新风。由于热能被抽取，储热库中的水温就会下降。部分热能也会散失到周围环境中。据估计，这部分热损失占整个夏季输入储热库中的热能的 50% 左右。储热库中释放出的相对较低温度的热能可以用于预热进入建筑的新风，因为室外空气的温度比水温还低。

一体化区域环境设计

第19章

在发达国家，人口统计显示的家庭结构的改变引发了对新建社区的需求。例如，在英国，预计需要新建大约400万套住宅，其中大多数在英格兰东南部。英格兰东南部居住项目的规划师彼得·霍尔（Peter Hall）提出的建议是在伦敦周边建立三座新城。他把新城命名为肯特城（City of Kent），英吉利城（City of Anglia）和梅西亚城（City of Mercia）。这些新城镇将以现有城镇为核心：即阿什福德、剑桥、彼得伯勒、韦灵伯勒和拉格比。在新城中，将会新建许多住区，为实现区域层面的一体化环境设计目标创造了理想的机会。

按照这种设计目标新建的住区案例是在瑞士日内瓦附近的太阳能城镇普朗－拉－瓦特斯（Plan-les-Ouates）。

这个开发项目背后的推动力是一项立法提案，即通过征收碳排放税、提供节能补助金和加大利用再生能源资源的力度，减少对不可再生能源资源的使用。开发商预计到这些措施即将出台，果断决定建造一个大型住区发展项目，其中包括九幢公寓楼。这些建筑实现了在现有技术范围内最大限度地采集太阳辐射热能的目标。

首先，三分之二的建筑屋顶覆盖着带有黑色涂层的不锈钢太阳能集热板。尽管不锈钢集热板比最先进的玻璃覆盖的太阳能板效率低大约30%，但是价格非常便宜，而且能够快速安装，使之成为一体化屋面系统的一部分。

其次，太阳能板向每幢公寓的两个容积为50000升的水箱供应热水。在夏季，这些热能用来提供家用热水，在春秋时节用于补充室内采暖。

第三，在住区开发项目中，采用了双向流动的（double flow）通风系统，为所有公寓提供每小时一到两次的空气交换率，并且排气中的热量可以完全回收。废气被泵到停车场，以满足停车场的通风需求，而无需为停车场专门设计通风系统。

这个项目的第四个特点是“地源预热系统”，这是由停车场地下长达6公里的管网组成。在冬季，进入公寓大楼的通风系统的新风首先经过地下管网，在这里可以被预热到10℃，这是因为地下的土壤温度从不低于10℃。在夏季，地源系统可以提供新风的预冷却。这一住区开发项目于1996年竣工。

在奥地利，林茨太阳能城镇的建设获得了欧洲委员会的赞助。第一阶段建设的建筑单体包括600个社会住宅单元，它们将遵循严格的节能标准、并由欧洲一批杰出的建筑师设计。林茨市政府设想这个居住区最终会成为容纳30000人的新型城镇。这一开发项目旨在证明在高密度的城市环境下太阳能住宅也是可行的。这些住宅的运行情况将会根据新的二氧化碳排放测量法进行监测。这个方法是由能源专家诺伯特·凯泽（Norbert Kaiser）研发的。

明日的生态城市：瑞典马尔默

欧洲委员会在瑞典马尔默的示范项目已经大体完成。这是一个由住宅、商店、办公和其他服务设施组成的全新区域，旨在成为真正零能耗的项目，年能源需求为11千兆瓦时，并且完全没有二氧化碳（CO_2）的排放。这个项目的基地位于里贝斯堡（Ribersborg）海湾附近的再生工业用地，靠近马尔默市的历史中心。新城的建设正在进展中，这是马尔默市一个为期十年的计划的第一阶段，意欲将马尔默打造成为可持续城市复兴的样板。“明日的生态城市”项目在克拉斯·塔姆（Klas Tham）教授的指导下进行建设，并且成为2001年6月举办的“Bo01”展览会的焦点（图19.1）。

这个城市复兴项目的规划目标在于：

- 通过规划设计提供新型发电厂和配电系统，以再生能源资源满足100%的能源需求。
- 通过整合适宜的技术如太阳能、风力发电、热泵技术和蓄水层储能等来产生具有成本效益的清洁的热能和电力。
- 从项目的开始阶段到竣工都采用整体设计程式。在设计和建造过程中，建筑师、设备设计师和建造师将共同工作。
- 与马尔默市现有的电力和区域供暖系统，以及局域系统建立协同。

新城区域将容纳800户家庭，成为独立式住宅、联排式住宅和公寓住宅的混合居住模式。在开发规划中还结合了运河、港口、河滨散步道、公园和有顶的步行道等要素。

能源策略

一台2兆瓦的风轮机和120平方米的联网PV电池提供了马尔默新城地区的电力。其中部分的电力用来驱动一台热泵从地下蓄水层和海水

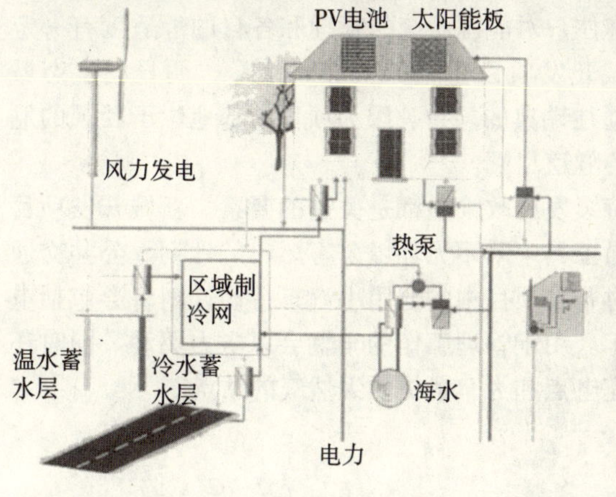

图 19.1
"明日的城市" 模型，以及与建筑一体化的能源系统

中提取热能来满足 83% 的区域采暖需求。同一个蓄水层系统还可以储存冷水以提供夏季制冷。余下的大约 15% 的热能需求由 2000 平方米的太阳能集热板提供。由当地垃圾所产生的生物气满足剩余的 2% 的热力需求。这个项目的能源策略的目标是将建筑的能耗保持在每年每平方米 105 kWh 以下。在这种能耗范围内，居民仍旧可以维持习惯的舒适标准。值得一提的是，瑞典人倾向于将 22℃ 作为最低舒适标准，而英国则是 18 ~20℃。居住者借助于互联网技术的帮助，可以自行调节和监控能源消费情况。所有的住宅都连接到宽带网络，住户可以利用先进的通信功能，例如声控系统和监控管理系统。

马尔默新城项目中配置了沼气发酵装置（biogas digester），将来自区域内的有机垃圾转化为肥料，并产生沼气，以提供采暖和作为交通工具的燃料。同时还配有一个污水处理厂，从下水道的淤泥中提取能源和营养物质。

一条“真空垃圾槽（vacuum refuse chute）”从家庭垃圾中抽取有机废物。每一户家庭都配备了垃圾处理舱，并且连接到储藏容器，然后，自动输送垃圾到达位于场地边缘的垃圾中转系泊站（docking station），再进入沼气池。所有居民都会收到有关垃圾分类和处理的最新信息。这些措施的目的是将未经分类处理的垃圾数量减少80%。

各种再生能源发电设备都连接到马尔默市现有的配电系统，这一举措保证了区域内的电力供应的安全性。运行一年后，新城区域的发电量和用电量可以取得平衡，由此便可真正贴上“零能耗”的标签。

在新城项目中，所有的建筑设计都依据最严格的节能标准，使空间采暖的需求降至最低。建筑设计和能源系统的设计都服从于同一个管理策略，并且整个过程受到严格的质量控制。

信息技术不仅用于协调能源系统中的不同要素，同时也使住户了解能源使用状况，并且允许住户对能源系统的管理和各自的舒适度有一定程度的控制。马尔默新城开发项目在2001年底竣工。“明日的生态城市”所在的位置形成了通往瑞典的门户，因为项目的基地位于壮观的厄勒海峡大桥和连接丹麦的隧道尽端。

交通运输在任何可持续发展政策中都是关键的要素。新城开发项目正在策划启动一项在交通工具中采用无环境公害燃料的计划。公共交通系统也会相应调整，同时开发项目中的合用小汽车行动计划将会包括电动车和天然气驱动的汽车。用于管理工作的车辆会以电力驱动。同时还会设立为电动车服务的充电点和为车辆提供天然气的站点。

走向可持续发展的城市

我们所面临的终极挑战是彻底改观现有的城镇和都市，以免它们走向“生态黑洞”。城市不仅是消费力的发源地，同时也有能力成为文明的最高见证——使城市“文明”[①] 起来。然而，城市拥有强有力的符号性与协同性，这意味着对于变化存在巨大的约束。在未来50年里，除非有大灾祸，比如海平面的上升等，欧洲城市的基本格局和基础设施都不会产生太大的变化。即便在20世纪40年代，二战中的闪电战摧毁了许多大都市的中心地带，如利物浦，大多数情况下的重建过程依然遵循着原有的基础设施路线。这大多是由于地下管线的走向和土地所有权的复杂性，正如其他战后重建工作。

单体建筑可以进行功能置换或彻底改造，但这一过程中的经济性决

① 拉丁语“civis”，意为“城市”、“城市化”、“市民”，为civilization的词根。——译者注

定于土地的价值和能源的价格等不确定因素。就像本书开头所指出的，能源价格很可能随着需求大幅超过供应而陡升。但是对城镇和都市来说，最重要的优先工作就是大量减少对矿物能源的需求。在这一方面，英国有个自治区正走在正确的发展方向上。

沃金：具有领先意识的当局

沃金位于伦敦东南方，紧靠 M25 高速公路，人口超过 89000。该市宣称拥有全英在环境方面最具进取心的地方行政部门。政府承诺实施以下八个方面的重要议题：

- 能源服务。
- 规划和规范制定。
- 废弃物管理。
- 交通。
- 采购。
- 教育和宣传。
- 自然栖息地的管理。
- 应对气候变化。

能源服务

当地议会正是在能源这一方面尤其具有远见，他们认识到能源既具有直接的社会意义，又具有长期的全球意义。一方面，沃金市致力于消除能源贫困；另一方面，致力于大幅度减少 CO_2 的排放。该市政府已经与英国环境污染皇家委员会签署了旨在到 2050 年减排 60%、到 2100 年减排 80% 的目标合约。

为了贯彻其能源战略，沃金市成立了议会拥有的、名为泰晤士威（Thameswey）有限公司的能源与环境服务公司。这个公司已与自治区达成一项协议，作为其承包商，向沃金地区联合供应热能和电力。1999 年，该公司又与丹麦一家能源服务公司（ESCO）——ApS 国际集团（International ApS）组成了伙伴关系，并成立了 Thameswey 能源有限公司，在自治区范围内建造热电联供（CHP）站，总功率为 5 兆瓦。该能源公司为热电联供站提供资金，并且进行运作管理，为研究机构、商业机构和居民用户提供能源服务。

Thameswey 公司成立后的第一项工程是建设一座热电联供站，通过私营热能管网与电网分别提供热水、冷却水和电力，服务于市中心的主要能源用户，包括市议会办公楼。热电联供站项目于 2001 年正式营运（图 19.2）。

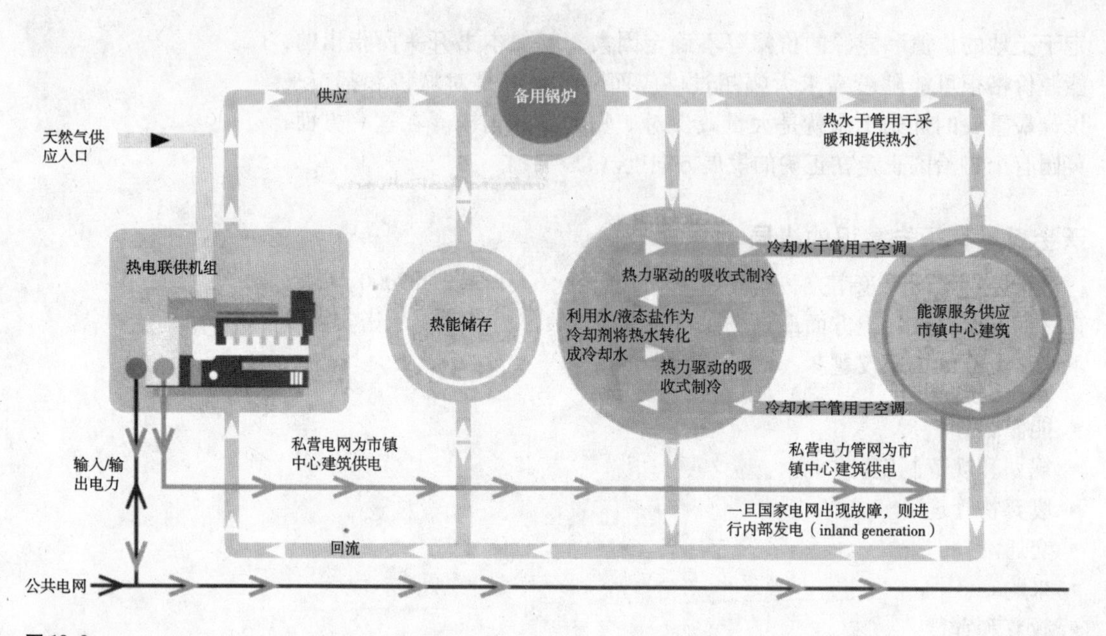

图 19.2
沃金市镇中心的热电冷联供网

Thameswey 能源公司最具创新性的事业是沃金能源产业园项目。在这个综合性产业园中，包含一个 200kWe 的燃料电池机组，还计划建设一台 836 kWe 的热电联供往复式天然气发动机（reciprocating gas powered engine），两台 75 kWe 热电联供发电机和 9.11 千瓦峰值功率（kWp）的光伏装备。这些机组与热力驱动的吸收式制冷机组（heat fired absorption cooling）及储热容器相结合，可以将热电联产的容量提升至 1.195MWe。

在这个产业园中采用的燃料电池是磷酸型燃料电池，其燃料来源是重整天然气得到的氢。这个燃料电池机组为公园的游泳池和休闲中心提供采暖与电力需求，夏季富余的热能用于吸收式制冷和除湿。与此同时，部分富余的电力直接提供给区域内的庇护居住所（sheltered housing accommodation）①（图 19.3）。

光伏电池的广泛使用也是沃金自治区能源战略的特征。布罗克希尔（Brockhill）是一个受到“额外关怀”的庇护居住所——英国第一个将热电联供与光伏发电技术相结合，以满足能源需求的项目。总之，117 户庇护居住所的租户所需的电力来自 PV，其中包括老龄居所（Prior's Croft）。Brockhill 居住项目同时也由一个小型热电联供机组提供 22 千瓦的电力和 50 千瓦的热能。备用锅炉的容量是 6×50 千瓦（图 19.4）。

在沃金市镇开发项目中，由于 PV 发电输入到电网的价格并不经济，

---

① 指由政府提供补助金的居住形式，通常提供给老年人和残疾人居住，并配有安全和医疗救助设施。——译者注

图 19.3
沃金产业园内 200 kWe 的磷酸型燃料电池机组

为了避免少量盈余的 PV 电力输入电网，市议会创建了由私营电网组成的微型配电系统，可将 PV 和 CHP 产生的电力直接输送到区域内的用户。CHP 发电站的效率可达 80%～90%，而以煤炭为燃料的发电站只有 25%～35% 的效率。这是由于热电联供技术利用了发电机产生的热量，以及由于电网覆盖的范围小而且布局紧凑，得以最大限度地减少了输配线路的损失。

规划和规范制定

在规划和规范制定中，主要关注的议题是：

- 土地利用。
- 场所。
- 布局。
- 景观。
- 可持续建造。

“环境足迹”的概念是土地利用政策中重要的考虑因素，尤其是涉及现有的土地利用格局所产生的二氧化碳排放。这一概念的主旨在于，当土地的用途发生变化时，新的用途在二氧化碳排放方面必须比原先的用途减少 80%。

图 19.4
Prior's Croft 老年居所的太阳能板和换流器，将太阳能板产生的直流电转化为交流电

至于场所，市议会采取了公共交通可达性等级评定（Public Transport Accessibility Level Rating-PTAL）措施。这个评定标准根据场所与公共交通设施的距离划分为从 1～7 的等级，7 为最接近公共交通设施。新的开发项目提案都要根据这一等级进行评定。沃金自治区内的大部分新的发展项目都接近最高的级别。

沃金市镇开发项目的规划政策鼓励住宅在布局设计方面最大限度地利用被动式太阳能，并且倾向于布置联排住宅和公寓，通过减少外墙的面积而降低热能损失。据估计，这样的措施可减少能源使用达 20%。

在景观方面，鼓励种植乔木和灌木，其益处在于减轻热岛效应、在夏季提供遮阳，以及挡风作用。

建筑中能源使用的目标在于鼓励采用高于现有《建筑规范》设定的保温标准、安装社区集中式采暖设备、与建筑一体化的再生能源系统，以及要求采用节水措施。沃金市政府拥有英国最节能的公有住房，其 NHER 平均等级为 8。英国的目标是所有公有住房的 NHER 等级达到 9，或者 SAP 指数达到 74，其目的在于将依靠国家养老金生活的人群的能源费用控制在收入的10%～15%。这一举措将消除公有住房领域的能源贫困。

在私营住宅领域，沃金市政府在国家补助的基础上进一步增加补助金，用于为住户提供全面的保温措施。到 2002 年，已有 3026 户家庭获益。这一举措的目的是在 2010～2011 年间解决私有住房领域的能源贫困问题，尤其是在出租房屋方面。

废弃物管理

沃金市政府在整个自治区范围内采取了零废弃物的战略计划，使垃圾处理的需求降低至目前的 10%。这一计划的运作是通过双垃圾桶系统，将家庭垃圾分为干燥物品和有机废物。有机废物的厌氧分解为热电联供发电机提供燃气，同时也用于堆肥处理。其他废弃物通过热解气化（Thermal gasification）过程为燃料电池提供氢。垃圾不再送入填埋场，减少相当于 100000 吨 CO_2 的排放。循环利用在这一区域的垃圾处理战略中也起着重要的作用，尤其是建材的重复使用。市议会运作了一项能源循环利用基金，从节能措施、节水措施和材料的循环/再利用中得益。基金的收益通过再投资继续投入节能项目。

交通

沃金市政府通过开展宣传战役，致力于提高公众对在交通工具中使用替代燃料的益处的认识，同时鼓励当地加油站提供液化石油气（liquid petroleum gas-LPG）、压缩天然气（compressed natural gas-CNG）、液化天然气（liquid natural gas-LNG）和氢气。市议会也试图保证在2010/2011年间，当采用低碳排放技术（相当于CO_2排放量少于100g/km）的汽车进入批量生产时，政府的交通工具也将改换为这种环保型车辆。

采购

沃金市政府将尽可能从当地资源采购材料，以减少碳的里程，并且保证从可持续管理的森林采购木材。政府也鼓励承包商采取可持续的采购政策。

由上述这些案例研究得出的结论是，可持续设计是一项具有整体性的行动，要求采取一体化的方法。降低能源需求和出产清洁的能源是一枚硬币的正反两个方面。我们已经引用了一些实例，展示了建筑和交通是如何能够有机地联系在一起，比如利用与建筑一体化的再生能源系统，为电动小汽车充电。贝丁顿零能耗住区、马尔默新城和沃金自治区是可持续发展的、惬意而新颖的生活方式的里程碑。

美国的观点和实践 第20章

美国是一个在环境方面自相矛盾的国度。在联邦层面，美国反对《京都议定书》（the Kyoto Accord），拒绝承认矿物燃料即将耗尽的困境已经成为全球的忧虑。在另一方面，许多州都有令人耳目一新的环境政策，尤其是在西海岸。环境运动的伟大开拓者之一是阿莫里·洛文斯。在20世纪80年代，洛文斯在科罗拉多州创办了落基山研究所（Rocky Mountain Institute）。这是一个开创性的组织，在超低能耗的建筑方面有许多建树。落基山研究所的派生公司是一些组织机构，如“地球主义生态技术（Earthship Biotecture）”。这个组织所推广的建造方式旨在依据其“地球主义”的理念实现可持续发展建筑的终极愿望。

美国在以下几个方面有其独特之处。首先，与西欧国家相比，美国的气候更极端，对环境设计师提出了更为严峻的挑战，同时可能需要欧洲的环境拥护者更多的宽容。在美国，建筑需要应对的季节性温度变化超过60℃，这需要相当特殊的处理，甚至需要类似空调这样的设备配置。

第二，美国享用着廉价的能源，这就扭曲了再生能源和节能设计措施的成本效益。在另一方面，独立式发电系统在无法保证连续能源供应的地区仍然具有吸引力。

不足为奇的是，环境设计背后的驱动力之一正是“经济底线”。由美国宾夕法尼亚大学伊恩·麦克哈德（Ian McHard）教授指导的研究得出的结论是：1%的劳动生产力增长就等于一笔勾销了整个能源账单。该研究还发现，有些公司正在致力于发掘自然采光的潜力，并且与优化照明设计和提高热舒适性相结合，从而大大提高了员工的劳动生产力。

几年前，洛克赫德公司（Lockheed Corporation）的案例证明了以上研究成果：该公司投资5000万美元兴建了一个工程产品中心，可容纳2600名工人。建筑室内的顶棚高15英尺，充分利用了采光架，使自然光线穿透建筑的中心部位。在建筑的核心部位设有一个中庭，只是在设计中称之为“光庭”，以避开国防部关于中庭的禁令！这个建筑的耗能只有依据美国最严格的规范进行设计的常规建筑的一半。其结果是，四年之后洛克赫德公司已经收回在能源措施上的投资。然而，最令人震惊的益处是缺勤率下降了15%，这使该公司赢取了一个合约，其利润足够支付整个建设的费用。

另一个有益的故事来自沃尔玛集团。这个零售企业的发展要求巨大的空间，总计每个工作日开设一个面积约10万平方英尺的新店。在一个新店的设计中，沃尔玛集团被说服将天然采光措施应用在一半的营业面积。时隔仅两个月，他们就发现自然采光区的销售额大大高于采用人工照明的另一半，这促使他们将大量的资金投入到自然采光的研究中。

位于蒙大拿州博兹曼的州立大学正在投资一个项目，即综合利用自然采光、被动式通风和被动式制冷技术的实验室。据计算，蒙大拿州立绿色实验综合楼（Montana State Green Laboratory Complex）全年只需要六天采暖期。室内的暖气由辐射式盘管提供。值得一提的是，蒙大拿地区在冬季要经历极度的寒冷。蒙大拿州的经济模式也是所谓的“攫取型经济”，这意味着不仅快速消耗自然资源，同时还产生大量的废弃物。

实验室项目开始设定的目标，是从300英里半径的范围中搜集所有的建造材料，对于美国这么大国土面积的国家，这个目标是雄心勃勃的。同时也强调建筑拆除后的材料回收和再利用。在施工方面，这个项目研发出一种采用粉煤灰集料（fly-ash aggregate）的高强轻质混凝土，类似于英国地球中心建筑的会议中心。但是最有趣的创新也许是由废旧木材制成的胶合层压梁，其新颖之处在于由细菌制成的粘合剂，叫做“粘合细菌（Adheron）”。其中的奥秘在于这种粘合剂可以分解。在产品的生命周期结束后，可以放置在加入酵素酶键（enzymatic key）的高压灭菌环境中进行处理，使粘性失效，这样木材就可以再次使用了。

美国最节能的建筑之一是位于犹他州斯普林代尔的锡安山国家公园游客中心（Zion National Park Visitor Center），项目建筑师为詹姆斯·克罗克特（James Crockett）（图20.1）。该建筑在能耗方面比遵循现行规范设计的常规建筑减少了80%，同时造价更低。部分原因在于省去了大量的设备投资。游客接待中心建筑充分利用自然采光，深远的挑檐在夏天遮挡了南向窗户的太阳直射。当自然光照不足时，建筑能源管理系统启动节能荧光灯和高强度气体放电灯为室内补充照明。

这一建筑也采用自然通风方式，并通过冷却塔补充室内的穿堂风（图20.2）。通风冷却塔中设有湿垫[①]，用来吸收从地下泵出的水，提供蒸发式制冷。密度大的凉爽的空气通过冷却塔底部的大面积洞口释放出来。

---

① 用来进行“水－气”间热质交换。——译者注

图 20.1
锡安山国家公园游客中心，图中所示为冷却塔和特朗布墙

图 20.2
锡安山国家公园游客中心的冷却塔

图 20.3
格伦伍德公园邻里规划示意图

锡安山国家公园位于犹他州南部的偏远地区，电网供应不稳定。安装在屋顶的 PV 系统与蓄电池组相连，为国家公园的服务部门提供不间断的电力。PV 系统满足 30% 的电力需求，多余的电力以净计量方式（net metering）输出到电网。这种计量系统也许可以为英国借鉴，以改变目前 PV 系统输入电网的价格。

游客中心建筑的设计还有一个特点是使用了特朗布墙，利用立面背后的砖石墙储存热量。在冬天，墙体之间的空气层温度可达到 38℃（100°F），热量逐渐辐射到整个建筑中。

佐治亚州亚特兰大的格伦伍德（Glenwood）公园

格伦伍德公园预计于2006 年竣工（图 20.3）。该项目的开发商查尔斯·布鲁尔（Charles Brewer）认为公园地区开发的目标是成为“具有环保意识的城市化模版”。公园的基地位于亚特兰大市中心以东 2 英里，开发商意图将一条州际公路“城市化”，即通过交通降噪措施、并结合沿线的树木栽植和商店布局，将之转换为开发区的主要街道。这一举措的目标就是提供对行人友善的环境；“创建一个社交型、可步行的社区，以减少驱车的需求”（布鲁尔）。专用自行车道的设置将进一步减少小汽车的出行需求。同时这个邻里还直接与当地的铁路服务连接，这样以平均区域驾驶模式计算，估计总体减少 160 万英里的汽车里程，相当于从公路上减少了 100 辆汽车。

这一新型市区将拥有近 70000 平方英尺的商店和办公空间，为居民及周边社区服务。现有的一幢砖结构建筑将经过改造，提供 22000 平方英尺可以按套出售、具有私人产权的办公空间，底层架空作为停车场。社区内的综合体包括独立住宅、“联排住宅”（townhouses）、公寓和商店，以及点缀着 1000 棵树木的公园，用以缓解热岛效应。格伦伍德公园项目要求建造商必须按照《覆土住宅》（EarthCraft House）计划所设定的高效节能标准进行设计，其中不仅包括节能标准，还有节水措施，以及减少土壤侵蚀的措施。

镇区的居住部分将包括 60 个独立式住宅、近 130 套联排住宅和 200 套公寓。

这一公园项目的基地位于一块典型的棕地（brownfield）上。在项目施工中，拆卸和回收了 40000 立方码的现场制备混凝土，回收了 70 万磅的花岗石块，都用于公园的建设。一项创新的雨水回收系统可以减少近 70% 的地表径流。地下水用于景观园林的灌溉系统，而不采用管网中的自来水。街道布局将回应传统的欧洲小镇，比典型美国式邻里的街道宽度更窄，街角的布局更紧凑。

格伦伍德公园项目还有一个重要的方面在于资金完全来自于布鲁尔的开发公司下属的绿色街区物业（Green Street Properties）公司的投资。这是专为公园项目而筹建的公司，也就意味着不需要因还贷而缩减建设的标准。在过去 3 年中，绿色街区公司已投入 800 万美元用于购买 28 英亩土地，修复和新建道路和污水系统等基础设施。

在美国城市化范式中，格伦伍德公园向着正确的方向迈进了一大步（www.glenwoodpark.com）。

加利福尼亚州正在树立未来发展的里程碑。加州环保署（Environmental Protection Agency）提议，未来 10 年内在 100 万个家庭中配备 PV 系统，而州长也已对此作出承诺。州政府补贴金将确保住宅从输出电力到电网中获得净收益。环保局认为，这些激励措施将足以使 2010 年新建住宅安装 PV 系统的比例达到 40%，到 2013 年达 50%。据估计，这种规模的太阳能安装将等同于 36 座 75 兆瓦的燃气发电厂的产量，避免了 50 吨的二氧化碳排放。加州最终的目标是，到 2017 年，使 120 万户新建和既有住宅能够利用太阳能发电。

美国局面的自相矛盾之处在于，尽管联邦政府在应对气候改变问题方面似乎拖三拉四，而一些州政府却在世界舞台上扮演着重要的角色，积极转向再生能源系统。

第21章 新兴技术和未来前景

从未有过哪个世纪，从一开始公众就强烈意识到未来变化的可能性，以及这种认知潜藏的不确定性。我们唯一能做的就是辨识出这些不确定性中显现出来的，以及可以从中推断出来的技术发展和社会经济趋向。我们可以带着理性的自信，就建筑师及相关专业的内在含义做出一些预测。

毫无疑问，全球变暖将会引发建筑实践的根本性变革。全球变暖将会导致更猛烈、更频繁的暴风雨的预言已经成真。随着生物圈中热能的增加，将导致能量的释放，对本已频繁的极端气候活动推波助澜。我们已经在前文的案例中看到百年一遇的暴风雨的预期回归率的改变，这所谓的"百年一遇"还是目前的定义。到2030年，纽黑文市将成为暴风雨回归频率之最，即三年一遇。对建筑师的直接影响是风荷载的设计要修订，以适应这种急剧变化，而且防风林带的密度要加强。

另一种气候变化引发的可能性是极热现象更加频发。因此，如果设计中结合了被动式太阳能技术，中庭和温室时都要考虑在极热期的应对措施。目前在建筑中仅采用自然通风系统，并免除空调系统的措施是可行的，但这是基于一年中只有很少的时间需要制冷这一情况。但是，这种假设可能会发生变化，因此结合某种制冷形式的机械通风将成为必需的设置，比如从地下蓄水层中抽取冷水，或采用土壤源制冷技术。

同时，气候变化还有一种可能性：由于墨西哥湾暖流的减弱或改道，冬天将会愈加严寒。更频发的极端低温将对设计产生更重大的影响，这既包括材料的稳定性，也包括保温性能的设定标准。随着矿物燃料价格的上涨，将会导致更多的建筑设计结合再生能源资源、利用主动式太阳能采暖，以及采用季节性储能措施。

更加寒冷的冬天将使得英国面临改造不适合居住的住房问题变得更加紧迫，目前这些住房数量之多已经令人难以接受，参见第10章。

气候变化将会带来降水模式的改变。预计英国南部地区降水将减少，旱情频发。这将增加节约用水的压力；同时，回收和净化雨水和灰水作非饮用的生活用水也变得越来越困难。地下室和基础的设计需要考虑黏质地基土越来越干燥的情况。与此相反，英国北方地区的雨量将增加，加剧了山洪暴发的风险，这是因为江河水位上涨，两岸土壤已经呈饱和状态。环境署（Environment Agency）也不可能有足够的资源来抵挡未来不断增加的洪水威胁。举个例子，2004 年毁灭性洪水袭击德文郡博斯卡斯尔地区时，在 15 分钟内降水量就达到了 75 毫米（3 英寸）。

海平面上升是不可避免的。目前已经强制性规定不得在沿海或海岸边低于 5 米等高线的地区进行开发。关于海平面上升的预测数据也越来越耸人惊闻，世界末日的场景将是：如果南极冰层融化，海平面将会上升 110 米（见第 2 章戴维·金爵士引文）。我们所能期待的最好的结果是，下个世纪海平面只升高 1 米，这主要是由于热膨胀的效应。然而，更直接的威胁来自风暴潮，因为海平面微小的升高，将会大大扩展风暴潮的影响力度和范围。除此之外，还有一个事实是，预计会到来的强低压系统将导致海平面局部上升超过半米。或许你能解决严重的海水入侵的问题！

这些可能发生的现象不仅影响建筑物的选址，还影响建筑设计的方式。在面临洪水威胁越来越严重的地区，唯一的解决之道可能是：新建住宅必须将卧室的标高设在地面标高以上至少 2 米，楼下则布置车库、工具间，以及安排休闲类的活动空间。

未来的能源

如果能源需求以当前的速率持续增长，那么预计到本世纪中叶，地球上的矿物燃料资源将会耗竭。仍旧有人将信心建立在核聚变的商业应用之上，或许这是基于这一事实：能源的真空将会彻底改变“商业化”的定义。但是，能否满足能源真空这个目标仍然一如既往地使人困惑。在全球范围内，对于当前的再生能源技术是否可以满足下个世纪的能源需求，尤其是远东增长中的经济发展带来的巨大需求，并不抱有真正的乐观态度。与此同时，对于核技术扩散的可能性，也存在着相当大的忧虑。

人们从未有过如此强烈的期望，希望有人发现科学的“罗塞塔石碑（Rosetta Stone）[①]”，来重新定义物理学，带来无穷无尽的廉价洁净的能源。比如说，介于科幻小说与现实之间的所谓“反物质”的开发，是所有物质中最丰富的潜在能源。德国、意大利和瑞士的物理学家已成功地将单个的反质子和正电子结合，生成“反氢”这种反原子。当反物质接触正常物质时会被摧毁，释放出巨大的能量［《新科学家》，“反物质世界闪现视野（Antiworld flashes into view）”，1996 年 1 月 6 日］。这种物质正所谓“只可远观，切勿走近”。

① 是一块同时刻有古埃及象形文、阿拉伯草书，以及古希腊文三种文本的玄武岩石碑，被认为是解密古埃及文明的钥匙。——译者注

在第2章中讨论过的燃油消费的预计增长，与预期的电力需求增长相比，实在是不值一提。电力领域的主导智囊团之一是位于加利福尼亚州帕洛阿尔托的电力研究院（Electric Power Research Institute-EPRI）。EPRI的首席执行官库特·耶格尔（Kurt Yeager）指出，目前有20亿人口无电可用。到2050年，除非我们的发电和配电方式有了根本改变，否则这一数值将上升到50亿。这一现象的部分原因在于数字革命；随着计算机处理速度的加快，要求电力供应的稳定性达到大约99.9999999%。而目前的电力供应的稳定性为99.9%，平均的停顿为每次几分钟，但是加起来达到每年8小时。这对于微处理器来说是致命的，因为千分之一秒的扰动都会给微处理器带来威胁。正如耶格尔指出的，我们需要输电系统的配电操作速度接近光速。

EPRI指出，我们所面临的挑战是到2050年，向全世界的每个人最少提供每年1000千瓦时的电力，这大约相当于美国20世纪20年代的标准，但是请记住，到2050年，世界人口估计将达到90~100亿。这种供电容量相当于将全世界目前的发电量扩大3倍，约等于每两天建造一座1000兆瓦的发电站。

要实现这一远景，根本的改变是将兆瓦级的火力发电厂和老掉牙的国家电网转换为规模小得多的分散式电力输配网。跨越国土的大型电网不仅效率低，而且维护费用高。国家电网也经常发生故障，即使在最佳状态下，也会有近10%的输电线路损失。在英国，据说国家电网早就超过了30年彻底维修置换的期限。

总之，解决之道是将大量的人力物力投入到再生能源技术的研究和发展上，去获取仅仅是太阳能量的1/15000的能源。我们说，太阳能可以保证提供无限量的免费午餐。

英国环境污染皇家委员会预言的未来如下：

> 仅出产电力的超大型发电站将转向数量众多的小型热电联供发电站。配电系统将经历重要的变革，以适应这一发展趋势，并且能够适应规模更小的、具有间歇性特点的再生能源资源。大规模储能新方法的研究和发展将极大地促使向低排放的能源系统的转变。
>
> 《能源——气候改变》（*Energy, the Changing Climate*），报告第22号，2000年，文书局出版（Stationery Office），第169页

这与华盛顿世界观察研究所的观点不谋而合，他们指出“连接许多小型发电机的电网从本质上比仅由少数大型发电站供电的网络要稳固得多”。当然，这也是开发再生能源的最佳途径。所谓的智能电网已经面世，即在每一个节点上既能够输入电力，也能分配电力。耶格尔的另一个建议是，我们可以发明一种微型直流电网。他说这将会“消除微处

理机可能遭遇的、由正弦波产生的大部分缺陷——那些微秒或纳秒量级的微小扰动”［《电气评论》（*Electrical Review*），2000 年 10 月 10 日，第 27 页］。他最引人注目的预言是，将来我们的大部分电能将来自数以百万计的微型风轮机、太阳能板以及氢动力燃料电池。他是相信燃料电池将成为未来电力资源的拥趸之一。

正如前文所述，燃料电池就是一个氢与氧化合产生电、热和水的反应器。事实上，燃料电池相当于一个持续发电的电池组，在其中发生类似燃烧的化学过程，并且释放能量。

利用污水发电的途径通常是借助于生物发酵过程产生生物气，接着驱动常规发电机。现在，已经出现了从微生物燃料电池（microbial fuel cell-MFC）直接发电的系统。宾夕法尼亚州立大学的研究人员研发出的微生物燃料电池装置，既可以用于发电，同时也可以履行污水处理厂的职能。在常规污水处理过程中，细菌在酶的帮助下使有机物氧化，并在这一过程中释放电子。微生物燃料电池是一个圆柱体，中央的阴极棒包裹着一层质子交换膜（proton exchange membrane-PEM）。阴极周围是一组石墨阳极棒。细菌附着在阳极，导致有机废物被电解成为电子和质子。电荷分离过程就发生了，质子可以通过质子交换膜到达阴极，而电子则不能通过。电子被导向外电路。当外电路闭合时，质子和电子在阴极重新结合，产生纯水（图 21.1）。

这是第一代专门设计用来处理人类生活垃圾的微生物燃料电池。这种燃料电池作为最初的雏形，还有待进一步的研究与发展，也许还要再用 20 年才能达到商业化生产的输出规模（《新科学家》，2004 年 3 月 13 日，第 21 页）。

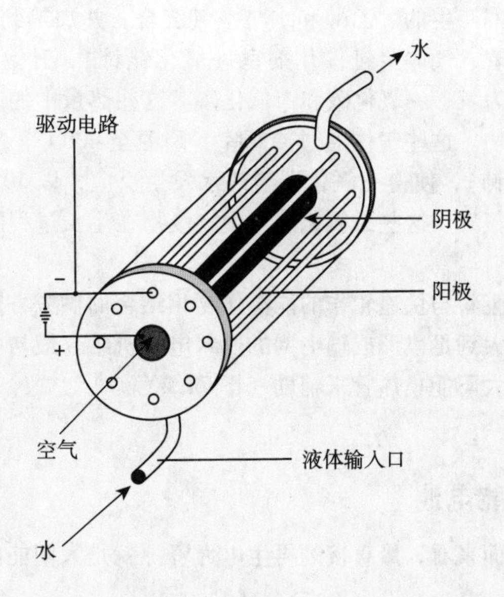

图 21.1
微生物燃料电池（从《新科学家》转绘）

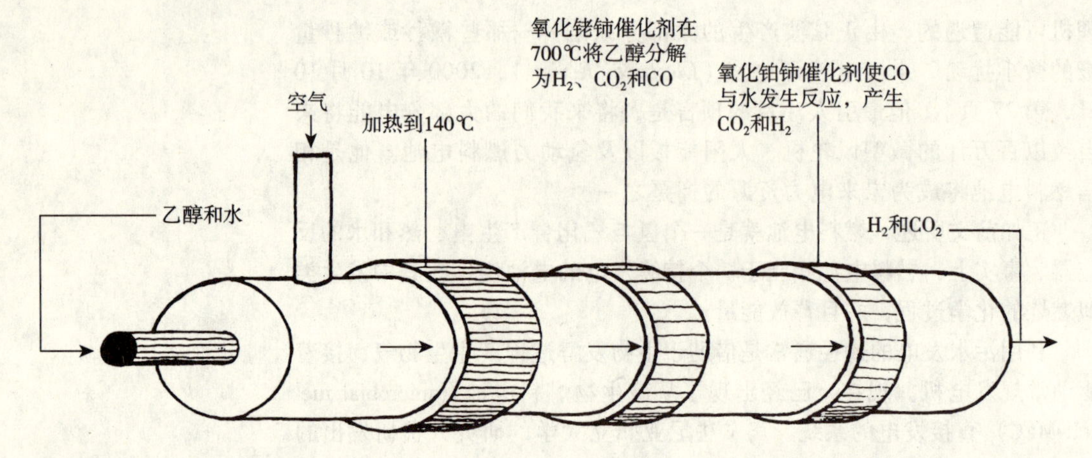

图 21.2

集成式燃料电池氢气发生器（图片蒙《新科学家》提供）

能源的“圣杯”是燃料电池，在发电的同时绝无污染排放。只有采用零碳排放的再生能源系统作为动力，将水分解成氢和氧的电解过程，这种燃料电池才是零污染的。但问题是，如果已经能够生产无碳排放的电力，为什么还要产生氢而使效率降低呢？显而易见的答案是，这是确保连续供能的途径。大多数再生能源系统具有间歇性的特点，而氢能够提供所谓的“飞轮储能效应”，调节电力供应和使用的峰谷值。此外，燃料电池也是便携式的，因而可以获得广泛的应用。

通过电解的方式产生氢是非常耗能的，而且并非不会排放碳，除非是由零碳排放的发电系统提供电力。一种更少碳的加强剂的替代方式正在研发中，这就是制氢式燃料电池（hydrogen generator fuel cell-HGFC）。它的燃料为乙醇和水的混合物。乙醇（酒精）是由农作物废料或燃料作物的分解和发酵产生的。乙醇和水与空气混合，并加热到140℃，使混合物气化。接着，气体穿过催化剂室（氧化铑铈），升温至700℃，同时将乙醇分解为氢、一氧化碳和二氧化碳。这些热量中的一部分用于加热新进的混合物。这些气体通过冷却室，降温至400℃，然后通过二次催化（氧化铂铈），使得一氧化碳与热水发生反应，以50:50的比例产生二氧化碳和氢气。这些二氧化碳与生物废物在生长过程吸收的二氧化碳是相等的。

通过农业废料与快速轮作的能源作物相结合的供应方式，这种系统的规模可以扩大到足以形成输电网的燃料电池机组。最初的加热过程可以由真空管式太阳能集热管来辅助（图21.2）。

新一代太阳能电池

从建筑方面来看，最直接的再生电力资源就是太阳能电池。高昂的单位成本是达到规模经济生产的障碍。但是，我们同样相信这种状况即将得到改变。未来的太阳能电池有可能采用薄膜技术，如钌染料敏化（ruthenium dye）的氧化钛涂层纳米晶体，可以模拟光合作用。目前，瑞士的科研人员正在对这种技术进行研发。这种太阳能电池能够大量吸收可见光中的红光和绿光，将来成本只有硅太阳能电池的几分之一。

下一步的研究进展是发明可以吸收光谱中的红外线能量的电池。这种太阳能电池会有一层透明的染色涂层，但是仍然能够吸收光谱中足够的非可见光部分的能量进行发电。据洛桑大学迈克·格拉策（Michael Gratzel）估计，这种电池有可能达到10%的光电转化率（《新科学家》，1999 年 1 月 23 日，第 40 页）。既然这种光伏电池是透明的，就可以运用在窗户和屋顶上。

Gratzel 的近期目标是发明以固态有机物替代常规电池的液体电解模式的太阳能电池。其他的研究目标则是致力于利用生物作用、而非电化学作用获取能源的电池。从字面上来说，就是模拟自然界的光合作用；目前的术语叫做“生物智能模拟（biomimicry）”。

试验室中一次偶然的发现可能是太阳能电池技术取得最终突破的关键。这是源于一次强力激光蚀刻硅的研究，所用的激光强度大于太阳几千亿倍。实验的结果发现一种由精微尖突组成的深黑色结构，可以吸收97%的可见光。真正使研究人员吃惊的是，这种结构可以吸收光谱中红外部分 97% 的能量，甚至扩展到光谱的微波端。常规的灰色硅晶对红外光是透射的，完全无法吸收。这一发现不仅开创了通讯方面的全新领域，还预示着更高效的太阳能电池的诞生。一块普通的硅电池能吸收大约一半的入射光。黑硅晶光电电池由于具有 97% 的吸收率，代表了发电能效的量子跃迁，当然也是具有成本效益的电池技术（《新科学家》，2001 年 1 月 13 日，第 34 ~ 37 页）。

据报道，2004 年美国新墨西哥州洛斯阿拉莫斯（Los Alamos）国家实验室的一个研究小组发现了可以大大增加晶体硅太阳能电池效率的新方法。通常单个光子从晶体结构中撞击出单个电子而产生电流。然而，当高能光子碰撞纳米晶体半导体时，过多的能量会释放出 2 个甚至 3 个电子。采用这种技术的太阳能电池可以将 60% 的太阳能转化为电能，而常规太阳能电池效率的理论上限为 44% [《物理评论快报》（*Physical Review Letters*），第 92 卷，第 186 页，并刊载于《新科学家》，2004 年 5 月 15 日，第 16 页]。

人工光合作用

能源技术研究人员的梦想是再现自然界的光合作用以产生氢。光合作用是“地球上最成功的太阳能转换机制”（《新科学家》，2004 年 5 月

1日）。在这一过程中，阳光将水分解为其组分：氧、氢离子和电子。

迄今为止，植物创造光合作用这一奇迹的方式仍是未解之谜。然而，伦敦帝国学院的一个研究小组可能已经取得了关键性突破。科研人员已经明了植物光合作用中水的分解的发生机制，叫做“催化核”。这一突破性的进展为称作“人工叶绿体”的人工光合作用的研究提供了平台。

天然光合作用与人工光合作用的区别在于后者仅用于产生氢。在未来十年内，科学家有可能再现这一自然界最为精巧的机制，开拓以产业规模生产氢的前景，为可持续能源的无限发展铺平道路［见“花的动力（Flower Power）”，《新科学家》，2004年5月1日，第28～31页］。

当太阳能电池技术与有效的储电系统相结合时，将实现这一技术领域的最终突破。

位于美国加州大学伯克莱分校的A·保罗·阿利维斯托斯（A. Paul Alivisatos）领导了一个研究小组，进行塑料太阳能电池（plastic solar cells）的研究。这种太阳能电池不仅价格便宜，而且有足够的延展性，可以涂刷在任何表面。目前的研究任务是将其效率提高到10%左右。这是目前纳米技术的又一应用成果（www. Azonano. com）。

储能

在巴尔的摩大学有一个研究项目是制造全塑料电池（all-plastic battery）。研究人员已经研发出以聚合物作为阴阳极、以固态塑料凝胶为电解质的电池，并进入试运行阶段。这种电池主要将运用于小汽车，但是，能够驱动汽车，驱动建筑的运行也为时不远了［《汽车》（*Autocar*），1997年5月28日］。

到2020年左右，随着高温超导研究的进展，在能源储备研究方面将出现巨大的飞跃。剑桥大学跨学科研究中心（Interdisciplinary Research Centre）的主任指出，有望将大量的电能储存在一种环形超导电缆中。电沿着环形电缆运输，不产生任何输电消耗，直至电网或独立用户对电力产生需求时，才会将电力输送出去。这些超导蓄电装置用于储存间歇性再生能源将非常理想，并且将改变诸如潮汐能这种能源资源的整体经济性（《新科学家》，1997年4月26日第19页）。目前，超导技术可达到的最高温度是-70℃，表明向着室温超导目标的巨大进展。

这些都是将化学能或动能储存起来，以备转化为电能的系统。

储氢

迄今为止，最具前景的安全储氢技术近来出现在日本和中国香港，这就是碳基纳米纤维（nanofibre carbon）。这是由直径为 0.4 纳米（10 亿分之 0.4 米）的圆柱形纤维组成，这一尺寸的大小刚好容纳一个氢原子。一个纳米纤维集束可以储存将近 70% 的氢（以重量计），而在金属氢化物中，只能储存 2% ~4% 。据称，燃氢汽车的燃料箱足以支持这种汽车行驶 5000 公里。对建筑来说，储氢的潜力更是不可限量。

飞轮储能技术

飞轮储能技术存在的问题是，地球引力可能导致灾难性爆炸。空间技术是超高速飞轮技术发展的推动力。这种技术可以储存数量可观的动能，并将之转化为电能。飞轮技术未来的材料趋向是碳纤维和环氧树脂的复合材料。然而，早在 20 世纪 90 年代，日本对这一领域的研究就已经发展到研制直径为 3 米的不锈钢飞轮，这种飞轮悬浮于超导陶瓷所产生的强大磁场中。飞轮的转动是由电磁传导驱动的，线圈中感应电流的磁盘中的永磁体可以将能量抽取出来。在这一过程中没有摩擦力损耗，只有空气阻力；而且，如果这一系统在接近真空的状态下运行，可以储存 10 千瓦时的能量。在 24 小时之内的能量损失是微不足道的。这项研究的成果还有待检验。其他研究项目则专注于悬浮在磁力轴承中的小型飞轮，这种飞轮能够达到 60 万 rpm 的转速，以及 250 瓦时/千克的能量密度。普通规格的飞轮将为太阳能的跨越昼夜的利用提供更为经济的方式。最终太阳能的季节性贮存将不再是难题。

我们可以得出的必然结论是，燃料电池、太阳能电池和储能技术已经处于商业可操作性的边缘。在未来几年之内，燃料电池和二氧化钛太阳能电池将对常规能源系统提出严峻的挑战。这些技术得以飞速发展是由于降低二氧化碳（CO_2）排放的迫切需要，以及对矿物燃料供应安全性的焦虑。以矿物燃料为主导的世界末日将近，在这之后便是前景更加光明的后碳氢时代。

这一能源技术的前景对于目前的建筑设计有着巨大的影响。体育馆之类的大型场馆将是内置式热电联供系统的绝佳载体。在足球比赛中再也不会遭遇停电事故。而采用这些技术的真正巨大的激励因素是成本。大型体育设施具有阶段性使用的特点，但也耗费巨大的能源成本。同时，体育场馆也有着面积庞大的屋顶，可以安装面积达几英亩的太阳能电池，专门用于产生氢，轻易就可以应对日间或夜晚激增的活动需求。在体育馆中还可以装备天然气供氢的备份系统，以应对太阳能电池难以满足的需求，当然这是很少发生的。建造全新的不依赖于电网的温布莱球场，可能需要信念上的跨越，但那也可能就是这类建筑的未来。

以上所有这些技术的发展都支持这一观点：将再生能源发电系统纳

入到建筑设计的初始阶段。在未来5~10年之内，太阳能电池的效率将会有巨大的进展，并且单位成本也会大幅降低。屋顶和所有的立面都可以用于安装太阳能电池，尤其当透明电池进入批量生产阶段之时。

照明技术的最新进展

科学技术的又一次飞跃和进步将发生在照明领域。紧凑型荧光灯（compact fluorescent）时代已经指日可待。然而，随着"光子"材料发光技术的发展，这一技术也将被淘汰。固体发光二极管（LED）是基于量子原理，即一个原子的电子从上能级跃迁到下能级时释放出大量能量。通过调节两个能级之间的"带隙（band gap）"，可以释放出不同颜色的色光。LED是半导体技术的副产品，比起传统的照明系统，每流明所需要的瓦数要低得多。此外，发光二极管还具有尺寸方面的优势。例如，一个面积不到1平方厘米的LED发出的光相当于一个60瓦的灯泡，却只消耗3瓦电能。如果白炽灯的效率达到每瓦特10~20流明，那么LED则预计可达到每瓦特300流明。这种发光二极管不宜破碎，预期寿命为10万小时。据估计，如果将美国现有的光源全部改换为发光二极管，未来20年将不再需要兴建任何新的发电站（假设目前年用电增长率为2.7%）。由于大多数办公建筑的主要用电为照明用电，发光二极管的应用将极大地节省每年的运行成本。不过，仍需提醒一下。据《科学美国人》报道，"白色光的发光二极管技术有望实现，但经济可行、并且照度可遍及整个房间的发光二极管的问世，仍至少需要十年之久"（2001年2月）。不过，将所有这些新技术综合起来，电力自给自足的非联网办公建筑实现经济可行性还需要十年。

光子革命

传统电子学领域内的竞争始终体现在以下两个方面：

- 信息传输。
- 信息处理，换言之，计算机。

我们已经进入由光的脉冲束取代铜导线传输信息的时代。光的粒子——光子——可以携带超过电线数千倍的信息。光纤的工作机制是：由固态玻璃棒携带并传递光，外面包裹的材料具有不同的光学特性，即相对于核心较低的折射率。折射率的差异使得光在包裹层内反射多次而进行远程传输，几乎不损失其强度。正因如此，信息传输率将呈指数增长。光传播的速率才是真正的制约因素。

光纤可以携带的信息量多达每秒2500万兆比特。不久的将来，整个世界将通过以光子材料为基础的光纤高速公路连接起来。这带来的影响结果是，远程办公将变得更为流行，使商业机构得以缩减集中办公的规模。融合音频、计算机和视觉交流的多媒体超级走廊成为高容量通信系统的基础，这对于工作模式有着重要的影响。电信会议已经开始出现，这可以降低花费昂贵的行政聚会的需求，因为现在企业的业务正在全球化扩展。这将为雇员提供更大的自由，尤其是考虑到员工居住在不同的地方。

这可能将大大减少办公设施高度集中的需求。城镇将在提供休闲设施和生活质量方面展开竞争，因为人们将有更大的自由选择居住地。随着交通的发展，这种生活方式将获得进一步推动。

电子学竞争的第二战场是信息处理。目前的光纤技术需要用电子设备将信息转化为光脉冲，并在接收端对信息进行解码。正在进行的研究目标是创造光子集成电路，即不需要电子解调装置。这将预示着下一场IT革命，正如菲利普·鲍尔（Philip Ball）所指出的：

> “在芯片上对光进行处理的光子集成电路…… 将会使计算机发生质的改变。不仅运行速度更快，而且一种全新的计算机体系将可能实现。换句话说，我们将会发现让机器思考的新方式。”
>
> （《Made to Measure》，普林斯顿出版社，1997年，第58页）

计算机是耗能的主要设备，这不仅体现在操作时需要用电，还因为在使用过程中会产生热量，通常需要机械通风来散热。全光子计算机运行速度更快，所消耗的电能只有电子计算机的一小部分，而且几乎不产热。这将对标准办公空间的能源需求产生重大影响，而且也将影响建筑围护结构和设备管线的设计。如果将光子技术与发光二极管技术相结合，加之下一代光电电池的推出，可以想见商业建筑不仅可以满足自身的能源需求，而且还能够生产能源。能源自治的办公建筑已经近在咫尺。

智能材料（Smart materials）

材料科学正在进入全新的领域。菲利普·鲍尔认为：“智能材料代表着材料科学新范式的典型，在这一新的领域，结构材料正被功能型材料所取代。”智能材料是以其固有的属性发挥功能作用。在许多情况下，智能材料可以取代机械操作。我们将看到“智能设备中的材料自己充当杠杆、齿轮，甚至电子电路”。我们甚至还可以展望“一幢房屋的砖墙可以根据外界的温度来改变其热工性能，从而最大限度地节约能源”（引文同前，第104页）。

市场上已经出现一部分智能材料，例如热致变色或电致变色玻璃。

目前，电致变色玻璃是一种带凝胶的夹心结构，中间层凝胶的作用是通过感应电流的变化而改变其发光性能。电流的作用是改变其性状而不是保持其性状。皮尔金顿（Pilkington）玻璃公司研发了这种玻璃的固态形式，不仅价格更低，而且还可以制成更大的尺寸。这种玻璃在建筑中的运用将取消机械传动的百叶和遮阳板，并能够给予个人对周边环境更多的控制。这种玻璃材料已经进入**被动式**智能材料的常规目录。真正令人振奋的研究进展还在于**主动式**智能材料。主动式系统不仅受外力的控制，也对内部信号做出响应。在智能系统中，主动式响应通常包含反馈回路，使系统可以对响应动作进行“微调”，从而适应不断变化的环境，而不是被动地被外力驱使。振动阻尼智能系统就是一个很好的例子。机械运动触发反馈循环，使其产生应对的动作来使系统稳定。当振动的频率或振幅发生变化时，反馈环路将修改其响应动作进行频率或振幅的补偿。

有一类实用的智能材料是“形状记忆合金”（shape memory alloys-SMAS），或者叫做“固态相变”材料。这些材料在改变形状后还可以复原。这一机制的原理是，形状记忆合金的晶体结构在受热时发生改变。记忆合金已经成功运用于自动调温器中，即以合金取代双金属材料（bimetal strip）。还可以将记忆合金与通风百叶或通风/采暖系统的扩散器的操作装置相结合。

一般来说，智能系统可分为传感和驱动两类元件。传感元件是侦测装置，可以根据环境的变化做出响应，并发出相关警告。驱动元件用于执行操作，是一种控制装置，可以开闭电气线路，或者作为管道的阀门。

举例来说，智能系统可以具有双重功能，既可以从地下资源中，如地下水或地热池中抽取热能，又可以充当机械泵，将加热的水输送到建筑的采暖系统中。在这种智能系统中没有运动部件，也就没有任何机械故障的可能性；同时所有部件都是低成本的。看来，智能系统正是“梦寐以求”的。

原则上，形状记忆合金可应用于任何需要将热能转化为机械运动的场合。

智能流体

通过引入强大的电场，某些流体可以改变成接近固体的状态，这叫做“电流变液”（electrorheological fluids）（流变学是研究流体的粘度和流动能力的学科）。将这种流体与侦测突变动作的传感器耦合还可以具有智能化。智能流体有可能取代一系列机械装置，如车辆离合器、弹簧和阻尼装置以消除机械振动。

还有一类智能流体，当置于磁场中时可以被激活。将这种流体与传感器相连，则可以用于地震带的建筑物。建筑将不需要建在大体量的混凝土筏式基础上，转而使用一排排的磁流变阻尼器。一旦振动发生，这些建筑材料将立刻从固态变为液态，并吸收地表的震动。在东京和大阪的几幢新建筑中，已经利用这种振动阻尼和变刚度装置，以抗衡地震带来的振动。

智能材料还有另一个方面的特点——具有习得能力，使用时间越久，智能化程度越高。这种材料具有一定程度的内置智能，在应对反馈信息的过程中可以优化自身的性能。

在不久的将来，我们将会看到配备一簇簇光纤“神经”的智能建筑结构，这意味着结构构件在任何时刻都具有“感觉”，对于任何即将发生的灾难性事故都能即时给出信息。如果说，上个世纪末的特点是电子高科技的崛起，像巫术一样将比以往任何时候都更为复杂的电子线路集成在比任何时代都小的空间中；那么在未来，正如材料科学家所预言的，“将越来越趋向简洁，因为材料取代了机器”（鲍尔，引文同前，第 142 页）。我们将学会适应环境，而不是对环境采用武断的手段进行改造。这无疑正是环境责任的本质。

社会经济因素

本书开篇着眼于全球视野的环境和气候改变，然后逐步将论述的范围缩小到建筑设计的细节。到终结篇章，似乎可以再次质疑更为广泛的社会经济问题，这些问题无疑影响了参与建设行业运作的每个人。

尽管政府不断劝告公众使用公共交通工具，驾车人士丝毫没有理会。目前每辆车的日平均驾驶距离是 28 英里。到 2025 年，预计将上升到 60 英里。尽管在 2000 年底和 2001 年初，铁路系统曾经出现混乱，我们仍然认为在未来十年内，超高速列车将投入运营，为形成更加分散的、超级机动的社会创造条件。随之会产生住宅开发的新模式需求，如果再加上人口和家庭结构的变化所产生的推动力，就需要建造 400 万户新住宅，其中大部分在英格兰南部。这将无可避免地产生一批新城镇，但必须设计为高密度住区。罗杰斯城市工作组的建议有可能对下一代新城镇的设计产生影响，这也正是我们所希望的［《走向城市复兴》（*Towards an Urban Renaissance*），1999 年 6 月］。

“超级资本主义（turbo-capitalism）”辉煌而短暂的增长，一味追求市场机会的最大化这一目标，有可能导致公共投资服务设施的急剧减少。由于公共服务部门基本建设这一领域的不景气，也将影响政府的采购力。同时对质量也会产生负面影响，价格成为唯一的决定因素。很多人会同意如下的观点：

> 资本主义冷冰冰的经济理性使每一个机构都服从于数学意义上的盈利和亏损，但这并没有回答每个人面对的问题——生活不仅仅是追求经济效率。我们除了是经济的存在，更是社会的人 。
>
> 《观察家》，2000 年 1 月 2 日

资讯科技发展的一个结果是，20 世纪经济和商业的必然性正在分崩离析。由于电子商贸的增长，各国政府发现比以往任何时候都难以增加税收。每天有数万亿美元的资金在全球货币市场流通，因为企业在低税区进行交易。加上人们越来越多地从网上获取来自最低税收区的货物和服务，显然，国家政府正在失去增加税收的权力，因此对社会服务业造成的影响也是显而易见的。

可能出现的一种情况是，贫富之间的鸿沟将继续扩大。二者之间的分界线将被残酷地定义为：拥有资讯和沟通技巧的人能够跟上改变的步伐，其他人则在这个新达尔文式环境中越来越落伍。正如伊恩·安杰尔（Ian Angell）（伦敦经济学院信息系统系的主任）指出：

> 拥有计算机技能的人更有可能成为最终的赢家，那些缺乏这些技能的人更可能作为输家而出局。国家的权力将被弱化。在通信技术领域大量投资的团体将蓬勃发展。而未能在这一领域投资的团体、或把民众与全新的通信方式隔绝开的国家，将蒙受损失。变化无可避免。在信息时代，适应变化的人将获益无穷。
>
> 《新科学家》，2000 年 3 月 4 日，第 44 ~ 45 页

进一步的两极分化将会制造社会紧张局势，使社会的凝聚力降低，导致犯罪率增加。这种趋势与罗杰斯城市工作组倡导的、更为混合和融合的社会这一理想境界大相径庭。伦敦大学学院约翰·亚当斯（John Adams）教授认为，我们有可能再次看到富有的人退缩到设有大门和门卫的社区［《超级机动性的社会影响》（*The Social Implications of Hypermobility*），1999 年］。如果这一预言成为现实，安全性将成为所有类型建筑设计的决定因素。犯罪率上升将导致百姓普遍的忧虑，网上购买生活必需品将更具有吸引力，然而这对于商业街、甚至邻里便利店都有着显而易见的影响。

按照目前的经济形势，花费现有的巨资来控制未来 50 年内的灾难性气候变化，似乎不是运筹资本的有效方式。但是现实的情况是，我们不仅应该严格控制矿物燃料的使用，我们也应该积累应急基金，来应对由于过去排放的温室气体的累积而产生的不可避免的全球变暖的未来影响。很多情况综合起来表明，如果我们不改革生产和分配能源的方式，全球气候变暖将会失控的预景就可能成为现实，而这绝不是我们的子孙乐见的前景。

从积极方面看，我们可以在研发和制造可持续相关领域的产品这一方面把握巨大的经济机会。英国拥有这一领域的专家和专业知识，但是如果继续固守短期利润，并允许资本成本在价值上超过中长期收益，那就难以成为弄潮儿。而其他国家都在资助先进技术的发展和应用，政府对商业企业进行投资，使得这些技术迅速达到了经济规模。

毫无疑问，今后几十年内我们将见证变化步伐的加快。在21世纪初期，还有增加财富的可能。到了21世纪中期，则会出现巨大的不确定性。这是因为一方面，气候变化带来了社会和政治影响；另一方面，随着贫富差距的增长，加剧了对水资源和肥沃的土地的争夺，这使日益增长的紧张局势雪上加霜。身处建设领域的设计师可以利用自己的影响力提出解决方案，而不是进一步增加难题。

附录 1 可持续设计的关键指标

- 尽量减少使用基于矿物燃料的能源，这体现在材料、运输和建造过程中的物化能以及在建筑生命周期中使用的能源。
- 充分利用可循环利用的材料，以及从可证实的来源获取可再生的材料。
- 在设备系统的制造和运行过程中，避免使用消耗臭氧层的化学物质，包括氟氯烃（HCFC）。
- 尽可能用其他材料替代含有挥发性有机物的材料。
- 设计中最大限度地利用自然采光，同时也意识到其局限性。
- 在全面气候控制策略中，充分发掘自然通风的可能性，以尽量减少能源使用，并尽可能创造舒适度。
- 充分利用被动式太阳能技术，同时在采暖/制冷系统中利用微调满足使用者需求，仅在特殊情况下才使用空调。
- 确保建筑管理系统便于用户操作，界面不过分复杂。
- 充分发掘就地利用再生能源发电的机会（内置式系统）。
- 充分发掘利用恒定的土壤温度的机会，以调节夏天和冬天的温度峰谷值。
- 尽量减少水资源的消耗；收集雨水和灰水，加以净化后可供应非饮用水。
- 通过控制室外硬质景观的面积，最大限度地减少雨水的地表径流。
- 创造景观怡人、并具有环保益处的室外环境，例如利用落叶乔木进行夏天遮阳，通过水体进行蒸发式降温。
- 在考虑这些关键指标的同时，确保设计满足专业技术方面的最高标准，以及达到审美上的卓越效果。

开发项目中的环境因素清单

- 有无提议在设计阶段在当地社区展开咨询工作？
- 有无尽一切可能尝试进行棕地开发或再利用既有建筑？

- 提议中的开发项目有无在能效和保护自然资源方面达到最高标准?
- 有无考虑就地利用再生资源发电?
- 有无充分发掘利用再生材料的机会?
- 提议中的开发方案是否有可能在未来改作其他用途?
- 开发项目是否能为用户提供最佳的舒适标准?
- 设计提案有无达到合适的场地密度?
- 是否实现了项目基地的混合模式开发的潜力?
- 设计提案是否在景观方面进行了大量投资?
- 提议中的开发项目是否对社区的经济发展和社会福利做出了卓越贡献?
- 提议中的开发项目是否能够连接多种公共交通方式?
- 提议中的开发项目是否为更大范围的居民带来更多的福利，有无对附近邻里的福利造成任何威胁?
- 开发项目是否与更大范围的建成环境相和谐?
- 有无提议从设计过程的开始阶段就成为涵盖所有设计专业的合作事业?
- 有无采取措施确保开发项目不会对局部微气候造成有害影响，例如，产生向下的气流或风斗效应?
- 提议中的开发方案有无提供公共可达区或创建新的人行通道?

这些针对设计工作的建议和针对开发工作的问题清单是为了让所有与建筑的设计和生产相关的人士感受未来几十年将面临的挑战。我们应该以积极的眼光来看待这些挑战，因为它们提供了开发和设计方面前所未有的诸多机遇。

附录 2 面向设计师的可持续课程大纲

转向先进的环境设计需要确信这一切已经势在必行。

自然资源和污染

地球自然资源数量的确定性和开采的有限性，如矿藏和矿物碳氢化合物（fossil hydrocarbons）。由于自然资源耗竭与预计的人口增长引发的未来相关问题（到 2050 年，预计人口将达到 110 亿）。

“软”资源：土壤、海洋、森林、对流层。

大自然的作用和进程：光合作用、水文循环和碳循环、土壤形成的过程以及废弃物同化作用。

和污染相关联的问题，例如酸雨和臭氧层浓度降低。土壤的侵蚀和氧化。由于大量使用农药带来的地力衰竭。由于水利工程和水土流失带来的土壤盐碱化。热带和温带雨林的持续砍伐。

受到污染的土地和补救策略。

核废料的处理与核电站的退役问题。

气候改变

温室的形成机制。碳循环以及目前的碳循环的不平衡。历史上全球气温的波动，以及与大气中 CO_2 之间的联系的证据。

证据

过去 150 年中海平面上升的数据；地球表面温度的上升数据以及过去十年中历史性的高温记录；越来越频繁和严重的暴风雨和洪水灾害；酷热的高温期；亚热带疾病向温带地区的蔓延；极地冰川和冰河的融化。

目前的温度和大气中 CO_2 的含量与工业化时期之前的比较数据。

表明大部分的气候变化来源于人类活动的科学证据（IPCC，2001

年度报告）。

预测

政府间气候变化专门委员会基于“照常营业”假设，对 2050 年大气中 CO_2 含量的预测（至少是前工业时期 CO_2 含量的两倍），以及由此引发的气温上升。

气温的上升 = 大气系统中更多的能量 = 更严重的乱流。更剧烈的气压梯度和更深的低压槽 = 更剧烈、更频繁的暴风雨。

海洋洋流的潜在变化，例如格陵兰岛冰川融化对墨西哥湾暖流的威胁。

由于热膨胀和冰川融化而造成的海平面上升对岛国、沿海城市和海岸农业带造成的威胁。植物和农作物的移植、动物的迁徙和疾病的蔓延。快速的气候变化带来的问题超过了森林自我调节的能力。

常规能源的前景。人均年二氧化碳排放量的国际间比较数据（联合国统计数据）。以最新储备量估计矿物燃料的未来可用性前景。核能前景，包括皇家环境污染防治委员会能源报告中的设想场景。

能源消耗突出的国家和地区：美国、欧洲、中国、印度、东南亚。碳交易的概念和国际协定：里约热内卢协定、东京议定书和海牙协定。

经济理论的转型：从新古典经济理论——认为地球资源是免费获取的，转变为生态经济理论——将人类行为所带来的环境和社会代价考虑在内，例如在制定矿物燃料价格时，将外部成本计算在内。这些“外部成本”包括低空污染造成的全球变暖效应、对健康的影响，以及对农作物和野生动植物的危害。

臭氧层耗尽

由于氟氯化碳（CFC）和氟氯烃（HCFC）在上层大气层产生浮质，侵蚀了防止紫外线入侵的臭氧保护层。这会引发皮肤癌、破坏人体免疫系统，还对农作物造成危害。

再生能源技术

海洋能源系统

水力发电；小规模水力发电；川流发电系统；潮汐能发电——拦潮堤坝系统和潮汐发电栏；水下涡轮机；蓄水堤系统；波浪能发电，沿海和近海震荡水柱式发电（oscillating water column）；“收缩坡道式（Tapchan）”发电系统。

其他再生能源技术

太阳能烟囱；集中式太阳能集热器；风力发电；光伏发电；生物质和垃圾发电；快速轮作作物的直接燃烧发电；生物气；液体燃料，从油菜籽提取柴油；地热能；氢能；核能。

建造系统：石砌技术、框架技术、创新建造技术。

低能耗住宅

被动式太阳能设计；特朗布墙。

主动式太阳热能系统：平板式太阳能集热器；双侧集热板。

窗户和玻璃

节能玻璃的种类及其 U 值。

包括太阳得热的净 U 值。

热反射和热吸收玻璃。

光致变色、热致变色和电致变色的玻璃。

玻璃技术的发展，例如固态电致变色玻璃。

保温材料

保温材料的种类及其热工性能：天然有机保温材料、无机保温材料、合成有机保温材料。

不同保温材料的导热性能。

建造技术

高级保温标准和超级保温标准以及建成范例的案例研究。

透明保温材料，气凝胶。

保温材料的技术风险，热桥。

住宅中的能源

光伏电池（PV）和光伏发电的原理。

光伏电池的种类和能源输出。

偏远地区光伏发电系统和建筑一体化光伏系统。

热质和"飞轮"储能效应。

采暖系统。

材料中的物化能。

先进的超低能耗住宅——案例研究

英国诺丁汉郡霍克顿能源自给自足的住宅项目。

贝丁顿零能耗发展项目（BedZED）。

"未来之家"威尔士民俗博物馆。

木材建造

木材用于建造的环境益处。

确保木材来自可持续的资源的方法。

案例研究："未来之家"，威尔士民俗博物馆。

位于英国奇切斯特附近的辛格尔顿的森林丘陵露天博物馆的新展示中心。

由英国建筑研究公司建造的、位于卡丁顿的实验性多层木结构公寓。

位于芬兰拉赫蒂的西贝琉斯音乐厅。

设菲尔德冬园。

总结

住宅节能设计总结。

住宅——既有住宅

节能效率的评估方法：标准评估程序（SAP），全国住宅节能等级评定（NHER），建筑能耗性能指数（BEPI）和二氧化碳排放量测定法。

目前正在使用的建筑的CO_2排放量占整个英国排放量的47%，还有5%来自施工中的建筑。

加上专门用于建设的交通所产生的CO_2排放，这个比例会上升到低于75%。在这当中，29%来自住宅。总量中的98.5%来自于较早期建成的建筑。

2001年，英国住房状况调查中的既有住房能耗状况。所有既有住房的SAP评估值的具体分布。

设定的“充足”和“最低”的居室保暖程度的标准。英国交通、环境与区域部定义的燃料贫困的范围，以及由于恶劣的住房条件带来的健康问题。各种家用电器的能耗。

既有住房节能改造的案例研究，例如位于康沃尔郡的Penwith住房协会的案例和皮博迪信托公司的案例①。

办公和公共机构建筑

创新运动（Movement for Innovation——M4I）的六个性能指标。

办公建筑设计的环境考虑因素；被动式太阳能设计。

建造技术：气候立面、楼地板和顶棚设计。

通风

- 自然通风
- 非机械辅助式自然通风
- 重力式通风（gravity ventilation）和“烟囱效应”
- 机械辅助通风
- 置换式通风
- 降温策略中的蒸发式降温
- 生态塔楼，案例研究：法兰克福商业银行大楼和位于伦敦的瑞士再保险公司总部大楼
- 通风和空气流动，针对建筑设计的建议总结
- 与机械辅助通风、采暖和制冷系统不同的空气调节系统

能源的选择

- 不同燃料的碳密度
- 热电联供系统（CHP）中的能源分配
- 燃料电池；燃料电池的基本操作原理
- 储能技术——电力
- 储能技术——采暖和制冷
- 光电技术的应用；建筑管理系统（BMS）
- 能源储存：地下储热、相变材料、高密度储能媒介

---

① 皮博迪信托公司是历史悠久的住宅协会，专门进行社会住宅、新建建筑和既有建筑改造的开发。——译者注

- 电力储存，以克服再生能源供电存在的间歇性问题：
  —最新的蓄电池技术，抽水蓄能系统
  —通过甲烷等气体的重整以及专用 PV 系统驱动电解过程制造氢
  —通过压力储罐或金属氢化物来储存氢
  —再生燃料电池储能和“再生系统（Regenesys）”技术
- 建筑管理系统和建筑能源管理系统

照明——天然采光设计

影响自然采光水平的因素。

设计注意事项——对比度过大的危险、得热、眩光。

中庭；采光架；棱镜玻璃；光导管；全息玻璃；遮阳。

照明控制和人为因素

使用后分析以及设想和现实之间的差异；光电控制和人的行为研究；调光控制和人员使用感应；开关；系统管理，与用户和管理者相关的问题；全空调办公室。

成功设计的条件，例如定时控制、人员使用控制、根据自然光控制、局部控制。

环境设计和常见问题

“建筑工程设备的使用后回顾（Probe）”研究和从使用后分析研究中获得的经验教训。高调—低调设计；“高技术”需求；操作性困难；与建筑相关的疾病/建筑综合症；固有的无效率；普遍存在的建筑设计问题；普遍存在的工程设计问题；导致能源浪费的常见失误；人为因素。

总结

生命周期评估和循环利用

建筑研究公司关于建筑材料和构件的生态点系统。生命全周期成本计算。

关于可循环利用材料的预警，例如有关循环利用的木材的可能遇到的风险和质量控制问题。

循环利用策略总结。

关于物化能的进一步参考资料。

循环材料应用的案例研究，例如唐卡斯特地球中心的低能耗会议中心（建筑师比尔·邓斯特）。

一体化区域环境设计

设计理念超越单体建筑；由微型涡轮机驱动的热电联供系统的新技术，可以为住宅组群或商业/公共机构建筑提供能源。

例如：日内瓦附近的 Plan-les-Ouates 太阳能城镇；奥地利林茨太阳能城镇。案例研究：瑞典马尔默的“明日的生态城市”。

新兴技术和未来前景

全球变暖的可能后果摘要重述，因为这会给建筑带来影响；未来的能源；利用一系列再生能源技术实现从兆瓦级规模的发电站向众多小型分散式发电站的转变；内置式安装的经济型光电系统的未来影响；下一代太阳能电池；储电、聚合物电池、高温超导材料；储能：氢的储存和碳基纳米纤维的储氢潜力；飞轮储能技术；照明技术的最新进展——发光二极管（LED）；光子革命；智能材料；智能流体；社会经济因素；信息产业扩张的意义以及光纤技术的未来影响。

专业词汇对照

Active façade　主动式立面
Aerogels　气凝胶
Air conditioning　空调
　avoidance of　避免使用
Alkaline fuel cells（AFC）　碱性燃料电池（AFC）
Amorphous silicon cells　非晶硅太阳能电池
Antimatter　反物质
Architectural Salvage Index　建筑可利用回收指数
Artificial photosynthesis　人工光合作用
Arup Research and Development Report（Arup）　阿鲁普工程顾问公司研发部报告（Arup）
　offices　关于办公建筑的报告
Aswan Dam scheme, Egypt　埃及阿斯旺水坝工程
Atrium　中庭
Autonomous developments　能源自治的开发项目
Autonomous House　能源自治住宅

Baggy House, Devon　德文郡巴吉住宅
Batteries　蓄电池
Beaufort Court, Lillie Road, Fulham, London　伦敦富勒姆区利利路博福特大楼
Beaufort court renewable energy center zero emissions building　百富阁再生能源中心零排放建筑
　renewable energy sources　再生能源资源
　solar design aspects　太阳能设计方面
Beddington Zero Energy Development（BedZED）　贝丁顿零能耗发展项目（BedZED）
　energy package　能源综合方案
biomass utilization　生物质能的利用
　biogas　生物气
　direct combustion　直接燃烧
　liquid fuels　液体燃料
Blue Energy tidal fence system　蓝色能源公司潮力发电栏系统
body tinted glass　本体着色玻璃
Borehole heat exchange（BHE）system　钻孔热交换系统（BHE）
Building energy management system（BEMS）　建筑能源管理系统（BEMS）
Building Energy Performance Index（BEPI）　建筑能耗性能指数（BEPI）
Building of the Future, London　伦敦“未来的建筑”
Building Research Establishment timber-framed apartments　建筑研究公司木框架公寓
Business as usual（BaU）scenario　“照常营业”预景（BaU）

Cadmium telluride（CdTe）cells　碲化镉电池（CdTe）
Carbon cycle　碳循环
Carbon Dioxide Profile　二氧化碳模版法

Phosphoric acid fuel cell（PAFC） 磷酸型燃料电池（PAFC）
Photochromic glass 光致变色玻璃
Photonic technologies 光子技术
Photosynthesis, artificial 人工光合作用
Photovoltaic（PV）cells 光伏电池（PV）
amorphic silicon 非晶硅
cadmium telluride（CdTe） 碲化镉电池（CdTe）
commercial buildings 商业建筑
copper indium diselenide（CIS） 硒化铜铟（CIS）
energy output 能源输出
heat recovery system 热回收系统
polycrystalline silicon cells 多晶硅电池
principle of 原则
Plan-les-Ouates, Switzerland 瑞士 Plan-les-Ouates 市
Polycrystalline silicon cells 多晶硅电池
Polyisocyanurate（PIR） 聚异氰脲酸酯（PIR）
Polystyrene: 聚苯乙烯
expanded（EPS） 膨胀聚苯乙烯（EPS）
extruded（XPS） 挤压聚苯乙烯（XPS）
Population growth 人口增长
Portcullis house 新议会大厦
Prismatic glazing 棱镜玻璃
Proton exchange membrane fuel cell（PEMFC） 质子交换膜燃料电池（PEMFC）

Queen's Engineering Building, Leicester de Montfort University 位于莱斯特的蒙特福特大学女王工程大楼

Rainwater collection 雨水收集
Reconstituted materials 再生的材料
Recycling 循环利用
reconstituted materials 再生的材料
refurbished materials 翻新的材料
reuse 再利用
strategy checklist 策略总结
Reflective coatings, glass 反射性涂层，玻璃
Refrigerants 制冷剂
Regenesys 再生系统
Reichstag, Berlin 柏林国会大厦
Renewable energy sources 再生能源资源
biomass and waste utilization 利用生物质能和垃圾
geothermal energy 地热能源
hydroelectric generation 水力发电
hydrogen 氢
solar energy 太阳能
tidal energy 潮汐能
UK energy picture 英国的能源图景
wind power 风力发电
Rock wool 岩棉
health and safety issues 健康和安全问题
Rocky Mountain Institute, Colorado 科罗拉多州落基山研究所
Roundwood Estate, Brent 位于布伦特的圆木地产公司

S-Rotor S型转子
Savill Garden project（原版错误） Savill 花园项目
Sea level rise 海平面上升
Shape memory alloys（SMAS） 形状记忆合金（SMAS）
Sheep's wool 羊毛
Sibelius Hall, Finland 芬兰西贝琉斯音乐厅
Sick building syndrome 建筑综合症
Smart fluids 智能流体
Smart materials 智能材料
Social-economic factors 社会经济因素
SolAir project, Spain 西班牙太阳风（SolAir）

译后记

全球气候改变带来的环境问题，以及矿物燃料耗竭引发的能源危机越来越引起整个建筑行业的反思。由于建筑物的建造全过程对于环境造成的影响，使得可持续发展这一中心议题成为全行业乃至全世界炙手可热的焦点。

作者彼得·F·史密斯教授作为英国皇家建筑师协会可持续发展部部长，长期从事可持续发展和能源建筑的研究，并负责可持续发展在英国国内的推广工作，相关领域的著述颇多。相对于目前该专题的国内专著和国外译著，该书有如下特点：

1. 理论体系的框架较为独特：将案例研究穿插在理论和技术的论述中间，突出了不同类型的建筑及其能源设计的重点。设计案例的选择与编排从住宅、公共建筑到城市和区域，尺度逐渐扩大。所涉及的技术重点也循序渐进、逐步展开，从应用于住宅的低能耗技术（太阳能、保温隔热）、办公塔楼的自然通风和采光导致的能耗降低到行政区的能源环境设计，有利于读者逐步掌握可持续设计的要点。

2. 在理论的阐述中侧重能源技术的发展，对于可持续技术发展和应用的介绍和引入层次脉络明晰：从气候改变、环境影响、寻找替代能源、再生能源技术、低能耗技术、零能耗技术、零排放技术到未来技术的展望。本书对于能源技术的独到见解在于多种新型能源生产方式的组合与分配，尤其以实例论述了热电联供、燃料电池（包括最新的微型和集约型等）、挂壁式锅炉和风轮机、太阳能烟囱发电机等新产能方式的实际运用和技术要求。为我们铺展了从矿物燃料世界到后碳氢时代的光明前景。

3. 着重介绍了近年欧洲研发和采用的先进技术：燃料电池、河流能、新的太阳热电能的应用、新的自然采光方式、电能的储存等，以及这些先进技术在建筑设计中的应用。如自然通风系统在大型建筑和高层建筑中的运用，自然采光和气候立面在塔楼中的采用，以及采光板、日光导管等。作者还充满信心地预测了未来智能材料和光动能革命的希望，并且构思了未来能源住宅设计的图纸和模型研究。对这些技术的阐述从原理层面的阐释逐步到技术构造层面的介绍，并结合实例运用，有利于我国建筑界、工程界和材料界对这些技术和产品的借鉴和深入的探讨。

4. 建筑实例中着重介绍了低能耗建筑、零能耗建筑、零排放建筑的实例，以及对现有建筑的改造，对目前国内的前沿建筑节能技术的研究和应用有较实际的意义。其案例的选择涵盖住宅、公共建筑、社区规划等不同的建筑尺度，将节能技术的应用从中小型居住项目推广到大型、大跨和高层建筑中。其中介绍的“贝丁顿零能耗开发”案例，对采用的多种节能措施和能源策略进行了应用详解。该案例曾在中央电视台的“全民节约·共同行动”节目中播出。

5. 作者从被动式设计的概念要素、原理图解到完整的设计图纸，详细论述了在建筑设计界正在兴起的新的设计方法学——生物气候学设计原则，及其所创造的新的建筑表达语汇和建筑美学观念。该书在本学科范畴内引导一体化设计的未来趋势：多专业、跨学科、多节能措施以及多产能方式。不仅使得对建筑的关注上升到形式、功能、美学、技术、经济和立法相结合的高度，尤其呼吁建筑师对于未来社会的责任感。

在翻译这本书的过程中，译者也同时在英国诺丁汉大学建筑环境学院攻读可持续建筑技术理学硕士学位。译者在英国访问和学习期间，承蒙原书作者彼得·史密斯教授多方面的帮助，感谢之辞难以言表！由于史密斯教授的牵线，译者有幸参观了书中的部分案例：伦敦新议会大厦、伦敦萨顿贝丁顿零能耗开发项目、诺丁汉大学戴维·威尔逊千年生态住宅、诺丁汉大学朱比利校区建筑群，以及诺丁汉郡霍克顿合作住宅项目等。给予译者对于节能和可持续建筑最真切的现场体验，特表示诚挚的感谢！

在本书翻译过程中，作者对于部分词汇和语段给予了详尽的解释，并针对部分内容专门为此次中文版的出版进行了修订。在此对史密斯教授严谨的学术态度表示钦佩，并感谢他对翻译工作的大力支持！对这些解释和修订，译者均加以翻译，并以注释的形式加入中文版中。

在本书的翻译过程中，得到许多同行和有志人士的帮助。他们的积极参与使译者深感作为一名专业建筑学翻译，系统引进国外先进设计理念与技术的愿望也许会成真。其中何洋参与了第1章的初稿翻译；戴阳兰参与了第2、9、10和11章的初稿翻译；杨毅和王慧参与了第3、4章的初稿翻译；黄新明参与了第5、6、12和13章的初稿翻译；陆菲参与了第7、8章的初稿翻译；蔡丽参与了第14、15章的初稿翻译；陈芳参与了第16、17章的初稿翻译；陈芳和王伟鹏参与了第18章的初稿翻译；孙茹雁和成晟参与了第19、20章的初稿翻译；杭月荷参与了第21章的初稿翻译；张雪参与了附录和索引的初稿翻译。在此一并表示深深的谢意！

特别感谢本书的责任编辑程素荣女士独具慧眼地认可这本书的翻译和出版价值，又以极大的耐心和长久的鼓励支持本书的翻译工作！

由于节能和可持续建筑设计的跨学科性质和作者在撰写中涉及的大量非建筑学专业知识，译者深感才疏学浅，因此译文难免出现专业词汇方面的谬误，以及其他错误，热诚欢迎同行、专家、学者的不吝指教！译者电子邮件：jane2109@hotmail.com。

译者

邢晓春

2008年10月

尊敬的读者：

感谢您选购我社图书！建工版图书按图书销售分类在卖场上架，共设22个一级分类及43个二级分类，根据图书销售分类选购建筑类图书会节省您的大量时间。现将建工版图书销售分类及与我社联系方式介绍给您，欢迎随时与我们联系。

★建工版图书销售分类表（详见下表）。

★欢迎登陆中国建筑工业出版社网站www.cabp.com.cn，本网站为您提供建工版图书信息查询，网上留言、购书服务，并邀请您加入网上读者俱乐部。

★中国建筑工业出版社总编室　电　话：010—58934845

传　真：010—68321361

★中国建筑工业出版社发行部　电　话：010—58933865

传　真：010—68325420

E-mail：hbw@cabp.com.cn

建工版图书销售分类表

一级分类名称（代码）	二级分类名称（代码）	一级分类名称（代码）	二级分类名称（代码）
建筑学（A）	建筑历史与理论（A10）	园林景观（G）	园林史与园林景观理论（G10）
	建筑设计（A20）		园林景观规划与设计（G20）
	建筑技术（A30）		环境艺术设计（G30）
	建筑表现·建筑制图（A40）		园林景观施工（G40）
	建筑艺术（A50）		园林植物与应用（G50）
建筑设备·建筑材料（F）	暖通空调（F10）	城乡建设·市政工程·环境工程（B）	城镇与乡（村）建设（B10）
	建筑给水排水（F20）		道路桥梁工程（B20）
	建筑电气与建筑智能化技术（F30）		市政给水排水工程（B30）
	建筑节能·建筑防火（F40）		市政供热、供燃气工程（B40）
	建筑材料（F50）		环境工程（B50）
城市规划·城市设计（P）	城市史与城市规划理论（P10）	建筑结构与岩土工程（S）	建筑结构（S10）
	城市规划与城市设计（P20）		岩土工程（S20）
室内设计·装饰装修（D）	室内设计与表现（D10）	建筑施工·设备安装技术（C）	施工技术（C10）
	家具与装饰（D20）		设备安装技术（C20）
	装修材料与施工（D30）		工程质量与安全（C30）
建筑工程经济与管理（M）	施工管理（M10）	房地产开发管理（E）	房地产开发与经营（E10）
	工程管理（M20）		物业管理（E20）
	工程监理（M30）	辞典·连续出版物（Z）	辞典（Z10）
	工程经济与造价（M40）		连续出版物（Z20）
艺术·设计（K）	艺术（K10）	旅游·其他（Q）	旅游（Q10）
	工业设计（K20）		其他（Q20）
	平面设计（K30）	土木建筑计算机应用系列（J）	
执业资格考试用书（R）		法律法规与标准规范单行本（T）	
高校教材（V）		法律法规与标准规范汇编/大全（U）	
高职高专教材（X）		培训教材（Y）	
中职中专教材（W）		电子出版物（H）	

注：建工版图书销售分类已标注于图书封底。